最新 土木施工

第3版

大原資生・三浦哲彦・梅崎健夫／共著

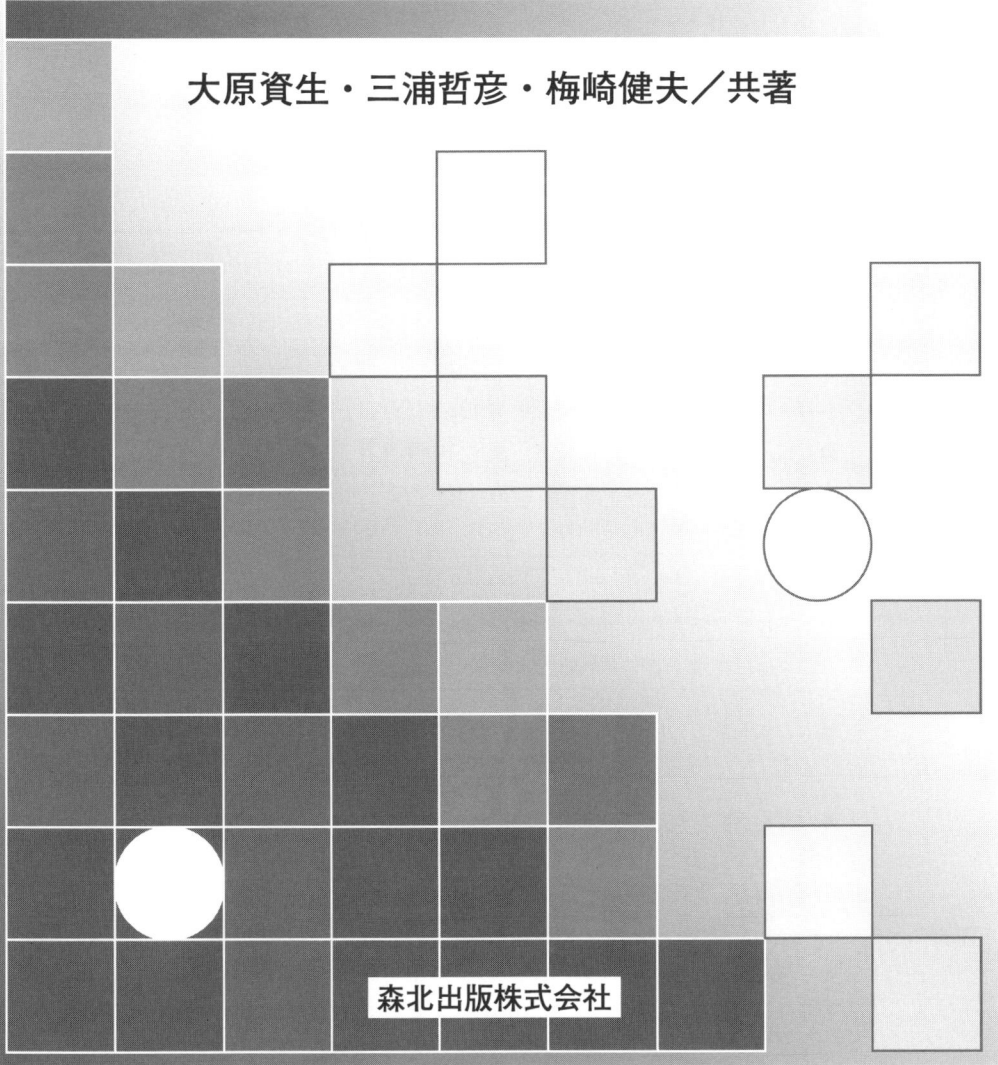

森北出版株式会社

● 本書のサポート情報を当社Webサイトに掲載する場合があります．下記のURLにアクセスし，サポートの案内をご覧ください．

https://www.morikita.co.jp/support/

● 本書の内容に関するご質問は，森北出版 出版部「(書名を明記)」係宛に書面にて，もしくは下記のe-mailアドレスまでお願いします．なお，電話でのご質問には応じかねますので，あらかじめご了承ください．

editor@morikita.co.jp

● 本書により得られた情報の使用から生じるいかなる損害についても，当社および本書の著者は責任を負わないものとします．

■ 本書に記載している製品名，商標および登録商標は，各権利者に帰属します．

■ 本書を無断で複写複製（電子化を含む）することは，著作権法上での例外を除き，禁じられています．複写される場合は，そのつど事前に（一社）出版者著作権管理機構（電話03-5244-5088, FAX03-5244-5089, e-mail：info@jcopy.or.jp）の許諾を得てください．また本書を代行業者等の第三者に依頼してスキャンやデジタル化することは，たとえ個人や家庭内での利用であっても一切認められておりません．

第3版まえがき

「最新土木施工」の初版発行から26年が経過した．この間の社会変化には著しいものがあり，その影響は土木施工の分野にも及んできている．公共のための土木構造物の施工においては，つねに安全性，快適性，および経済性が求められるが，最近ではこれに加えて環境負荷をできるだけ抑制することも要求されるようになった．さらに，技術者に対しては，倫理観をもって調査・設計・施工にあたることが強く求められている．

本書の改訂にあたっては，新しい施工技術を紹介すること，標準示方書や関係法律などが改訂・改正されているものは取り入れることなどに配慮しつつ，技術者倫理など社会が土木技術者に求めている事項についても述べることとした．また，学習の手助けとなるように，できるだけ多くのさくいんを記載することとした．読者としては，建設技術者を目指して学んでいる学生諸君のみならず，土木施工管理技士を目指している現場技術者も対象とし，いずれにも役立つ内容となるよう心掛けたつもりである．読者の皆さんからのご批判，ご意見をいただければ幸いである．

本書を改訂するにあたり，写真や資料などを提供していただいた方々，および種々お世話いただいた森北出版の石田昇司氏・大橋貞夫氏に心から御礼を申し上げる．

平成16年10月

大原資生
三浦哲彦
梅崎健夫

まえがき

　最近の土木工事は，その規模が大きくなる一方，近代的な社会の要望に応じて複雑な機能を備えた構造物の建設も行われるようになった．

　それに伴って，土木施工法も種々の変革が迫られ，旧来の土木やコンクリート工だけを主体とした施工法ではなく，新しい手法による工程管理や建設工事に伴う公害対策をも含んだものとして日々に新しくなっていきつつある．

　土木技術者を志す学生諸君にとって，土木施工法の修得は，実際の土木工事を知るうえで肝要なことであることは言をまたない．しかし，大学などにおける施工関係の講義は最もやりにくいものの一つである．その原因は，その内容が土木工学全般にわたっており，研究や教育の細分化という最近の傾向と矛盾するため，1人の教官だけでは十分な説明ができないということにある．

　著者らもその教官の1人であるが，今回，森北出版のご依頼もあったのを機会に，菲才浅学もかえりみず，施工法の教科書として書き上げたのが本書である．できるだけ新しい内容と形式をと考えて，埋設管工法，工事管理，公害対策などをも盛り込んで自分たちなりに努力してみたつもりである．この点については諸賢のご批判をいただきたい．

　終わりに，本書を出版するにあたり，土木機械の写真を提供していただいた方々，および種々お世話いただいた森北出版の太田三郎氏に深甚の謝意を表する．

　昭和53年2月

大原資生
三浦哲彦

目　　次

第1章　土　　工

- 1.1　施 工 基 面 ……………………………………………………………1
- 1.2　土工のための調査 ……………………………………………………1
- 1.3　土 の 性 質 ……………………………………………………………2
- 1.4　土量の変化と土積曲線 ………………………………………………6
- 1.5　土 工 機 械 …………………………………………………………11
- 1.6　切土工と機械の作業能力 …………………………………………16
- 1.7　盛土工と機械の作業能力 …………………………………………23
- 1.8　のり面保護工 ………………………………………………………27
- 演習問題［1］ ……………………………………………………………29

第2章　基　礎　工

- 2.1　基礎の形式 …………………………………………………………31
- 2.2　地盤の支持力と許容沈下量 ………………………………………32
- 2.3　地 盤 改 良 …………………………………………………………34
- 2.4　直接基礎のための根掘り・土留め・フーチング ………………37
- 2.5　杭基礎の形式と杭の支持力 ………………………………………43
- 2.6　オープンケーソンとニューマチックケーソン …………………52
- 2.7　地下連続壁工 ………………………………………………………55
- 演習問題［2］ ……………………………………………………………56

第3章　コンクリート工

- 3.1　よいコンクリート …………………………………………………58
- 3.2　コンクリート材料 …………………………………………………58
- 3.3　コンクリートの配合設計 …………………………………………60
- 3.4　計量・練混ぜ・運搬 ………………………………………………62
- 3.5　鉄筋のかぶり・あき・継手 ………………………………………66
- 3.6　打込み・締固め・仕上げ …………………………………………68
- 3.7　コンクリートの養生 ………………………………………………71
- 3.8　型枠および支保工 …………………………………………………72

- 3.9 特別な配慮を要するコンクリート……77
- 3.10 コンクリートの劣化と補修……81
- 演習問題［3］……84

第4章 岩盤工

- 4.1 岩盤の定義……86
- 4.2 岩石・岩盤の分類と性質……86
- 4.3 地質調査の概要と弾性波探査・ボーリング調査……88
- 4.4 爆破によらない岩盤掘削……92
- 4.5 爆破と爆薬量の計算……95
- 4.6 爆破による岩盤掘削……99
- 4.7 コントロールドブラスティング工法……104
- 4.8 二次爆破……105
- 4.9 基礎岩盤の処理……106
- 演習問題［4］……107

第5章 トンネル工

- 5.1 トンネルの分類と形状……109
- 5.2 トンネルと地形・地質……110
- 5.3 掘削とずり出し……113
- 5.4 鋼アーチ支保工・ロックボルト・吹付コンクリート……119
- 5.5 覆工の巻厚・打込み・裏込め注入……123
- 5.6 施工時の換気……125
- 5.7 NATM（新オーストリアトンネル工法）……126
- 5.8 開削工法・シールド工法・沈埋工法……127
- 演習問題［5］……132

第6章 擁壁工・補強土壁工・橋脚橋台工

- 6.1 擁壁工の種類……134
- 6.2 ランキン土圧とクーロン土圧……135
- 6.3 擁壁の安定計算と施工……142
- 6.4 補強土壁の安定検討と施工……147
- 6.5 橋台の名称・種類・安定計算……152
- 6.6 橋脚の名称・種類・作用外力……154
- 演習問題［6］……157

第7章　埋設管・カルバート・オイルタンク

- 7.1　埋設管の基礎と形式 …………………………………………………………159
- 7.2　開削工法と推進工法による埋設管の施工 …………………………………161
- 7.3　埋設管に作用する土圧 ………………………………………………………163
- 7.4　カルバートの種類と作用荷重 ………………………………………………167
- 7.5　剛性ボックスカルバートの施工 ……………………………………………168
- 7.6　オイルタンク基礎の安定解析と基礎形式 …………………………………171
- 演習問題［7］ ……………………………………………………………………174

第8章　工事管理

- 8.1　PDCAサイクル ………………………………………………………………175
- 8.2　施工計画と原価管理 …………………………………………………………176
- 8.3　安全管理と安全対策 …………………………………………………………178
- 8.4　工程管理と作業量管理 ………………………………………………………180
- 8.5　ネットワーク手法による管理と日程短縮 …………………………………183
- 8.6　CPMによる費用を考慮した日程短縮 ………………………………………192
- 8.7　品質管理と品質変動 …………………………………………………………194
- 演習問題［8］ ……………………………………………………………………202

第9章　建設公害・環境対策・技術者倫理

- 9.1　建設工事と環境への配慮 ……………………………………………………204
- 9.2　関連法規と特定建設作業による公害 ………………………………………204
- 9.3　騒音・振動の発生と対策 ……………………………………………………209
- 9.4　汚濁水の発生と処理 …………………………………………………………214
- 9.5　建設資材リサイクル・土壌汚染・埋立処分場 ……………………………217
- 9.6　技術者倫理 ……………………………………………………………………220
- 演習問題［9］ ……………………………………………………………………222

演習問題のヒントと解答 ……………………………………………………………225
引用文献 ………………………………………………………………………………231
参考文献 ………………………………………………………………………………234
さくいん ………………………………………………………………………………235

第1章 土　工

1.1　施工基面

　土工とは，土木工事にあたって土を移動する作業をいい，切土，運搬，盛土に分けられる．工事の仕上面を施工基面というが，これが切土・盛土の境目となる(図1.1)．

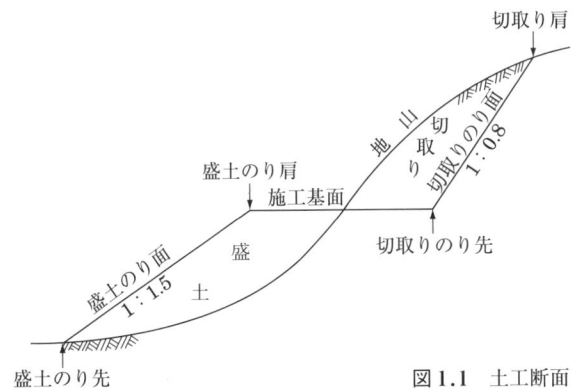

図1.1　土工断面

　堤防や道路のような路線の場合の盛土を築堤といい，広い敷地内の切土・盛土を整地という．また，港湾工事に伴う水中での切土・盛土を浚渫・埋立てという．
　切土の土砂を近くでの盛土に用いるのが理想的である．盛土の土砂が不足したり，盛土材料として不適なときは土取り場から採取し，余るときは土捨て場に運ぶ．

1.2　土工のための調査

1.2.1　予備調査
次の資料による調査を行い，現地の状況を概括的に把握する．
① 地形図，地質図，地盤図，および航空写真．
② 既往の気象および災害の状況(雨量，気温，台風などの記録)．
③ 過去の工事記録(道路，河川などの工事記録)．

1.2.2 現地踏査

切土面，石切場，山腹斜面などにおいて土質を観察し，地形を把握する．また，井戸などによる地下水位の観測を行う．崖錐(がいすい)，地すべり，断層，破砕帯，軟弱地盤といった特殊地形については位置や規模を把握する．必要に応じて，既存の構造物の現況なども記録しておく．

1.2.3 本調査

ボーリングやサウンディング（地層探査）を行って地盤状況を把握し，盛土材料としての適否，基礎地盤としての良否，のり面の安定性，施工機械や施工法の選定に必要な資料を収集する．標準貫入試験による N 値の調査は最も広く行われている．必要ならば電気式コーン貫入試験，弾性波探査などを併用する．

軟弱粘土地盤の調査では，支持力や圧密沈下予測のために，不かく乱試料を採取して，一軸圧縮試験や圧密試験などの土質試験を行うことが必要である．

1.3 土の性質

1.3.1 土の分類

地盤工学会では，土質材料の工学的分類体系を定めている．図 1.2 は，その中の大分類を示している．礫質土(れき)[G]，砂質土[S]，および粘性土[C_s]は，さらに中分類および小分類が定められている．

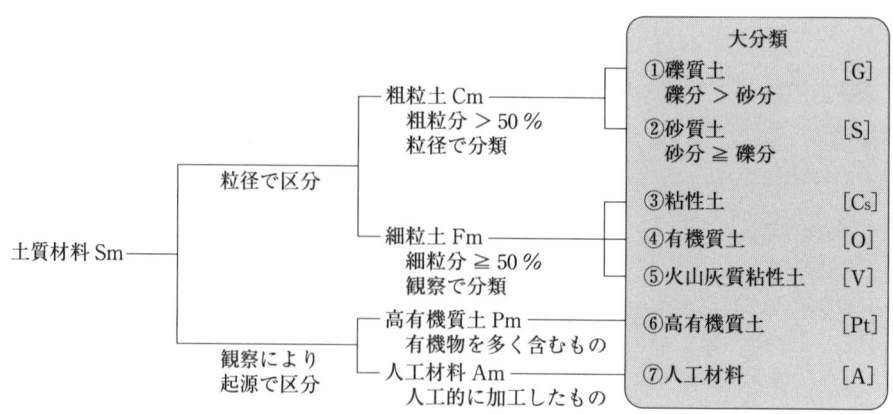

図 1.2 土質材料の工学的分類体系（大分類）[1]

1.3.2 土の単位体積重量

この量は，土圧，支持力，圧密沈下，斜面安定などの計算・解析における土の自重算定に必要となる．土の状態によって，湿潤，乾燥，飽和，および水中での単位体積重量があるが，土工計算では湿潤単位体積重量 γ_t (kN/m³) が用いられる．土の湿潤密度 ρ_t (t/m³) との関係は，重力の加速度を $g = 9.8$ m/s² とすると，$\gamma_t = g \cdot \rho_t$ の関係となる．すなわち，1 tf/m³ = 9.8 kN/m³ である．

図 1.3 は，土の単位体積重量や含水比を定義するための模式図である．

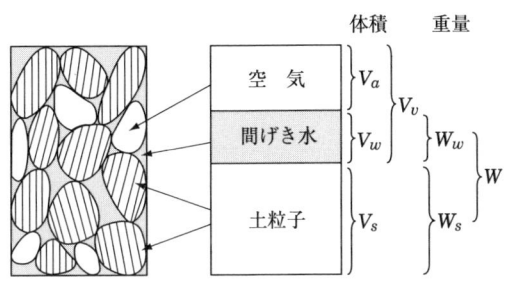

図 1.3 土の構成

$V_v + V_s = V$ とすると，単位体積重量は，次によって表示される．

$$\text{湿潤単位体積重量}: \gamma_t = \frac{W}{V} \tag{1.1}$$

$$\text{乾燥単位体積重量}: \gamma_d = \frac{W_s}{V} \tag{1.2}$$

また，含水比 w (%) は次の式で定義される．

$$\text{含水比}: w = \frac{W_w}{W_s} \times 100 \tag{1.3}$$

それゆえ，土の湿潤単位体積重量と含水比の値がわかっている場合には，その土の乾燥単位体積重量は，次の式から計算できる．

$$\gamma_d = \frac{\gamma_t}{1 + \dfrac{w}{100}} \tag{1.4}$$

よく締固めた場合，粒径幅の広い（粒度のよい）礫の γ_d は 20〜22 kN/m³ 程度の値となる．

間げき（隙）が完全に水で満たされていて，飽和状態の場合は飽和単位体積重量 γ_{sat} となる．水の単位体積重量を $\gamma_w = 9.8$ kN/m³ とすると，土の水中単位体積重量 γ' は，$\gamma' = \gamma_{sat} - \gamma_w$ である．

湿潤単位体積重量 γ_t と間げき比 e，飽和度 S_r (%)，含水比 w，および土粒子比重 $G_s = \rho_s / \rho_w$ の間には，次の関係がある．ただし，ρ_s および ρ_w は，それぞれ土粒子および水の密度である．

$$\gamma_t = \frac{G_s\left(1+\dfrac{w}{100}\right)}{1+e}\gamma_w \tag{1.5}$$

$$e \cdot S_r = G_s \cdot w \tag{1.6}$$

1.3.3 コンシステンシー限界

粘性土は，その含水比が多いとき，練返しが加わると液状に近づく．含水比が減っていくと塑性状態となり，固体状となる．その際に体積が縮小する．その状態を示したのが図1.4である．

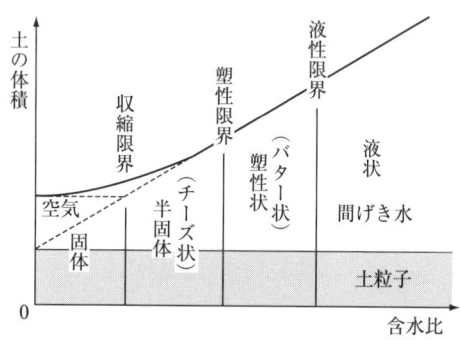

図1.4 コンシステンシー限界

含水比が減っていく過程において，液状・塑性状・半固体状・固体状といった四つの状態を定め，それぞれの状態の境界にあたる含水比を液性限界(liquid limit)，塑性限界(plastic limit)，収縮限界(shrinkage limit)といい，これらを総称してコンシステンシー限界(consistency limits)という．

土工に際しては，取り扱う土の自然含水比が液性限界に近いとか，塑性限界付近であるといったことで土工の方法，土工機械の選択が左右される．

1.3.4 圧密特性

盛土などを行ったとき，荷重によって地盤に沈下が生じる．土の間げきが縮小され，土が密な状態となるためである．砂質土では地盤の沈下は短期間で生じる．これを圧縮現象という．飽和状態の粘性土地盤では，間げきの縮小は間げき水の排水を伴うために長時間にわたって沈下はつづく．これを圧密現象という．

軟弱粘土地盤に盛土を施工する場合などは，圧密沈下量の計算が必要となる．そのためには，圧密試験を行って粘土層の圧縮指数 C_c および圧密係数 C_v を求めておく．これらの代表的な値は，$C_c = 0.5 \sim 1.5$，$C_v = 100 \sim 500\,\mathrm{cm^2/d}$ である．また，圧密降伏応力 p_c や過圧密比 OCR を求めることも重要である．

1.3.5 せん断特性

擁壁の安定に関する土圧計算や盛土基礎の支持力を検討する場合には，土のせん断強度が必要である．土のせん断強度はクーロン(Coulomb)の式で示される．

$$\tau_f = c + \sigma_f \tan\phi \tag{1.7}$$

ここに，τ_f：せん断強度(kN/m^2)，c：粘着力(kN/m^2)，σ_f：せん断面上の垂直応力(kN/m^2)，ϕ：内部摩擦角(°)である．

粘性土では，c が大きく，ϕ が小さいかゼロである．砂質土ではその逆となる．代表的な値は次のとおりである．

　　粘性土：$c = 10 \sim 50\ kN/m^2$, $\phi = 0° \sim 20°$

　　砂質土：$c = 0 \sim 5\ kN/m^2$, 　$\phi = 20° \sim 40°$

間げき水圧が発生した場合には，垂直応力 σ が間げき水圧 u の分だけ減少することになるので，式(1.7)は式(1.8)のようになる．ただし，$\sigma_f' = \sigma_f - u$ を有効垂直応力といい，c', ϕ' は有効応力表示である．

$$\tau_f = c' + (\sigma_f - u)\tan\phi' \tag{1.8}$$

1.3.6 締固め特性

砂質土において，その含水比を少しずつ変えて締固め試験を行うと，図1.5に示すような締固め曲線が得られる．すなわち，ある含水比のときに最も締まりやすく，乾燥単位体積重量は最大となる．これを土の最適含水比といい，砂質土では10～15%，粘性土では20～40%程度の値となる．

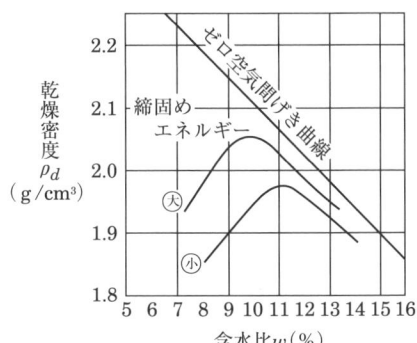

図 1.5　締固め曲線

この性質は，1933年にプロクター(Proctor)がアースダムの施工において発表したもので(プロクターの原理)，土の重要な性質の一つである．盛土工や道路土工においては，土を最適含水比の状態に調整して締固め施工を行うことが肝要である．

最適含水比の値が，粘性土より砂質土のほうが小さいのは，一定体積中に存在する土粒子の数が砂質土のほうが少ないので，すべての土粒子の表面にある厚さの水膜を

つくるのに必要な水量は少なくてすむためである．

通常，盛土ではその締固めの度合を最大乾燥密度の 90 ％以上とする．

1.3.7 透 水 性

土中水の流れやすさを土の透水性といい，式(1.9)の透水係数 k によってその度合が示される．

$$v = k \cdot i \tag{1.9}$$

ここに，v：透水速度(cm/s)，i：動水勾配，k：透水係数(cm/s)である．

土工では，擁壁の裏込め土のように透水性の高い(排水性のよい)土を用いるべき場合と，堤防のコアのように透水性の低い土を用いる必要のある場合とがある．

排水性のよい土とは，透水係数が 10^{-3} cm/s 以上をいう．堤防のコアなどに用いる土の透水係数は，10^{-5} cm/s 以下が求められる．透水係数は土質によって異なるのはもちろんであるが，そのほかに土粒子の粒径や間げき比・飽和度などによっても違ってくる．

1.4　土量の変化と土積曲線

1.4.1　土量の計算

土工においては，取り扱う土量によって費用の算出や施工計画の立案が行われるので，最初に概略で土量(土の体積)を算出しなければならない．道路・鉄道のように細長いものでは，その路線に沿って 20 〜 30 m の間隔に横断面図を書き，縦断面図を参照して体積を計算する．

整地などの場合には，平面積を多くの四角形や三角形に分割し，個々の角柱体の体積を合計するか，または等高線を利用して計算する．

（1）　横断面積を用いる方法

図 1.6 に示すように，両端の横断面積を A_1，A_2，中央の横断面積を A_m とし，この間の距離を l とすると，体積 V は次の式で表される．

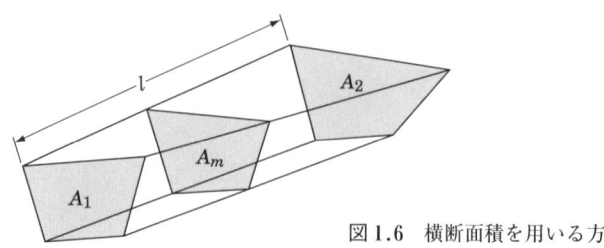

図 1.6　横断面積を用いる方法

$$V = \frac{l}{6}(A_1 + 4A_m + A_2) \tag{1.10}$$

（2） 角柱法

広い地面を長辺 a，短辺 b の長方形に等分割し，各分割点の施工基面からの高さを求める．一つの長方形の四隅の分割点の高さを h_1, h_2, h_3, h_4 とすると，四角柱の体積 V は次式で求められる．

$$V = \frac{a \cdot b}{4}(h_1 + h_2 + h_3 + h_4) \tag{1.11}$$

（3） 等高線法

図1.7に示すように，各等高線の囲む面積 A_1, A_2, A_3, A_4, $\cdots$ を求め，それと各等高線間の標高差 h とを用い，式(1.10)と同じ考え方によって土量を計算する．面積 A_1 と面積 A_3 の間の土量 $V_{1,3}$ は，A_2 を中央の断面積として，

$$V_{1,3} = \frac{2h}{6}(A_1 + 4A_2 + A_3) \tag{1.12}$$

A_{n-2} と A_n との間の土量 $V_{n-2,n}$ は，

$$V_{n-2,n} = \frac{2h}{6}(A_{n-2} + 4A_{n-1} + A_n) \tag{1.13}$$

となり，これらを合計して全土量を求める．この方法は，等高線の標高差 h を 5 m 以下にとることによって，精度のよい結果が得られる．

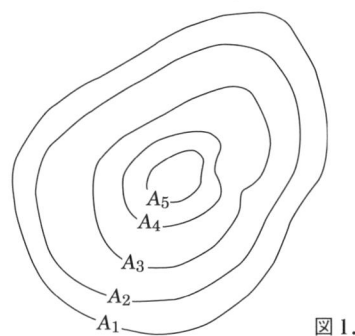

図1.7 等高線法

1.4.2 土量の変化率

土量は地山の土量，ほぐした土量，および締固めた土量とに分かれる．ほぐした土は地山にあるときとその体積を異にするので，運搬にはそのことを考慮に入れなければならない．また，その土を盛土または埋め土する場合には，締固めた後の体積と地山にあったときの体積との違いを知る必要がある．このような土の体積の違いを体積比によって示す．

$$L = \frac{\text{ほぐした土量}}{\text{地山の土量}} \tag{1.14}$$

$$C = \frac{締固めた土量}{地山の土量} \tag{1.15}$$

これらを土量の変化率という．L と C との間には，表 1.1 のような関係がある．

表 1.1　土量の変化率

基準の作業 q ＼ 求める作業 Q	地山の土量	ほぐした土量	締固めた土量
地山の土量	1	L	C
ほぐした土量	$\dfrac{1}{L}$	$\dfrac{L}{L}=1$	$\dfrac{C}{L}$
締固めた土量	$\dfrac{1}{C}$	$\dfrac{L}{C}$	$\dfrac{C}{C}=1$

地山の土量とは掘削すべき土量（切土量），ほぐした土量とは運搬すべき土量，締固めた土量とは盛土量である．

土量の変化率 L, C の値は土質によって異なるが，おおよその値は表 1.2 のとおりである．盛土工の場合，C の値を小さめに予想すると地山を余分に掘削して土が余り，大きめに予想すると逆に土が不足する．また，L の値を予想しそこなうと運搬計画に支障が生じる．

表 1.2　土量の変化率[2]

名　　称		L	C
岩または石	硬　　　岩	1.65～2.00	1.30～1.50
	中　硬　岩	1.50～1.70	1.20～1.40
	軟　　　岩	1.30～1.70	1.00～1.30
	岩塊・玉石	1.10～1.20	0.95～1.05
礫混じり石	礫	1.10～1.20	0.85～1.05
	礫　質　土	1.10～1.30	0.85～1.00
	固結した礫質土	1.25～1.45	1.10～1.30
砂	砂	1.10～1.20	0.85～0.95
	岩塊・玉石混じり砂	1.15～1.20	0.90～1.00
普 通 土	砂　質　土	1.20～1.30	0.85～0.95
	岩塊・玉石混じり砂質土	1.40～1.45	0.90～1.00
粘性土など	粘　性　土	1.20～1.45	0.85～0.95
	礫混じり粘性土	1.30～1.40	0.90～1.00
	岩塊・玉石混じり粘性土	1.40～1.45	0.90～1.00

例題1.1 盛土量 54000 m³ が必要である．砂質土の地山を何 m³ 掘削すればよいか．このときのほぐした土量はいくらになるか．

解 砂質土であるので，変化率を表1.2 より $C = 0.9$，$L = 1.25$ とする．
式(1.15)を用いて，
$$\text{地山の土量} = 54000 \text{ m}^3 \div 0.9 = 60000 \text{ m}^3$$
式(1.14)を用いて，
$$\text{ほぐした土量} = 60000 \text{ m}^3 \times 1.25 = 75000 \text{ m}^3$$

1.4.3 土積曲線

道路のように長い延長にわたる路線工事においては，切土（掘削）と盛土（埋め土）とが交互にあって，切土部で掘削した土を運搬して盛土に用いる．その際に，両方の土量をうまく均衡できれば遠方まで土を取捨する必要がなく，効率のよい土工事となる．路線工事の土工に際しては，そのように施工基面を設定するが，このためには次の土積曲線（マスカーブ：mass curve）を用いると便利である．

測量によって得られた縦断面図上に施工基面を書き入れる．次に各測点間あるいは測点と，切土または盛土部分との境界点との間の土量を計算して，表1.3の土量計算書をつくる．土量の計算には，式(1.14)，(1.15)で土量の変化率を考慮する．

表1.3に示す累加土量の変化を，縦軸に土量，横軸に距離をとったグラフにプロットし，土積曲線を描く（図1.8）．土積曲線には次の性質がある．

① 曲線は累加土量の変化を示し，勾配が負の区間は盛土区間，正の区間は切土区

表1.3 土量計算書の例（切土量による計算）

得点	距離 (m)	切土（盛土に流用できる土量）				盛土（盛土すべき土量）			土量の変化率 C	補正土量 (m³)	差引土量 (m³)	累加土量 (m³)	横方向土量 (m³)
		断面積 (m²)	平均断面積 (m²)		土量 (m³)	断面積 (m²)	平均断面積 (m²)	土量 (m³)					
0	0	0				0						0	
1	15.0	2.0	1.0		15.0	5.0	2.5	37.5	0.9	41.7	−26.7	−26.7	15.0
2	20.0	5.4	3.7		74.0	3.8	4.4	88.0	0.9	97.8	−23.8	−50.5	74.0
3	20.0	3.2	4.3		86.0	2.0	2.9	58.0	0.9	64.4	+21.6	−28.9	64.4
4	18.0	6.0	4.6		82.8	1.8	1.9	34.2	0.9	38.0	+44.8	+15.9	38.0
5	20.0	5.6	5.8		116.0	4.1	3.0	60.0	0.9	66.7	+49.3	+65.2	66.7
6	13.0	2.1	3.9		50.7	5.3	4.7	61.1	0.9	67.9	−17.2	+48.0	50.7
7	20.0	0.8	1.5		30.0	2.3	3.8	76.0	0.9	84.4	−54.4	−6.4	30.0
8	15.0	3.0	1.9		28.5	4.5	3.4	51.0	0.9	56.7	−28.2	−34.6	28.5
9	15.0	5.8	4.4		66.0	1.1	2.8	42.0	0.9	46.7	+19.3	−15.3	46.7
10	20.0	0	2.9		58.0	0.5	0.8	16.0	0.9	17.8	+40.2	+24.9	17.8

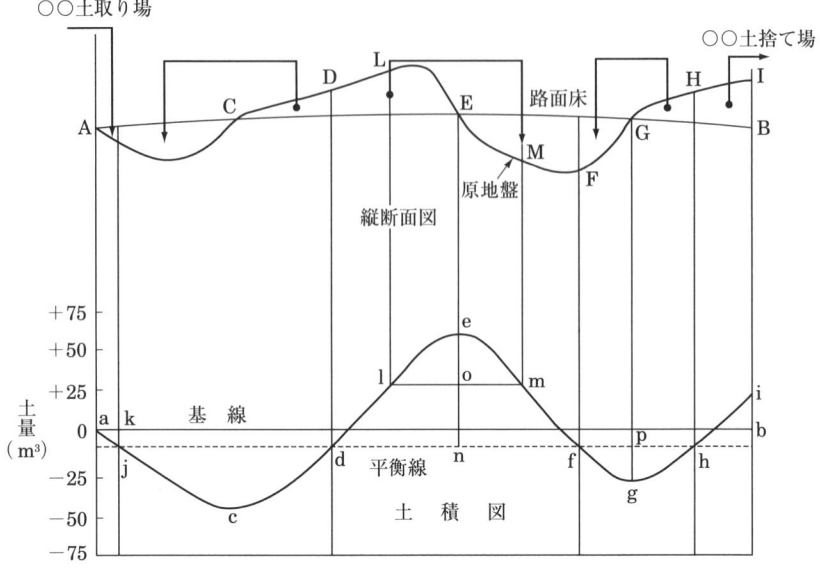

図1.8 土積曲線(マスカーブ)

測点	起点 0	1	2	3	4	5	6	7	8	9	終点 10
切・盛土量		盛=40.5m³		切=40.5m³		切=77.5m³		盛=77.5m³	盛=23.8m³	切=23.8m³	
捨て土量											36.3m³
補給土	10.0m³										
横方向土量	0	15.0m³	74.0m³	64.4m³	38.0m³	66.7m³	50.7m³	30.0m³	28.5m³	46.7m³	17.8m³

間となる．曲線の極小点(たとえば，c, g など)は盛土区間から切土区間への，極大点(e など)は切土区間から盛土区間への変移点である．

② 曲線の極大値とその次にある極小値の差が，この2点間の全土量を示す．

③ 基線 ab に平行な任意の直線を引き，曲線との交点を j, d, f, h などとすると，相隣接する交点，たとえば，d と f との間の土量は切土と盛土とが平衡している．すなわち，d から e までの切土量と e から f までの盛土量とは等しい．この基線に平行な線を平衡線，曲線との交点を平衡点という．

④ 平衡線から曲線の極小点や極大点までの垂直長さは，切土から盛土へ運搬すべき全土量を表している．d～f 間では $\overline{en}$, f～h 間では $\overline{pg}$ がそれである．

⑤ 切土から盛土への平均運搬距離は，全土量の1/2点を通る平衡線の長さで示される．たとえば，d～f 間では $\overline{en}$ の1/2点 o を通る平衡線 $\overline{lm}$ がそれである．土工計画を立てる場合，土の運搬距離を知る必要があるが，これには一般に，この平均運搬距離をもってあてる．土取り場・土捨て場の位置やその土工量などを考え

て,平衡線を上下させて,施工が容易で,しかも経済的な土量配分および施工法を検討する.

1.5 土工機械

表1.4は,土工作業の種別とそれに適応した土工機械を示したものである.

表1.4 作業種別と適正土工機械

作業種別	土工機械の種類
掘　削	ショベル系掘削機・ブルドーザー・リッパー・ブレイカー・エキスカベーター
積込み	ショベル系掘削機・トラクターショベル・ベルトコンベヤ
掘削と運搬	ブルドーザー・スクレーパー
運　搬	ダンプトラック・ブルドーザー・ベルトコンベヤ・土運車・架空索道
敷ならし	ブルドーザー・モーターグレーダー
締固め	ローラー系転圧機械・コンパクター・ランマー・タンパー・ブルドーザー
整　地	ブルドーザー・モーターグレーダー
溝掘り	トレンチャー・バックホー

表1.5 ブルドーザーの諸元[3]

形　式	規　格	出力 (PS)	重量 (t)	土工板寸法 $L \times H$ (m)	土工板容量 q_0 (m^3)	接地圧 (kN/m^2)	土工板型式
普通形	3 t級	39	3.6	2.17×0.59	0.52	35	アングル
	6 t 〃	67	6.3	2.42×0.82	1.13	48	〃
	8 t 〃	87	9.7	3.16×0.73	1.17	55	〃
	11 t 〃	116	12.2	3.71×0.87	1.95	58	〃
	15 t 〃	151	15.0	3.92×1.00	2.72	61	〃
	21 t 〃	212	22.2	3.70×1.30	4.33	72	ストレート
	32 t 〃	313	38.6	4.13×1.59	7.23	101	〃
	43 t 〃	410	50.8	4.32×1.88	10.58	122	〃
湿地形	3.5 t級	39	3.8	2.17×0.59	0.52	22	ストレート
	7 t 〃	67	7.0	2.78×0.77	1.14	26	〃
	9 t 〃	89	10.4	3.04×0.87	1.59	28	〃
	13 t 〃	119	14.2	3.51×0.96	2.24	27	〃
	16 t 〃	155	17.0	3.84×1.05	2.93	29	〃

(注) 接地圧はSI単位に換算

1.5.1 ブルドーザー

排土板を取り付けて，土を削り押して運搬する．排土板が進行方向に直角に保持したものをストレートドーザー（straightdozer），ある角度に保持する構造となっているものをアングルドーザー（angledozer）という．排土板が水平面に対して約10°傾くようにしたものをチルトドーザー（tiltdozer）といい，排土板のエッジを使って溝掘りや凍土の掘削に用いる．走行にキャタピラを用いる普通のブルドーザー（bulldozer）は，クローラー（crawler）形という．湿地形ブルドーザーはキャタピラの幅が広く，接地圧は通常のものの約1/2で20 kN/m² 程度にしてある（表1.5）．

水中工事は，水中ブルドーザーが用いられる．水深約0～5 mの場所で使用される浅海型と，水深10～30 mあるいは約60 mの場所で用いられる深海型とがある．深海型では，母船から遠隔操作される．

1.5.2 ショベル系掘削機

（1） ショベル（shovel）

掘削および積込みをする機械で，通常，用いられるのはバケット容量 0.3～2.0 m³ のものである．機械本体はアタッチメント（attachment）を取り換えることによって各種の作業に使用される（図1.9）．走行装置はクローラー形式が多いが，機動性をよくするために，バケット容量が 0.6 m³ 程度までは車輪式になったものもある．

（2） パワーショベル（power shovel）

機械本体より上の部分の切土に適し，ブーム（腕）が丈夫であるので，硬い土質の切崩しが可能である．

① パイルドライバ
② ドラグライン
③ クレーン
④ クラムシェル
⑤ ショベル
⑥ ドラグショベル

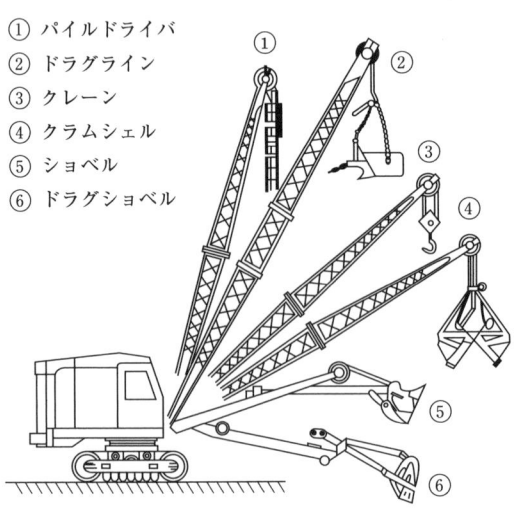

図1.9 ショベル系機械

図 1.10　バックホー［㈱小松製作所提供］

（3）　ドラグショベル(drag shovel)，およびバックホー(backhoe)（図 1.9, 図 1.10）
本体より下方または上方の掘削に適し，かなり硬い土質にも使用できる．

（4）　ドラグライン(drag line)
バケットがワイヤロープで吊り下げられた形で，土砂をすくいとる掘削機である．バケットの自重と，それを手前に引く力とによって掘削する．軟らかい地盤や水中掘削に適している．

（5）　クラムシェル(clamshell)（図 1.11）
バケットが二枚貝のように両開きになる構造の掘削機で，ワイヤロープで吊って操作する．両開きに開いた状態で吊り降ろし，土砂をかみ込むような形で掘削し，吊り上げる．バケット直下の軟らかい地盤の掘削に適している．

図 1.11　クラムシェル
　　　［ユタニ工業㈱提供］

（6） クレーン (crane)

門形クレーン，タワークレーン，トラックに積載した移動式クレーンがある．クレーンの吊り上げ能力は，作業半径と吊り上げ荷重で表される．本体を安定させる張り出し足まわりをアウトリガー (outrigger) とよぶ．

（7） スクレーパー (scraper)

構造を図 1.12 に示す．地面を削り取るようにして掘削した土砂を箱 (bowl) のなかにおさめ運搬する．箱の容量は $6\,\mathrm{m}^3$ から $20\,\mathrm{m}^3$ のものまである．トラクターにけん引されるけん引式と，自力で走る自走式 (図 1.13) とがある．自走式は $30 \sim 40\,\mathrm{km/h}$ の速度で走行できるので，長距離土工に適している．

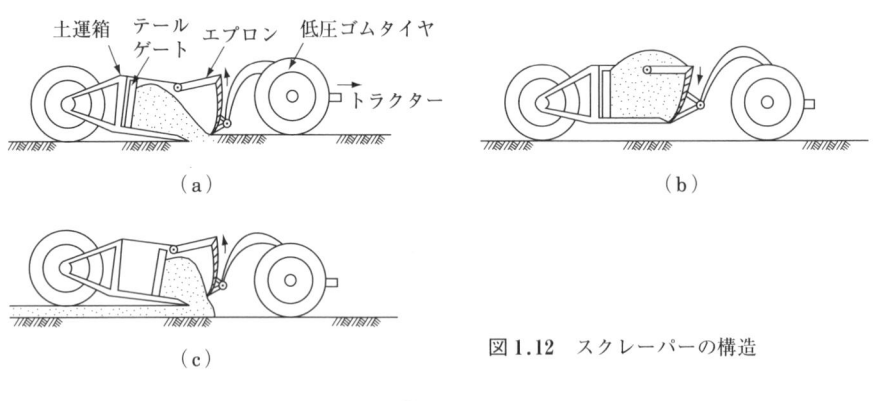

図 1.12 スクレーパーの構造

図 1.13 モータースクレーパー［新キャタピラー三菱㈱提供］

1.5.3 運搬機械

（1） ダンプトラック

運搬機械の主体をなすものであり，荷台容積 $4.0 \sim 7.2\,\mathrm{m}^3$ のものを普通ダンプ，約 $8.5 \sim 23\,\mathrm{m}^3$ のものを重ダンプという．トラックの荷台は，後方または側方に約 $60°\sim 70°$ 傾斜して積荷を自動的に降ろすようになっており，前者をリヤーダンプトラック (rear dump truck)，後者をサイドダンプトラック (side dump truck) という．

ダンプトラックを使用する場合には，積載重量を厳守しなければならない．これは車に無理をかけないと同時に，道路構造物を損傷しないこと，および交通災害を発生させないといったことからも大切である．

（2） コンベヤ

運搬能力が大きく，荷の積込みや降ろしに人手を要しないなどの利点があるので，移動式のコンベヤ(conveyer)が土工に用いられる．コンベヤの最大勾配は，一般の土では約 20° 以下にしなければならない．

1.5.4 締固め機械

土砂の締固めに用いる機械は，次のなかから選ぶ．
① 転圧式：主として機械の自重を利用し，ローラーなどで締固める．
② 衝撃式：機械の衝撃力によって締固める．
③ 振動式：機械を振動させ，その加振力によって締固める．

（1） ロードローラー(road roller)

道路路盤の締固めなどに用いる．図 1.14 に示す後輪が 2 輪のマカダム型と，前・後輪が 1 輪のタンデム型とがある．重さは 6～12 t のものが多い．

図 1.14 ロードローラー

（2） タイヤローラー(tire roller)

大型の低圧タイヤを横に並べてローラーのようにしたもので，けん引式または自走式である．砂質土に適している．重さは 9～25 t でタイヤ 1 輪当たり 1～4 t になる．重さの加減は荷台の荷重によって行われる．

（3） ランマー(rammer)

エンジンの爆発力を利用して地盤に衝撃を与えて締固める機械である．重さは 100 kg 以下で，人力によって操作される．

（4） フログランマー(frog rammer)

ランマーの大型のもので，一般の土工に用いられる．人力によって操作するが，はね上がりながら自動的に前進するようになっている．重さは 500～1000 kg と大きく，衝撃力はランマーよりかなり大きい．

（5） 振動ローラー

加振装置を搭載したもので，振動を加えることで締固め効果を大きくしたものである．振動による締固め効果は粘性土では小さく，砂質土では大きい．

（6） グレーダー（grader）

機械の中央下部にブレード（blade）という約2〜3mの板がついており，走行中にこの板を上下・左右および旋回動作させることによって，整地，除雪，のり面仕上げなどの作業を行う仕上機械である．ブレードの前方にスカリファイヤー（scarifier）というかき起こし装置がある．走行には低圧タイヤを用い，凹凸のある場所でも走れる構造になっている．グレーダーにも自走式（図1.15）とけん引式とがある．

図1.15　モーターグレーダー［㈱小松製作所提供］

1.6　切土工と機械の作業能力

切土は掘削ともいう．施工は地形，土質，施工方式，および使用機械などによって異なる．たとえば，急斜面の地山を掘削するような場合は，手前から切り付けて掘り進む方法が採用され，緩傾斜や水平地盤においては層状に切りはがす方法がとられる．地すべりを生じやすい斜面では，頂上から切りはじめ，順次，下方へ切り広げるのが安全である．

切土工においては，施工中，つねに排水に配慮することが必要で，雨水や湧水が掘削中にできた凹地にたまることのないように注意する．とくに粘性土においては，含水比が高くなると切土斜面が不安定になるし，機械のトラフィカビリティ（trafficability）が悪くなる．岩盤などの硬い地盤の掘削には，リッパー，ロックブレイカー（rock breaker）などの土工機械を用いるが，非常に硬い岩盤の掘削には爆薬を用いる．

1.6.1 切土のり面の勾配

切土のり面の勾配は，地形および地質，土質の種類，それにのり面の高さによって決められる．地質調査や土質試験の結果によって，理論的に決める場合もあるが，表1.6の値を用いてもよい．

比較的硬い地質の勾配は急に，土の部分では緩い勾配とする．のり面の高さが7～10mを超える場合は，図1.16に示すように，岩質または土質によって各層おのおのに適合した勾配をとり，あわせて小段を設けるのが一般的である．切土のり面の崩壊は，岩質や土質が原因となる場合のほかに，成層の状況が受け盤ではなく流れ盤であったり，のり面に湧水があったり，北側に面したのり面であるために凍結したりするなどが原因となる．

表1.6 切土の標準のり面の勾配[4]

地山の土質		切土高	勾配
硬　岩			1:0.3～1:0.8
軟　岩			1:0.5～1:1.2
砂	密実でない粒度分布の悪いもの		1:1.5～
砂　質　土	密実なもの	5m以下	1:0.8～1:1.0
		5～10m	1:1.0～1:1.2
	密実でないもの	5m以下	1:1.0～1:1.2
		5～10m	1:1.2～1:1.5
砂利または岩塊混じり砂質土	密実なもの，または粒度分布のよいもの	10m以下	1:0.8～1:1.0
		10～15m	1:1.0～1:1.2
	密実でないもの，または粒度分布の悪いもの	10m以下	1:1.0～1:1.2
		10～15m	1:1.2～1:1.5
粘　性　土		10m以下	1:0.8～1:1.2
岩塊または玉石混じり粘性土		5m以下	1:1.0～1:1.2
		5～10m	1:1.2～1:1.5

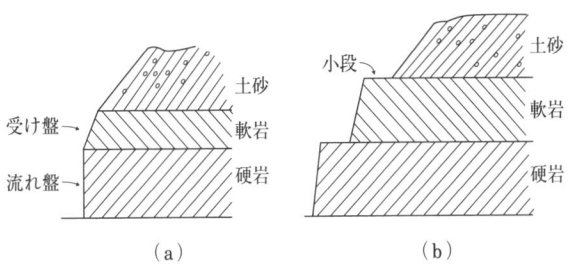

図1.16 切土のり面

このほか，風化の程度，透水性，膨潤性，日照条件なども考慮する必要がある．シラスのように浸食を受けやすい土質では，のり面を垂直に近くしたほうが表面水による浸食を受けにくいという事実がある．したがって，切土面の勾配の決定には，付近にある既存の切土のり面や地山の勾配を参考にするのもよい方法である．

1.6.2 掘削機械の作業能力

掘削すべき地盤の土質・地質・地形や，掘削土の積込み方法・運搬方法などによって，掘削方法や使用機械の種類が異なる．非常に硬い岩盤では発破などを用いなければならないが，通常の掘削では，ブルドーザー，スクレーパー，ショベルが主として用いられる．

（1） ブルドーザー作業

ブルドーザーによる掘削は，運搬を兼ねて行われる．排土板で掘削し，さらに削土を所定の場所まで押して運搬する．一般に，掘削のための前進は，大量の削土を運搬するため低速で，後退は高速で行われる．

ブルドーザーによる土工量の算定は，式(1.16)による．

$$Q = \frac{60q \cdot f \cdot E}{C_m} \tag{1.16}$$

ここに，Q：1時間当たりの土工量(m^3/h)，q：1回の掘削押土量(m^3)($q = q_0 \times \rho$)，f：土量換算係数，E：作業効率，C_m：サイクルタイム(min)である．

q はほぐした土量で表し，表1.5に示す土工板容量 q_0 に，押土距離と勾配に関する係数 ρ (表1.7) を掛けて求める．E のおおよその値は，岩塊・玉石で0.20～0.35，礫混じり土で0.30～0.55，砂で0.50～0.80，普通土で0.35～0.70，粘性土で0.25～0.50となる．

サイクルタイム C_m は，繰り返し行われる作業の1サイクルに要する時間をいい，ブルドーザーの場合は，式(1.17)で求められる．

表1.7 押土距離，運搬経路の勾配に関する係数 ρ [5]

勾配(%)	運搬距離(m)	20	30	40	50	60	70	80
平坦	0	0.96	0.92	0.88	0.84	0.80	0.76	0.72
下り	5	1.08	1.03	0.99	0.94	0.90	0.85	0.81
	10	1.23	1.18	1.13	1.08	1.02	0.97	0.92
	15	1.41	1.35	1.29	1.23	1.18	1.12	1.06
上り	5	0.85	0.82	0.78	0.75	0.71	0.68	0.64
	10	0.77	0.74	0.70	0.67	0.64	0.61	0.58
	15	0.70	0.67	0.64	0.61	0.58	0.56	0.53

$$C_m = \frac{l}{v_1} + \frac{l}{v_2} + t_g \tag{1.17}$$

ここに，l：平均掘削押土距離(m)，v_1：前進速度(m/min)，v_2：後退速度(m/min)，t_g：ギヤ切換え時間(min)である．

v_1，v_2，および t_g の経験的な値から，式(1.18)を用いることが多い．

$$C_m = 0.037l + 0.25 \tag{1.18}$$

（2） ショベル作業

パワーショベルは高い所の切土に適している．大規模な土工で掘削高さが非常に高い場合には，全掘削高さを 2 ～ 3 段に分けて，上部から順次階段状に掘削するベンチカット(bench cut)方式がとられる．1 段のベンチ高さは最適掘削高さ(2 ～ 5 m)にとる．

ベンチカット方式には，図 1.17 に示すサイドヒル(side hill)方式とボックスカット(box cut)方式とがある．表 1.8 にショベルのおもな諸元を示す．

ショベル系掘削機の作業能力の算定は，式(1.19)による．

$$Q = \frac{3600 q_0 \cdot K \cdot f \cdot E}{C_m} \tag{1.19}$$

ここに，Q：1 時間当たりの土工量(m³/h)，q_0：バケット容量(m³)，K：バケット係数(表 1.9)，f：土量換算係数，E：作業効率で，通常，実績平均値として $E = 0.55$，非常によい場合で $E = 0.8 \sim 0.6$ とする．C_m：サイクルタイムで，パワーショベルの場合には容易な掘削で 14 ～ 23 s，中程度の掘削で 16 ～ 27 s，やや困難な掘削で 19 ～ 32 s，困難な掘削で 21 ～ 35 s などの値となる．ブームの旋回角度，掘削深度が

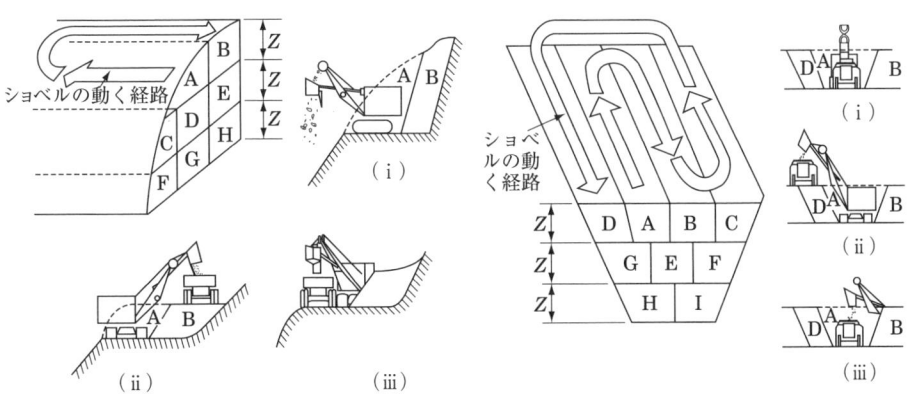

（a） サイドヒル方式
　　（A, B, C, …の順にカットする）

（b） ボックスカット方式
　　（A, B, C, …の順にカットする）

図 1.17　パワーショベルのベンチカット方式

表1.8 ショベル系掘削機諸元[6]

種別	形式	規格	出力 (PS)	重量 (t)	バケット容量 (平積 m³)	接地圧 (kN/m²)
バックホウー	油圧式クローラー形	0.35 m³ 級	75	10.7	0.35	37
		0.4 〃	86	11.8	0.40	39
		0.6 〃	118	18.7	0.60	42
		0.7 〃	142	21.8	0.75	50
クラムシェル	油圧式クローラー形	0.3 m³ 級	74.5	10.7	0.30	38
		0.6 〃	120	18.7	0.60	43
	機械式クローラー形	0.8 m³ 級	106	43.7	0.80	61

(注) 接地圧は SI 単位に換算

表1.9 バケット係数(K)[7]

土の種類	油圧式バックホー	クラムシェル	備考
岩塊・玉石	0.45～0.75	0.40～0.70	山盛になりやすいもの
礫混じり土	0.50～0.90	0.45～0.85	かさばらず空げきの少ないもの
砂	0.80～1.20	0.75～1.10	
普通土	0.60～1.00	0.55～0.95	掘削の容易なものなどは，大きい係数を与える．
粘性土	0.45～0.75	0.40～0.70	

大きいときは，上記の値のうちで大きい値をとる．

トラクターショベルの作業能力も，ショベル系掘削機に対して与えられた式(1.19)と同形の式で算定される．この場合のバケット容量や各係数の値はもちろん，トラクターショベルに対して与えられたものを用いる．

> **例題1.2** 砂質土からなる地山を整地するために，8t級のブルドーザーを使用する．土工量を算定せよ．押土距離は30m，運搬路は平坦(へいたん)とせよ．

解 題意により，$q_0 = 1.17 \text{m}^3$ (表1.5)，$\rho = 0.92$ (表1.7)．f は Q を地山土量として算定するので，$f = 1/L = 1/1.25$．E は普通作業として $E = 0.6$ をとる．$l = 30 \text{m}$ であるから，式(1.18)で，

$$C_m = 0.037 \times 30 + 0.25 = 1.36 \text{min}.$$

式(1.16)より，

$$\therefore Q = \frac{60 \times 1.17 \times 0.92 \times (1/1.25) \times 0.6}{1.36} = 22.8 \text{m}^3/\text{h}$$

例題 1.3 パワーショベルで掘削を行う場合の土工量を算定せよ．土質は砂質土，バケット容量 $0.6\,\text{m}^3$ として地山土量で土工量を求めよ．切取り高は $3\,\text{m}$ で容易な掘削と考える．

解 題意により，$q = 0.6\,\text{m}^3$（ほぐした土量），$f = 1/L = 1/1.25$，$E = 0.55$，$C_m = 19\,\text{s}$，$K = 1.20$（表 1.9）となる．式(1.19)より，

$$\therefore\ Q = \frac{3600 \times 0.6 \times 1.20 \times (1/1.25) \times 0.55}{19} = 60.0\,\text{m}^3/\text{h}$$

1.6.3 運搬機械の作業能力

短距離の運搬にはブルドーザー，中距離の運搬にはスクレーパー，長距離の運搬にはダンプトラックを用いる．通常，ショベルによってダンプトラックに積込んで運搬するといった方法がとられている．そのため，掘削，積込み，そして運搬は，一連の作業として計画することになる．

トラクターショベル（図1.18）は掘削積込み専用の機械である．パワーショベルが強力な掘削力をもつ掘削専用の機械であるのに比べ，トラクターショベルは比較的軽快な走行作業が可能で，大きいバケット容積をもっている．

図1.18 トラクターショベル［㈱小松製作所提供］

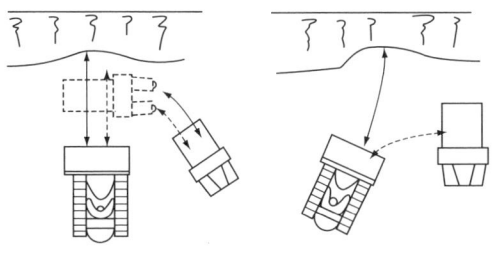

（a）I形積込み方式　　（b）V形積込み方式

図1.19 積込み方式

トラクターショベルによる積込み方式には，地盤が傷みやすい場合に適するⅠ形積込み方式と，効率のよいⅤ形積込み方式とがある（図1.19）．ダンプトラックの走行の繰り返しによって路面が傷むような場合には，路面にまくら木や鋼板などを敷いて路面を保護する．

ダンプトラックの走行性はトラフィカビリティとよばれ，コーン貫入試験によって判定されることが多い．この値が400 kN/m^2 以上であれば走行できると判定する．

ショベルによって積込み，ダンプトラックで運搬するという組合せの場合の作業能力の算定は次のように考える．

1台のダンプトラックの1時間当たりの運搬土量は，式(1.20)で求める．

$$Q = \frac{60 q_0 \cdot f \cdot E_t}{C_{mt}} \tag{1.20}$$

ここに，q_0：トラックの1回分の積載土量(m^3)，f：土量換算係数，E_t：ダンプトラックの作業効率で，標準値としては $E_t = 0.9$ とする．C_{mt}：ダンプトラックのサイクルタイム(min)である．

この C_{mt} のなかに積込み機械による積込み所要時間が含まれる．すなわち，

$$C_{mt} = \frac{C_{ms} \cdot n}{60 E_s} + (T_1 + t_1 + T_2 + t_2 + t_3) \tag{1.21}$$

である．ここに，C_{ms}：積込み機械のサイクルタイム(s)，n：ダンプトラック1台に土砂を満載するのに要する積込み機械のサイクル回数，E_s：積込み機械の作業効率(0.6〜0.8)，T_1，T_2：ダンプトラックの往復の走行時間，t_1，t_2，t_3：ダンプトラックの荷降ろし時間，積込みの待ち時間，シート掛けはずし時間で，標準値としては，$t_1 = 0.5 \sim 1.5$ min，$t_2 = 0.15 \sim 0.7$ min（待ち時間のない場合），$t_3 = 4 \sim 6$ min となっている．

ゆえに，トラック1台に土砂を積込むのに要する時間は $C_{ms} \cdot n$ で示される．n は次式で求める．

$$n = \frac{q_0}{q_s \cdot K} \tag{1.22}$$

ここに，q_s：積込み機械のバケット容量(m^3)，K：バケット係数である．

次に，積込み機械を効率よく稼動させるために必要な組合せダンプトラックの台数は，次の式により求める．

$$M = \frac{Q_s}{Q_t} \tag{1.23}$$

ここに，M：組合せダンプトラックの台数(台)，Q_s：積込み機械の運転時間当たりの作業量(m^3/h)（式(1.19)），Q_t：ダンプトラック1台の運転時間当たりの作業量(m^3/h)（式(1.20)）である．

例題 1.4 例題 1.3 に示したショベル掘削土を，6t のダンプトラックで 5km の距離を運搬する場合の，ダンプトラックの必要台数を求めよ．

解 $q_s = 0.6\,\mathrm{m}^3$，$K = 1.20$，$q_0 = 4.0\,\mathrm{m}^3$（平積みの場合）とすれば，式(1.22)から，

$$n = \frac{q_0}{q_s \cdot K} = \frac{4}{0.6 \times 1.20} = \frac{4}{0.72} = 5.6 \text{ 回}$$

となる．n の値は整数でなければならないので，$n = 6$ とすれば，

$$q_0 = n \cdot q_s \cdot K = 6 \times 0.6 \times 1.20 = 4.3\,\mathrm{m}^3$$

となる．すなわち，1 台のトラックに 4.3 m³ の積載土量を考えて計画を立てる．

ダンプトラックの往復の走行時間 T_1，T_2 を求める．ダンプトラックの走行速度は，運搬時が 25 km/h，帰りが 30 km/h とする．

$$T_1 = 60 \times \frac{5}{25} = 12\,\mathrm{min}, \qquad T_2 = 60 \times \frac{5}{30} = 10\,\mathrm{min}$$

$$t_1 = 1.0\,\mathrm{min},\ t_2 = 0.5\,\mathrm{min},\ t_3 = 5.0\,\mathrm{min},\ E_s = 0.9,\ C_{mt} = 19\,\mathrm{s}$$

とする．式(1.21)より，

$$C_{mt} = \frac{C_{ms} \cdot n}{60 E_s} + (T_1 + t_1 + T_2 + t_2 + t_3)$$
$$= \frac{19 \times 6}{60 \times 0.7} + (12 + 1 + 10 + 0.5 + 5) = 31.2\,\mathrm{min}$$

式(1.20)により，

$$Q_t = \frac{60 q_0 \cdot f \cdot E_t}{C_{mt}} = \frac{60 \times 4.3 \times (1/1.25) \times 0.9}{31.2} = 5.95\,\mathrm{m}^3/\mathrm{h}$$

例題 1.3 より，$Q_s = 60.0\,\mathrm{m}^3/\mathrm{h}$ であるから，式(1.23)にこれらの値を入れて，

$$M = \frac{Q_s}{Q_t} = \frac{60.0}{5.95} = 10.1$$

すなわち，ダンプトラックの所要台数は 11 台となる．

1.7 盛土工と機械の作業能力

1.7.1 盛　　土

盛土工は基礎地盤の状況によって，その方法や使用機械が異なる．施工にあたっては基礎地盤の処理を十分に行い，適切な盛土材料を使用し，所定の含水比で定められた方法によって締固め，安定した盛土をつくるように心掛ける．

施工中は排水に留意するとともに，盛土のり面が洗い流されたり，崩壊しないようにする．排水については図 1.20 (a) に示すように，盛土上面がつねに 4 % 程度の傾斜をもつ形で施工する．基礎地盤は草木や切株を完全に取り除いた状態にする必要がある．これらを残したままで盛土すると，腐食により緩んだ箇所や空洞ができて，盛土面に沈下や陥没などが生じるおそれがある．こうした草木・切株を除去する作業を<ruby>伐開<rt>ばっかい</rt></ruby>・<ruby>除根<rt>じょこん</rt></ruby>といい，ブルドーザーやレーキドーザーで行う．

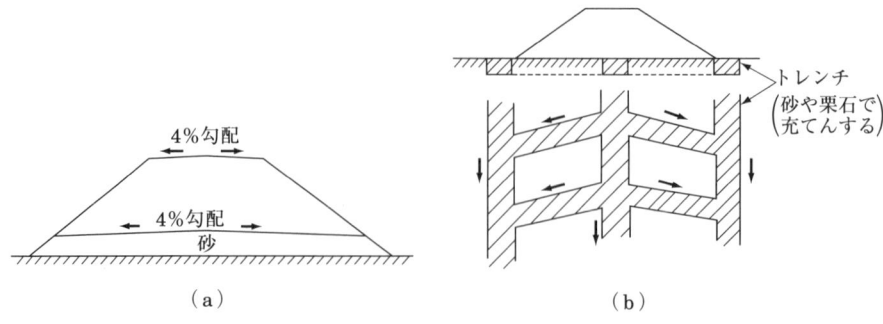

図 1.20 軟弱地盤工の盛土工

軟弱地盤に盛土する場合は，第1層の締固めが困難となる．そのため，表面に0.5〜1.0 mのトレンチ(溝)をつくり，そのなかに砂や砂利を詰め，基礎地盤を改良してから盛土する必要がある(図 1.20(b))．

盛土材料の巻出しはできるだけ薄く，水平に行うことが望ましい．通常，1層当たり20〜40 cmとし，各層を十分に締固めながら順次盛り上げる．高さ 50 cm以上の巻出し(高巻出しという)は，品質管理に注意を要する．盛土高の高い場合には小段を設ける．

既設の盛土に腹付けして盛土する場合や，傾斜した基礎地盤上に盛土する場合は，両者のくい付きをよくするため，図1.21に示すように，段切を行ってから盛土しなければならない．段切面にも傾斜をつけて排水に注意し，長く放置することなく，すみやかに盛土する．

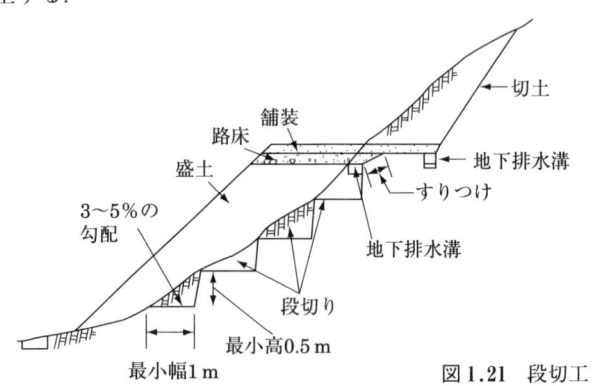

図 1.21 段切工

1.7.2 締固め

盛土の締固めにあたっては，土質による締固め機械の選択が重要となる．表1.10にその標準を示す．

大規模な盛土工に際しては，現場で締固め試験を行うのがよい．

表1.10 土質および締固め機械

土質＼機械名	砂質土	砂・礫混じり	砂質土・礫混じり粘性土	粘土・粘性土	関東ローム・これに類するもの	玉石混じり土砂	軽石・玉石・礫・軟岩・硬岩	高含水比の粘性土砂
ロードローラー	B	B	–	–	B	B	–	
メッシュローラー	B	B	B	–	–	B	–	
タイヤローラー（自走式）	A	A	–	–	B	A	–	
タイヤローラー（けん引式）	B	B	A	–	A	A	B	
振動ローラー（自走式）	A	B	–	–	B	B	–	
振動ローラー（けん引式）	B	B	–	–	A	A	–	
コンパクター	A	A	–	–	–	–	–	
ランマー	B	B	A	–	A	A	–	
タンパー	B	B	A	A	A	A	B	
ブルドーザー	–	–	A	B	–	–	A	
湿地ブルドーザー	–	–	–	A	–	–	B	

（注） A, Bは適用機械を識別するもので，AはBよりすぐれている．

　締固めは，原則として盛土の長軸方向に行い，縁辺部からはじめ順次中央部に向かって行うものとし，規定の締固め度が得られるまで8～20回繰り返す．構造物の裏込めとか，それに近接する盛土の施工は，ランマーなど適切な機械を選んで行う．

　土に最適含水比があることからもわかるように，施工時の含水比の設定には十分な配慮が必要である．とくに，施工中の降雨や降霜・降雪などに対しては，シートなどで覆うようにして含水比の増加を防ぐ．

　盛土では，のり面の締固めが難しい．のり面の勾配が緩やかな場合（1：2以上）には，けん引式のタイヤローラーや振動ローラーを，ブルドーザーなどを用いてのり面を上下させて締固める．盛土材料が粘着性がなく，洗掘されやすい土質であったり，植生の困難な土質の場合には，のり面保護のために，植生に適した土や，粘着性のある土を30～50 cm厚にのり面上におく．これを土羽付け（slope tamping）といい，その土を土羽土という．土羽付けは，のり面を小さく段切して，その上に薄く土羽土をおき，ランマーや振動コンパクターで締固める．のり面の締固めは，長さ2 m程度のジオテキスタイルを巻出しごとに水平に敷き込むことで容易になることがある．

1.7.3 締固め機械の作業能力

1時間当たりの土工量の算定には，次の式が用いられる．

$$Q = \frac{1000V \cdot W \cdot H \cdot f \cdot E}{N} \tag{1.24}$$

ここに，Q：運転1時間当たりの作業量 (m³/h)，V：作業速度 (km/h)，W：1回の有効締固め幅(m)，H：巻出し厚または1層の仕上厚 (m)，f：土量換算係数，N：締固め回数，E：締固め機械の効率である．

このうち，V，W および E の標準値を表1.11に示す．

表1.11 締固め機械の有効締固め幅と作業速度の例

機械名	規格 (t)	有効締固め幅 W (m)	作業速度 V (km/h)	締固め機械の効率 E
タイヤローラー	6〜8 8〜20	1.3 1.8	3.0〜4.0	0.2〜0.7
振動ローラー	3〜5 8〜10 11〜12	1.0 1.9 1.9	1.0	0.1〜0.6
振動コンパクター	0.1	0.45	0.9	0.3〜0.7

例題1.5 盛土工事において，締固めにタイヤローラーを用いたい．6〜8t級を用いる場合の1時間当たりの仕上がり土工量を求めよ．転圧回数 N は8回，土質は良質の砂質土で，1層の巻出し厚は30cmとする．

解 6〜8t級を用いるので，表1.11より $W=1.3$ m，$V=3.0$ km/h，$E=0.5$ とする．また，$N=8$，砂質土であるので表1.2から，$L=1.25$，$C=0.90$ である．この場合の f は，Q が締固め後の土量であり，締固め前の土量はほぐした土量であるので，$f=C/L$ で示される．
式(1.24)より，

$$Q = \frac{1000V \cdot W \cdot H \cdot f \cdot E}{N} = \frac{1000 \times 3.0 \times 1.3 \times 0.3 \times (0.90/1.25) \times 0.5}{8} = 52.7 \text{ m}^3/\text{h}$$

1.7.4 盛土のり面の勾配

盛土ののり面の勾配は，主として盛土高と盛土材料の土質によって決まり，標準値を表1.12に示す．盛土高が10m以上の場合や，基礎地盤が軟弱である場合には，円形滑りによる安定計算によってのり面の勾配を決める．

盛土ののり面の位置および勾配，盛土の仕上り面の位置などは，丁張り(図1.22)という杭に横木を固定したもので示される．丁張りは盛土の出来高の規準となり，最後まで残さなければならないので正確で丈夫につくる．

表1.12 盛土の標準のり面の勾配[8]

盛 土 材 料	盛 土 高 (m)	勾 配	摘 要
粘土のよい砂(SW),礫および細粒分混じり礫(GM)(GC)(GW)(GP)	5 m 以下	1:1.5〜1:1.8	基礎地盤の支持力が十分にあり，浸水の影響のない盛土に適用する．( )の統一分類は代表的なものを参考に示す．
	5〜15 m	1:1.8〜1:2.0	
粒度の悪い砂(SP)	10 m 以下	1:1.8〜1:2.0	
岩塊(ずりを含む)	10 m 以下	1:1.5〜1:1.8	
	10〜20 m	1:1.8〜1:2.0	
砂質土(SM)(SC),硬い粘質土，硬い粘土（洪積層の硬い粘質土，粘土，関東ロームなど）	5 m 以下	1:1.5〜1:1.8	
	5〜10 m	1:1.8〜1:2.0	
火山灰質粘土(VH_2)	5 m 以下	1:1.8〜1:2.0	

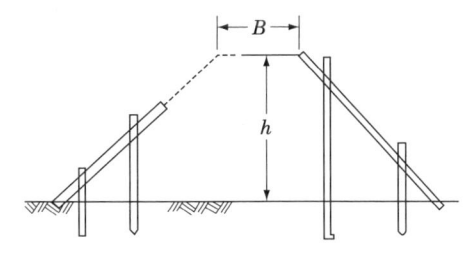

図1.22 丁張り

丁張りの設置間隔は，直線区間で約10 m，曲線区間で5 m，複雑な地形の所では5 m以下とする．

1.8 のり面保護工

のり面の浸食や風化を防ぐために，植生または構造物で表面を被覆したり，土留構造物で安定をはかる．

1.8.1 植 生 工

浸食防止や凍上崩落抑制，および緑化のためには，種子散布工，客土吹付工，植生基材吹付工，張芝工などが使われる．盛土のり面浸食防止や部分植生には植生筋工など，不良土や硬質土のり面の浸食防止には植生土のう工，景観形成には植栽工が使われる．

1.8.2 構造物による保護

浸食防止や土砂流出抑制には，編柵工，蛇かご工など，風化や浸食および表面水の浸透防止には，モルタル・コンクリート吹付工，ブロック張工などが適用される．のり面崩落防止や岩盤はく落防止には，コンクリート張工，吹付枠工など，土圧に対抗するためには，石積工，ふとんかご工，井桁組擁壁工，コンクリート擁壁工などが，さらにすべり土塊の滑動力に対抗するためには，補強土工，グラウンドアンカー工，杭工などが適用される．図1.23は対策工の一例である．

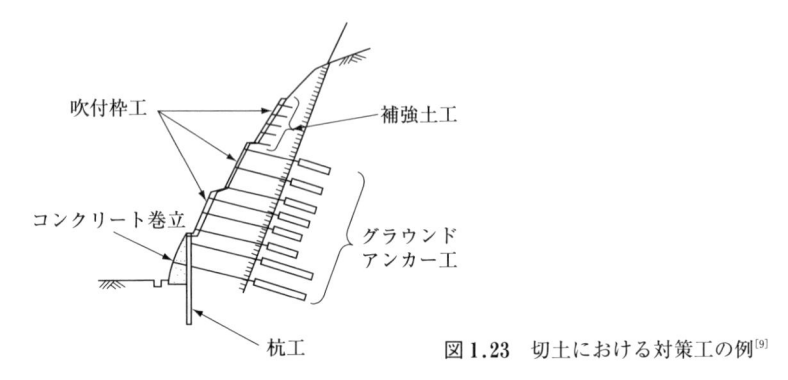

図1.23 切土における対策工の例[9]

1.8.3 のり面緑化工

環境と景観との調和，および維持管理の軽減を目的として，のり面緑化工の施工が行われる．植生工と緑化基礎工とからなる．

植生工は，植物体による雨水遮断や雨水流下速度の減少などの機能により，のり面を保護するものである．基盤が植物の育成に適していること，選定した植物が土壌や気候に合うことが必要である．

緑化基礎工としては，排水工，のり枠工，編柵工，ネット張工，植生土のう工など

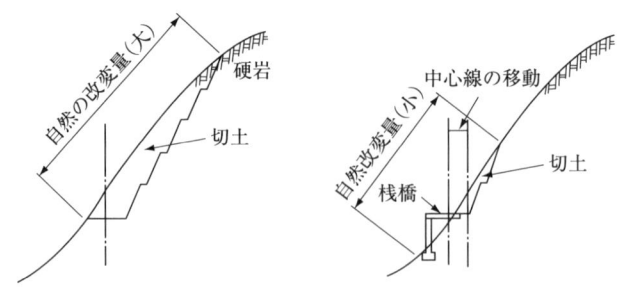

（a）標準勾配による切土の基本形状　　（b）路線の移動と桟橋併用により切土量を減らす

図1.24　環境対策の一例[10]

がある．その目的は，育成基盤の安定化，育成基盤の改善，厳しい気象条件の緩和にある．植物が育成した後も外部から見える構造物や，動・植物に影響するものは避けるべきである．

環境への影響を少なくするために，切土量を減らす工夫が求められることがある．図1.24はその一例である．

演習問題 ［1］

1. 土の湿潤単位体積重量 γ_t，乾燥単位体積重量 γ_d，飽和単位体積重量 γ_{sat}，および水中単位体積重量 γ' が，土粒子比重 G_s，間げき比 e，飽和度 S_r，および水の単位体積重量 γ_w を用いて，それぞれ以下の式で表されることを示せ．

$$\gamma_t = \frac{G_s + (e \cdot S_r/100)}{1+e}\gamma_w, \qquad \gamma_d = \frac{G_s}{1+e}\gamma_w,$$

$$\gamma_{sat} = \frac{G_s + e}{1+e}\gamma_w, \qquad \gamma' = \frac{G_s - 1}{1+e}\gamma_w$$

2. 間げき比 e，飽和度 S_r，土粒子比重 G_s，および含水比 w の間に，次の式(1.6)の関係が成り立つことを示せ．

$$e \cdot S_r = G_s \cdot w$$

3. 盛土材に使用する土の締固め試験を実施し，以下の結果を得た．

測定 No.	1	2	3	4	5
湿潤密度 ρ_t (g/cm³)	1.74	1.85	1.93	1.94	1.91
平均含水比 w (%)	12.2	15.0	17.6	20.1	23.8

（a） 締固め曲線を図示し，最適含水比と最大乾燥密度を求めよ．
（b） 最大乾燥密度の95％で施工管理する場合の許容施工含水比の範囲を求めよ．
（c） 締固め曲線にゼロ空気間げき曲線を併記せよ．ただし，土粒子比重 $G_s = 2.70$ である．［ヒント：$\rho_d = \rho_w/((1/G_s)+(w/S_r))$ の関係が成り立つ．］

4. 礫質土からなる地山からダム建設のために，盛土量75000m³ の土砂を取りたい．掘削すべき土量および運搬土量を求めよ．

5. 礫質土からなる地山をパワーショベルで掘削する．地山土量で土工量を求めよ．バケット容量は0.6 m³，バケット係数0.8，切取り高は3 mでやや掘削困難という条件で計算せよ．

6. 26.4 m³/h のショベル掘削土量（地山土量）を，積載土量 $q_0 = 4$ m³ のダンプトラックで 12 km の距離を運搬する場合の必要台数を求めよ．ショベルのバケット容量は0.6 m³ で，土質は礫質土とせよ．

7. 10％程度の下り勾配の掘削作業を21t級のブルドーザーで行う．押土平均距離は40 m，土質は礫質土とする．運転時間1時間当たりの土工量を算定せよ．

8. スクレーパーの土工量の算定式は以下の式で表される．ブルドーザーの土工量の算出式を参照して，次の式を説明せよ．
$$Q = \frac{60q \cdot f \cdot E}{C_m}$$

第2章 基 礎 工

2.1 基礎の形式

　構造物や盛土の荷重を地盤に伝える部分を基礎という．基礎は，沈下や破壊が生じない安全な状態で構造物を支持しなければならない．

　基礎の形式(図2.1)には，直接基礎，杭基礎，ケーソン基礎などがある．図(a)に示す直接基礎は，構造物の荷重に対して地盤支持力が十分見込める場合に，構造物を直接地盤面におく形式の基礎である．図(b)，(c)は，深い所にあるしっかりした地層で構造物を支持させる形式である．また，基礎をある深さまでにとどめて，基礎が軟弱地盤中に浮いた状態で構造物を支持する形式を，浮き基礎(フローティング

独立フーチング　　連続フーチング　　べた基礎

(a) 直接基礎

(b) 杭基礎　　　　(c) ケーソン基礎　　(d) 浮き基礎

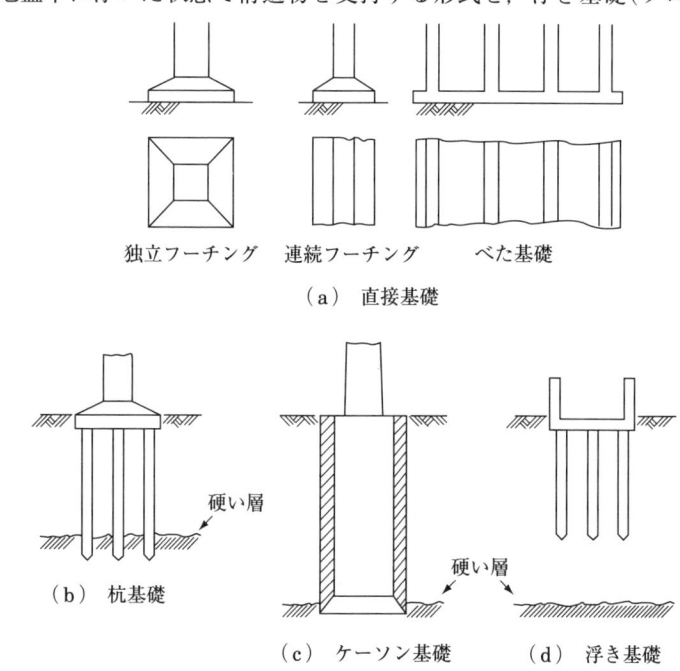

図2.1 基礎の形式

基礎(図 (d)))とよぶ.

　基礎形式の選定は,地形・地質,地盤のせん断強度と圧縮性,構造物の種類と許容沈下量などを考慮して行われる.基礎形式は,地盤調査の結果によって大きく左右されることがある.施工にあたっては,地盤特性や地下水の状況を適確に把握して,基礎周囲の地盤はできるだけ乱さないように,また地下水の湧き出しなどに対処できるように注意する必要がある.

2.2 地盤の支持力と許容沈下量

　基礎の周囲および底面下にあって,構造物の荷重を支える部分を支持地盤または支持層という.地盤の支持力は事前の調査によって予測する.

　地盤の支持力をいう場合は許容支持力をさすことが多い.許容支持力は,次の二つの考え方から定義される.一つは,地盤の破壊強さから定義されるもので,もう一つは,地盤の許容沈下量から定義されるものである.

　前者は地盤の破壊を生じないための許容支持力 q_a を示し,極限支持力 q_f を安全率 F_s(通常,$F_s = 2 \sim 3$ をとる)で割った値である.後者は,沈下が許容値以内におさまるための支持力をいう.近年は,構造物のなかで許容沈下量を規定したものが多くなったため,後者の考え方による許容支持力が多く用いられる.

2.2.1 支持力式と地盤の破壊形式

　テルツァギー(Terzaghi)の支持力式が最もよく知られている.テルツァギーは,基礎に加わる荷重と沈下との関係が図 2.2 に示す A タイプと B タイプとに分れることに着目した.

　A タイプは,よく締まった砂地盤や硬い粘土地盤など比較的良好な地盤に生じる.荷重の小さい間は沈下量も小さく,荷重がある大きさになると地盤は急激に破壊する.これを全般せん断破壊(general shear failure)という.B タイプは,沈下は荷重の小さい間から徐々に進行するタイプで,緩い砂地盤や軟弱粘土地盤で生じ,局部せん断破壊(local shear failure)という.図 2.2 に示す q_f は極限支持力という.

　テルツァギーは,上記二つのタイプの破壊に対して極限支持式を与えた.しかし,実際の地盤ではいずれの破壊形式になるのか判断に迷うことが多い.また,内部摩擦角が大きい場合には,その値が数度違うと支持力係数は大きく変わる.このような問題を避けるために,建築基礎構造設計指針には,次のような単純化した支持力式と支持力係数が示されている.このほか,道路橋示方書・同解説 I 共通編・IV 下部構造編(参考文献[13])の支持力式も広く使われている.

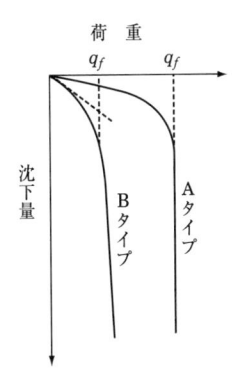

図 2.2 地盤の破壊形式

2.2.2 建築基礎構造設計指針の式

基礎に作用する荷重が鉛直の場合,地盤の極限支持力は次式で求める.

$$極限支持力:q_f = \alpha \cdot c \cdot N_c + \beta \cdot \gamma_1 \cdot \eta \cdot B \cdot N_\gamma + \gamma_2 \cdot D_f \cdot N_q \quad (kN/m^2) \quad (2.1)$$

ここで,α,β は基礎底面の形状係数(表 2.1),N_C,N_γ,N_q は支持力係数(表 2.2),γ_1 および γ_2 は基礎底面より下方および上方の土の単位体積重量,D_f は根入れ深さである.また η は基礎幅 B の寸法効果に関する補正係数であり次式で求める.

$$\eta = \left(\frac{B}{B_0}\right)^{-\frac{1}{3}} \quad (ただし B, B_0 の単位は m, B_0 = 1m) \quad (2.2)$$

荷重が傾斜する場合については建築基礎構造設計指針[11]を参照のこと.従来は安全率 F_s を用いて長期許容支持力($q_a = q_f/F_s = q_f/3$),短期許容支持力($q_a = q_f(2/3)$)などを求めていた.最近は安全率に代えて,限界状態(終局限界・損傷限界・使用限界)[11]の概念に基づく設計に移行しつつある.

表 2.1 形状係数[11]

基礎底面の形状	連続	正方形	長方形	円形
α	1.0	1.2	$1.0 + 0.2\frac{B}{L}$	1.2
β	0.5	0.3	$0.5 - 0.2\frac{B}{L}$	0.3

(注) B:長方形の短辺長さ,L:長方形の長辺長さ.

表 2.2 支持力係数[12]

ϕ	N_c	N_γ	N_q
0°	5.1	0	1.0
5°	6.5	0.1	1.6
10°	8.3	0.4	2.5
15°	11.0	1.1	3.9
20°	14.8	2.9	6.4
25°	20.7	6.8	10.7
28°	25.8	11.2	14.7
32°	35.5	22.0	23.2
36°	50.6	44.4	37.8
40°以上	75.3	93.7	64.2

例題 2.1 辺長 1.5 m の正方形フーチングがある．根入れ深さ 2.0 m，地盤は砂質土でその内部摩擦角は 32°，粘着力は 5.0 kN/m²，$\gamma_1 = \gamma_2 = 14.7$ kN/m³ である．地下水位は -2 m であるとして，極限支持力を求めよ．

解 表 2.1 より，$B = L$ であるので，$\alpha = 1.2$，$\beta = 0.3$，表 2.2 より，$N_c = 35.5$，$N_q = 23.2$，$N_\gamma = 22.0$ となる．土の単位体積重量は 14.7 kN/m³，$c = 5.0$ kN/m²，$B = 1.5$ m，$D_f = 2.0$ m，フーチング底面より下は地下水下にあるから γ_1 項は $\gamma_1 - \gamma_w = 14.7 - 9.8 = 4.9$ kN/m³，$\gamma_2 = 14.7$ kN/m³，$\eta = (1.5/1.0)^{-1/3} = 1/(1.5/1.0)^{1/3} = 0.874$ を式 (2.1) に代入して，

$$q_f = 1.2 \times 5.0 \times 35.5 + 0.3 \times 4.9 \times 0.874 \times 1.5 \times 22.0 + 14.7 \times 2.0 \times 23.2$$
$$= 213.0 + 42.4 + 682.1 = 937.5 \text{ kN/m}^2$$

2.2.3 許容地耐力

許容支持力において，前述のように許容沈下量を超えないことを考慮した支持力値を，許容地耐力とよぶことがある．許容沈下量は構造物や建物の種類，重要度などによって異なる．また，地盤条件，基礎形式，経済性なども考慮に入れて決めることになる．圧密粘土層上の建物に関しては，表 2.3 に示す値を参考にすることができる．表中の変形角とは，不同沈下によって生じた構造物基礎の傾斜である．また，相対沈下量は最大沈下量と最小沈下量の差をいう．

表 2.3 圧密粘土層上に設ける建物の変形と許容沈下量の目安

構造種別	変形角 θ ($\times 10^{-3}$ rad)	基礎形式	相対沈下量 $S_{D\max}$ (cm)	総沈下量 $S_{\max}$ (cm)
コンクリートブロック造	0.3〜1.0	布	1.0〜2.0	2.0〜4.0
鉄筋コンクリート造（ラーメン構造）	0.7〜1.5	独立	1.5〜3.0	5.0〜10.0
		布・べた	2.0〜4.0	10.0〜20.0
鉄筋コンクリート造（壁式構造）	0.8〜1.8	布	2.0〜4.0	10.0〜20.0

(注) 建築基礎構造設計指針 (2003 年) を参考にしてまとめた．

2.3 地盤改良

地盤の支持力が不足する場合には，地盤改良により支持力の増加をはかる．地盤改良におけるおもな原理は，置換，圧密・排水，締固め，固結である．

2.3.1 置換工法

置換工法とは，基礎部を中心にしてある範囲の軟弱土を取り除き，良質の土に置き

換える工法である(図2.3(a)).軟弱土の取り除きは，主として掘削によるが，地中爆破によって軟弱土を押し分け，その後に良質土を落し込んで地盤を改良する方法(爆破置換工法)もある.

（a）置換工法　　　　　（b）プラスチックボードドレーン工法

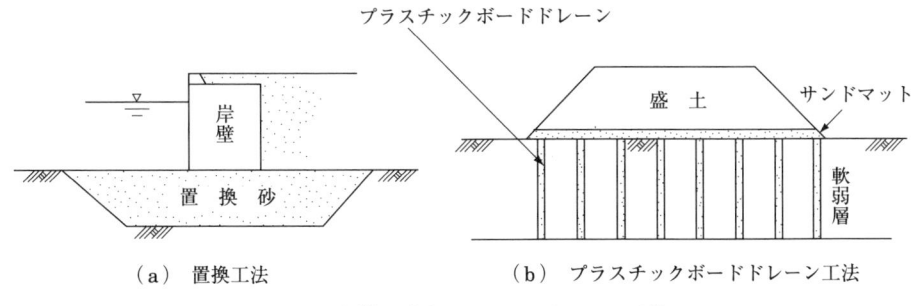

図2.3　置換工法とバーチカルドレーン工法

2.3.2　載荷盛土工法

盛土を載荷して粘土地盤中の間げき水圧を高めて，地盤の圧密をはかる工法である．盛土荷重を，その後施工する構造物のそれより大きくかけ，圧密がおおむね終わったころに盛土の一部を除く工法は，プレローディング(preloading)工法とよばれている．盛土のかわりに，地表を気密シートで覆って真空ポンプで負圧をかけることにより大気圧を載荷して圧密を促進する工法は，真空圧密工法とよばれる．これらの工法は，次のバーチカルドレーン(vertical drain)工法と併用することが多い．

2.3.3　バーチカルドレーン工法

厚い軟弱粘土層の改良にしばしば用いられる工法で，圧密促進のために粘土層中に1.5mから2.5m程度の間隔で水抜きのための砂柱(サンドドレーン)，あるいはプラスチックボードドレーンを打設し，地表に盛土を施工する工法である(図2.3(b))．ドレーン打設により排水距離が短くなるので，粘土中からの間げき水の排水時間が短縮され，ドレーンなしの場合に比べて十分の1から数十分の1の期間で圧密度は所定の値に達する．ただし，最終圧密沈下量は，無処理の場合と大きな違いはない．

これらの工法によって，構造物にとって有害な圧密沈下はあらかじめ終わらせておくことができ，また粘土地盤のせん断強さ(粘着力)の増大を期待することができる．地盤の土被り荷重以上の荷重を過去に受けたことのない，いわゆる正規圧密粘土層に有効である．

2.3.4 締固め工法

緩い砂地盤に対する締固め工法の一つとしてサンドコンパクションパイル工法がある．砂杭を振動によって強制的に圧入する．砂地盤の強度増加，沈下低減，および液状化防止に有効である．図2.4に示すように，振動機によって管に振動を与えながら砂を注ぎ，締め固まった砂杭をつくるバイブロコンポーザー工法はその一例である．その他，重錘落下工法は数tの錘を地盤に落下させて締め固める工法である．

バイブロコンポーザー工法

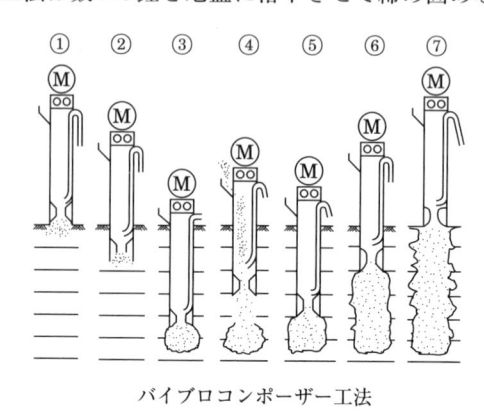

図2.4 振動・締固め工法の一例

2.3.5 固結工法

浅層混合処理工法と深層混合処理工法とがある．前者は，セメントや石灰系の固化材を地盤表面付近の土に路上混合，あるいはプラント混合することにより，厚さ1mから2m程度の固化層をつくって荷重を支える工法である．深層混合処理工法は，機械かくはん式や噴射かくはん式によって固化材を地盤中に混合かくはんして，直径60cmから2m，長さ数mから十数mの柱状改良体(コラム)を造成し，地盤のすべり破壊防止，沈下抑止をはかる工法である．5MPaから20MPaの中～高圧でセメントスラリーや硅砂混じりセメントスラリーを噴射してコラムを造成する工法もある．

2.3.6 薬液注入工法

セメントミルクあるいは薬液を，細い管を通じて地盤中に加圧注入して，地盤を固結する．どのようにして注入液を土の粒子間に均等に浸透させるかが問題となる．透水係数の大きい地盤では，比較的大きい効果が得られるが，透水係数の小さい粘性土層には適さない．

2.3.7 液状化対策

基礎地盤が緩い飽和砂質土層からなる場合，地震時に液状化が生じて支持力を失い，地盤上の構造物に沈下・傾斜・崩壊などの被害が生じることがある．そのため，構造物の施工前に基礎地盤が液状化するか否かを判別する必要がある．判別の手法は種々あり，逐次改善されている．通常は，地震動の大きさと N 値や粒度特性との関係から推定して判別される．図 2.5 はその一例で，N 値と粒度特性から液状化の可能性を推定し，水平震度 $k_h = 0.18$ に対して基礎地盤が液状化するか否かを，簡易に判別するために提案されたものである．

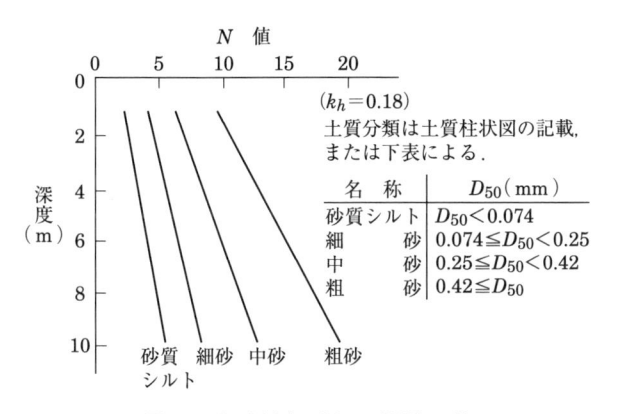

図 2.5 概略判定に用いる限界 N 値

対象地盤の土質を考慮し，各深さの限界 N 値をこの図から求め，実測 N 値がこれより大きい場合には盛土は安定，小さい場合は不安定と判断される．液状化対策工の基本は基礎地盤の締固めである．ほかに，過剰間げき水圧を逃がすためのドレーンを打設する工法も用いられる．

2.4 直接基礎のための根掘り・土留め・フーチング

直接基礎には，フーチング基礎 (footing foundation) とべた基礎 (mat foundation) とがある．いずれも，地表近くで十分な支持力が期待できる良好な地盤に対して設けられる．

岩盤上に設けられるもの以外は，図 2.1 に示したように，下端の幅を広げた形のものがつくられる．柱 1 本について 1 個ずつつくられるフーチングを独立フーチングといい，柱 2 本以上または壁を受ける形でつくられるものを複合フーチング，連続フーチング (布基礎) という．べた基礎とは，構造物全体を地盤上に設けられた 1 枚の床版で受ける形の基礎をいい，マット基礎ともいう．

2.4.1 根掘り工

直接基礎を施工するには，まず基礎および構造物を構築するのに必要な深さまで地盤を掘削しなければならない．これを根掘り工という．

独立フーチングの根掘りは狭い穴を，複合フーチングや連続フーチングでは細長い溝を，べた基礎では広い面積を全面的に掘ることになる．これらをそれぞれつぼ掘り，布掘り，総掘りという．

規模の大きい根掘り工事になると，掘削面や地盤の安定を保つために土留め工を行い，水止め工についても十分な配慮が必要である．

地下水面以下の根掘りでは，湧水や雨水を適切に排除することを考える．普通は掘削面の適当な場所に水をためる場所（釜場という）を掘り，根掘り内の水をここに集めて水中ポンプで排除する．大きい工事で，大量の湧水がある場合などではウェルポイント工などを用いる．ウェルポイント（well point）とは，根掘りする箇所の周囲に図2.6(b)に示すようなストレイナーという吸水部を先端につけた直径50～65 mmのパイプを1.2～3.5 mの間隔で設置するものである．

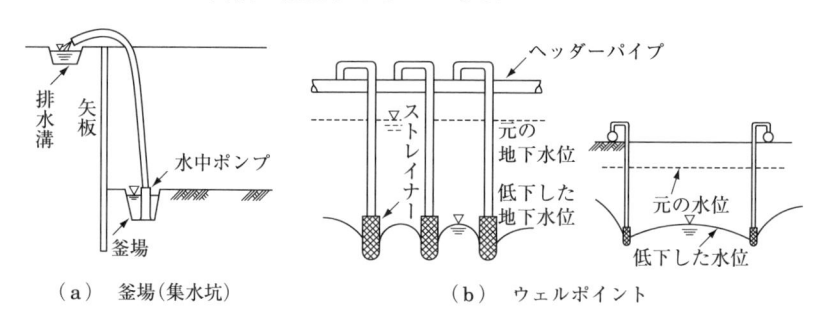

（a）釜場（集水坑）　　　（b）ウェルポイント

図2.6　掘削と排水

ヘッダーパイプ（集水管）を通じて地下水をポンプで吸い上げると，地下水位は掘削深さ以下に低下し，ドライワーク（dry work）が可能となる．

2.4.2 土留め工

地盤が軟弱な場合には，深い掘削に際して土留め工が必要である．土留め工は，周囲の地盤から作用する土圧や水圧に十分耐えるものでなければならない．簡単なものは木板や角材などを用いてつくられるが，大規模な土留め工には鋼板や鋼材が用いられる（図2.7）．

土留め工に作用する土圧としては，土留め壁が緩みやすいために，剛性構造物を対象とするクーロン土圧やランキン土圧と異なり，図2.8に示す台形分布の土圧が作用することになる．この分布は，テルツァギーやチェボタリオフ（Tschebotarioff）など

(a) 断面　　　　　　(b) 平面

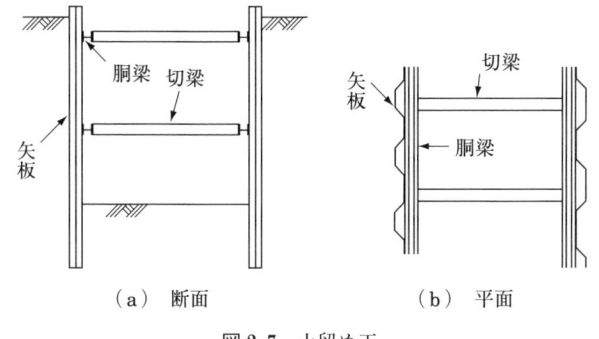

図 2.7　土留め工

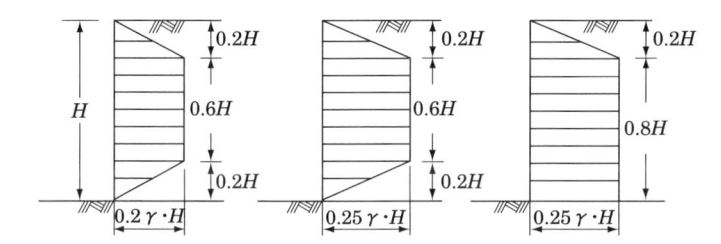

(a) 砂地盤
(ⅰ) 締まった砂地盤　(ⅱ) 中くらいの砂地盤　(ⅲ) 緩い砂地盤

(b) 粘土地盤
(ⅰ) 硬い粘土地盤　(ⅱ) 中くらいの粘土地盤　(ⅲ) 軟らかい粘土地盤

図 2.8　土留め壁に作用する土圧分布

が実験結果をもとにして提案したものである．

例題 2.2　緩い砂地盤に幅 2 m，深さ 3 m のトレンチを掘削するため，図 2.9 に示すような土留め壁をつくる．切梁に作用する力を求めよ．ただし，土の単位体積重量は 14.7 kN/m³ とする．

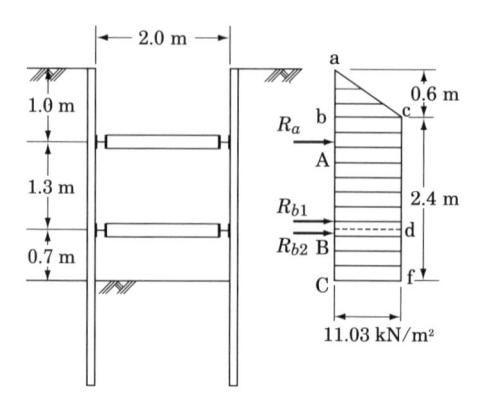

図 2.9　土留め壁の切梁に作用する力の計算

解　この土留め壁に加わる土圧分布は，緩い砂地盤であるので，図2.9の右図のようになる．ただし，C点以深の地盤内においては，矢板根入れ部の内側から作用する土圧と外側から作用する土圧は，相殺するものと考える．いま，計算を簡単にするために，矢板がB点で上下に分かれた二つの単純梁と考える．すなわち，A点およびB点を支点とする単純梁と，B点およびC点を支点とする単純梁の二つに分けて，反力R_a，R_bを求める．$R_b = R_{b1} + R_{b2}$である．まず，B点のまわりのモーメントの平衡から，

$$R_a = \frac{1}{1.3}\left\{11.03 \times 0.6 \times \frac{1}{2}(1.7+0.2) + 11.03 \times 1.7 \times \frac{1.7}{2}\right\}$$

$$= \frac{1}{1.3}(6.28 + 15.93) = 17.0 \,\text{kN/m}$$

R_a が求まったので，

$$R_{b1} = \left(11.03 \times 0.6 \times \frac{1}{2}\right) + (11.03 \times 1.7) - 17.0$$

$$= 3.3 + 18.7 - 17.0 = 5.0 \,\text{kN/m}$$

次に，C点のまわりのモーメントの平衡を考えて，

$$R_{b2} = \frac{1}{0.7}(11.03 \times 0.7) \times \frac{0.7}{2} = 3.86 \,\text{kN/m}$$

ゆえに，B点での反力は，

$$R_b = 5.0 + 3.86 = 8.86 \,\text{kN/m}$$

残りの反力がC点の反力であるが，これは地盤に作用する．切梁を長さ方向に2mに1本設けるとすると，

切梁Aに作用する力：$17.0 \times 2.0 = 34.0 \,\text{kN}$

切梁Bに作用する力：$8.86 \times 2.0 = 17.7 \,\text{kN}$

2.4.3　根入れ深さの計算

土留め壁の必要根入れ深さの算定は，ランキン土圧を準用して，次のように行う．

地表面が水平な場合には，矢板の左右に作用する主働土圧および受働土圧(6.2節参照)の合力 P_A, P_P は，次の式(2.3)，(2.4)で求める．

$$P_A = \left(q \cdot h_1 + \frac{1}{2}\gamma \cdot h_1^2\right)K_A - 2c \cdot h_1\sqrt{K_A} \tag{2.3}$$

$$P_P = \frac{1}{2}\gamma \cdot h_2^2 \cdot K_P + 2c \cdot h_2\sqrt{K_P} \tag{2.4}$$

ここに，q：地表面の等分布荷重(kN/m³)，c：粘着力(kN/m³)，K_A：主働土圧係数，K_P：受働土圧係数，γ：土の単位体積重量(kN/m³)である．

図2.10に示すように，各切梁の許容圧縮力をR_1, R_2, R_3，最下端の切梁(ここではR_3)からP_A, P_Pの着力点までの距離をl_a, l_Pとすると，矢板の安定は，

$$P_A = R_1 + R_2 + R_3 + P_P, \qquad \frac{l_P \cdot P_P}{l_a \cdot P_A} \geq F_S \tag{2.5}$$

から求める．F_Sは安全率で，通常1.2以上にとる．式(2.5)から必要根入れ深さを求めることができる．

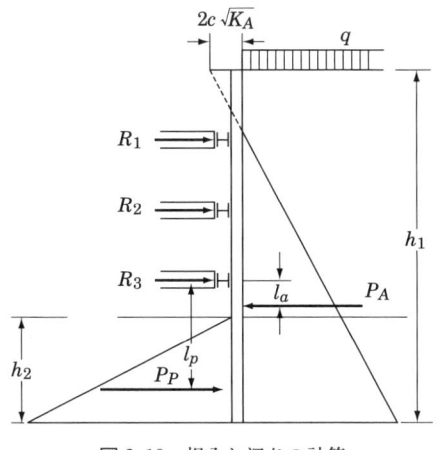

図2.10 根入れ深さの計算

2.4.4 ヒービングとクイックサンド

根掘り深さが大きくなると，掘削面が膨れ上がり破壊を生じることがある．これを盤膨れまたはヒービング(heaving)といい，地表面載荷重と土留め壁背面の土の重量の作用によって，掘削面を下から押し上げるために生じる．これは軟弱粘土層によく生じる現象である．

これに対する安全率 F_S は，図2.11に示すような2通りの破壊滑り面を考えると，それぞれに対して式(2.6)で表される．左側の式は掘削底面より深さ D の位置に堅固な層が存在する場合，右側の式は堅固な層がない場合である．

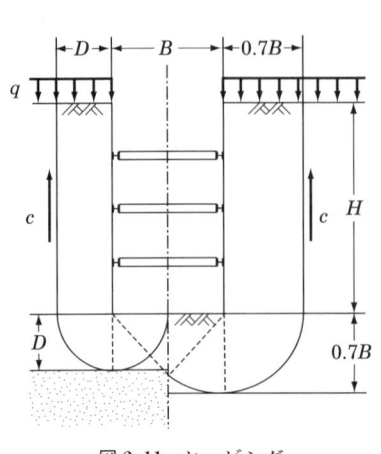

図 2.11　ヒービング 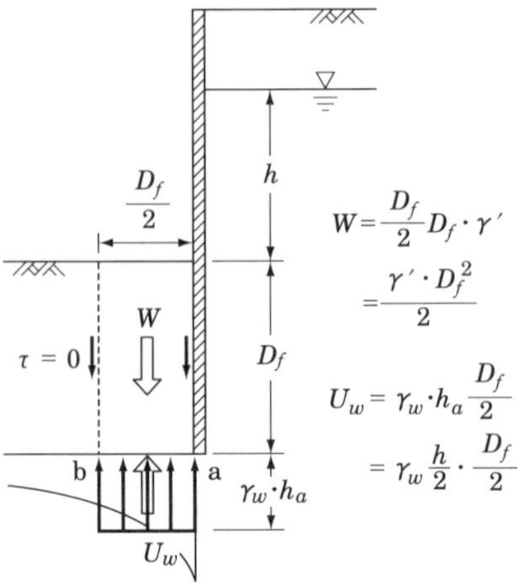　　　　　　　図 2.12　クイックサンド

$$F_S = \frac{5.7c}{q + H\left(\gamma_t - \dfrac{c}{D}\right)}, \quad F_S = \frac{5.7c}{q + H\left(\gamma_1 - \dfrac{c}{0.7B}\right)} \quad (2.6)$$

ここに，c：粘着力(kN/m²)，γ_t：土の単位体積重量(kN/m³)，H：掘削深さ(m)，D：掘削底面から基盤面までの深さ，q：地表面の等分布荷重(kN/m²)である．F_S は通常 1.4 以上あればよい．

　図 2.12 に示すように，砂地盤で土留め壁内外の地下水位に大きい差が生じる場合は，掘削面の砂が水圧で噴き上げられることがある．これをクイックサンド(quick sand)あるいはボイリング(boiling)といい，矢板の根入れ部を破壊するので，盤膨れと同じように問題となる．矢板下端部の深さにおいて，上向きに作用する水圧と下向きに作用する根入れ部の土の自重との平衡を考える．$D_f/2$ の幅における平均の水圧は，通常，安全側の仮定として $\gamma_w(h/2)$ を用いる．また，地盤のせん断抵抗はゼロと考える．したがって，クイックサンドに対する安全率は式(2.7)で示される．

$$F_S = \frac{W}{U_w} = \frac{\gamma'\left(\dfrac{D_f^2}{2}\right)}{\gamma_w\left(\dfrac{h}{2}\right)\left(\dfrac{D_f}{2}\right)} = \frac{2\gamma' \cdot D_f}{\gamma_w \cdot h} \quad (2.7)$$

ここに，D_f：根入れ深さ，γ'：土の水中単位体積重量，γ_w：水の単位体積重量，h：水位差であり，F_S は通常 1.2〜1.5 あればよい．

例題2.3　図 2.13 に示す矢板の土留め壁がある．地盤は粘土で，粘着力は 12.7 kN/m²，単位体積重量は 15.7 kN/m³ である．ヒービングに対する安全性を検討せよ．

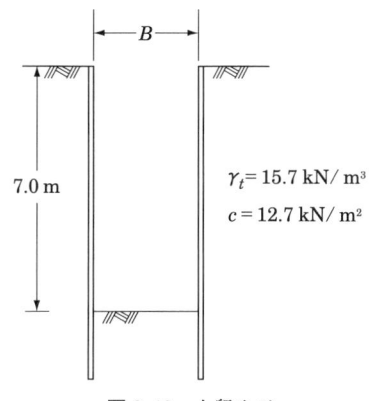

図 2.13　土留め工

解　$\gamma_t = 15.7\,\mathrm{kN/m^3}$, $c = 12.7\,\mathrm{kN/m^2}$, $H = 7.0\,\mathrm{m}$, $B = 2.5\,\mathrm{m}$, $q = 0$ を式(2.6)に代入して,

$$F_s = \frac{5.7c}{q + \gamma_t \cdot H - \dfrac{c \cdot H}{0.7B}} = \frac{5.7 \times 12.7}{15.7 \times 7.0 - \dfrac{12.7 \times 7.0}{0.7 \times 2.5}} = \frac{72.4}{109.9 - 50.8} = 1.23$$

通常の安全率 1.4 より小さいので不安定と考える．そこで，$B = 2.0\,\mathrm{m}$ とする．

$$F_s = \frac{5.7 \times 12.7}{15.7 \times 7.0 - \dfrac{12.7 \times 7.0}{0.7 \times 2.0}} = \frac{72.4}{109.9 - 63.5} = 1.56$$

トレンチの幅が 2.0 m 以下であれば安全である．

2.4.5　フーチングの施工

　根掘り工が終了したら掘削面をできるだけ平坦に仕上げ，その上にフーチングを構築する．フーチングの打設は一般のコンクリート工と同じであるが，掘削面が硬くて凹凸がある場合には，それを平坦に仕上げるために，貧配合のならしコンクリートを打設し，その上にフーチングをつくる．湧水が多いとか逆に水分を吸収するおそれがある砂地盤の上にフーチングをつくる場合は，水の出入を遮断するために，厚さ 10～15 cm のコンクリートを打設する．

　掘削面が軟弱な場合は，そのままフーチングを打設することはできない．栗石または割栗石を敷き並べ，その間に細かい砂利や砕石を入れ，ならしコンクリートで平坦に仕上げた面にフーチングを打設する．

2.5　杭基礎の形式と杭の支持力

2.5.1　杭の支持機構と分類

　杭は，その支持機構によって先端支持杭，周面支持杭(摩擦杭)，締固め杭に大別さ

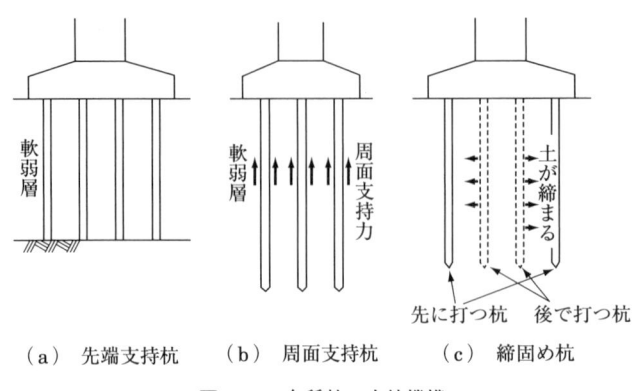

```
(a) 先端支持杭     (b) 周面支持杭     (c) 締固め杭
```
図2.14　各種杭の支持機構

れる．それぞれの支持機構は図2.14に示すとおりである．

先端支持杭は，支持層が比較的浅い位置にある場合に用いられ，杭に作用する荷重を主として杭先端で支持しようとするものをいう．

周面支持杭(または摩擦杭)は，杭の周面と地盤との間の摩擦力や付着力によって，杭に作用する荷重が支持されるもので，表層が軟弱でその厚さがかなり大きい場合に用いられる．周面支持杭で支持される基礎は浮き基礎形式(floating foundation)の一つである．

締固め杭とは，最初，周囲に杭を打ち込み，その後，なかに群杭を打ち込んで，杭の間の土層の間げきと圧縮性を小さくして，土層の支持力を増加させるものである．砂質土の地盤に有効である．このほかに地滑り地帯などに，地滑りを生じる地層と基礎地盤とを縫う形で打ち込まれる土留め杭，横抵抗を増すために鉛直と約15°斜めに打設する斜杭などがある．

杭の材料として多く用いられるのは，RC杭(鉄筋コンクリート杭)，PC杭(プレストレストコンクリート杭)や鋼管杭，H鋼杭である．ボックスカルバートなどの小規模構造物では木杭も使われる．

（1）既製コンクリート杭

遠心力鉄筋コンクリート杭とPC杭とがある．前者は遠心力を利用して製作され，耐久性が大きく，材質も均一でかなりの強度がある．通常，15m以下の杭長のものが多く用いられる．短所は，打設時にき裂が生じやすく，鉄筋に腐食が生じること，継手の信頼性が小さいこと，保管や運搬中に破損しやすいこと，などである．

PC杭は，ピアノ線によってコンクリートにプレストレス(prestress)を導入した杭で，打設時のひび割れの発生が少なく，曲げに強いので運搬時の破損が少ない．また，曲げを受けたときのたわみ量が小さいなど，強度の面でRC杭よりかなりすぐれているが，高価である．

（2） 場所打ちコンクリート杭（図 2.15）

　構造物が大型になると，大口径杭が必要になる．しかし，大口径の長い既製杭を運搬・打設するのにはかなり制約がある．このために場所打ち杭が用いられるようになった．

　ペデスタル杭(pedestal pile)，フランキー杭(Franki pile)，レイモンド杭(Raymond pile)では，地盤中にケーシング（外管）を打ち込んで，そのなかにコンクリートを打設しながら外管を引き上げる．ベノト杭(Benoto pile)やカルウェルド杭(Calweld pile)などでは，ハンマーグラブ(hammer grab)やドリルバケット(drill bucket)といった掘削機で地盤に大口径の穴を掘り，そのなかに鉄筋およびコンクリートを打設して杭を

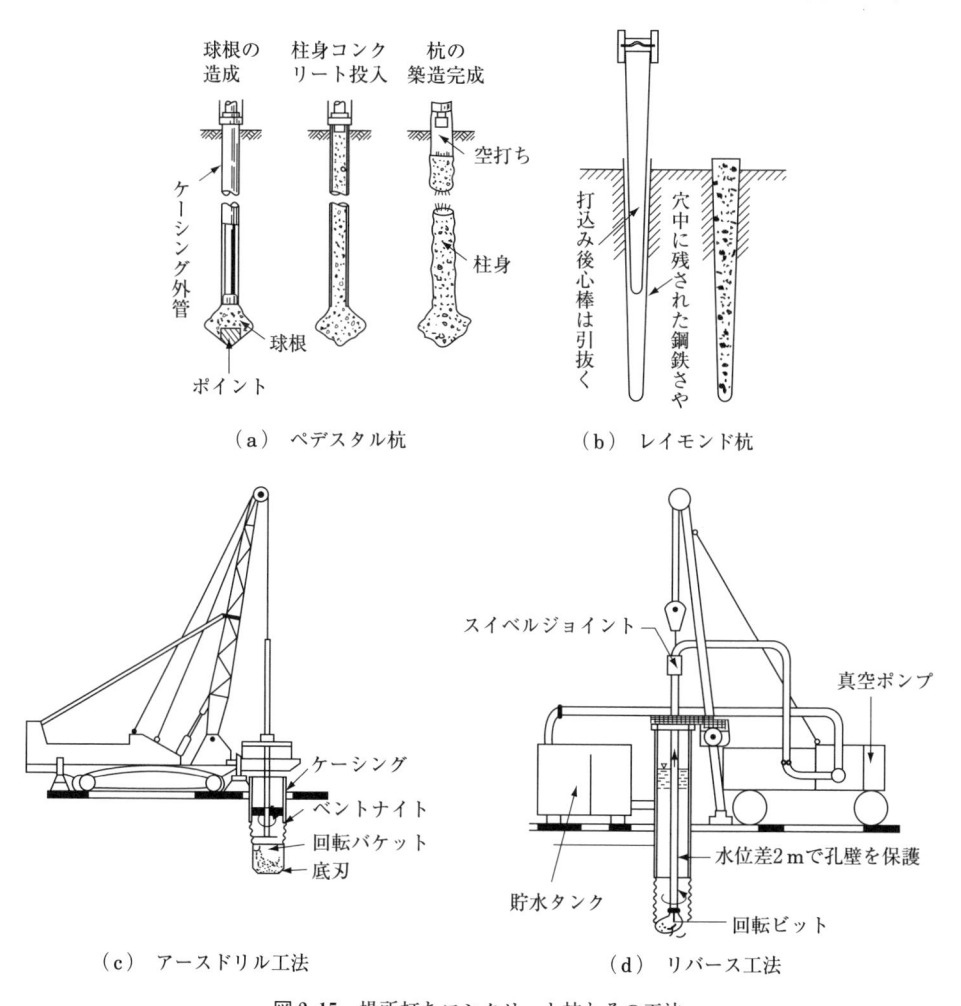

（a）ペデスタル杭　　　（b）レイモンド杭

（c）アースドリル工法　　（d）リバース工法

図 2.15　場所打ちコンクリート杭とその工法

つくる．

　場所打ち杭は，施工中に地盤の状態を確認しながら作業ができること，地層の変化に対して段取りを変える必要がないこと，低騒音，低振動で作業ができること，などの特徴がある．

　（3）　鋼　　杭

　鋼管杭とH鋼杭とがある．前者は，溶接によって長尺にすることができ，大口径のものも容易に得られるので，深い軟弱地盤に設ける杭基礎としては最適である．鋼材は粘土と電気的に付着しやすい性質があるので，周面支持力は大きいが，軟弱層の圧密沈下によってネガティブフリクション(negative friction，負の摩擦力)も大きくなるという欠点もある．

　（4）　木　　杭

　木杭では，スギ，ヒノキ，アカマツ，ベイマツ，エゾマツなどが使われる．元口(根元)から末口(先端)にかけて径が一様に変化し，曲がりが少ないものを用いる．末口 12～18 cm，長さ3～8 m 程度のものが多い．地下水位より下で使えば腐食の心配はない．周面支持杭として使う場合は，鋼管杭やRC杭では安全率4をとるが，木杭は地盤との密着性がよいので安全率は3でよい．

2.5.2　杭の打設

（1）　打撃法

　杭打ち機で行われるが，杭打ち機を大別するとドロップハンマー(drop hammer)，エアーハンマー(air hammer)，ディーゼルハンマー(diesel hammer)の三つに分かれる．

　（a）　ドロップハンマー

　杭打ちやぐらに取り付けたガイドレールに沿ってモンケン(重錘)を引き上げた後，杭頭に自由落下させたときの打撃で杭を地盤に貫入するものである．

　モンケンの重さは，小型では約 500 kg から大型では 3～4 t のものまであり，その引き上げはウインチ(winch)で行う．

　（b）　エアーハンマー

　シリンダー内に空気を送り込み，ラム(ram)とよぶ落しづちの落下による打撃によって杭の打設を行うものである．単動式と複動式とがあり，前者はラムを引き上げるときにだけ空気が送り込まれ，ラムの落下は自由落下となるのに対し，後者はラムの落下時にもピストンの上側に空気が送り込まれるので，打撃力が大きく効率がよい．ラムの重さは，通常 2.3～3.0 t のものが多い．同じ構造で空気のかわりに蒸気を用いるものがあり，これをスチームハンマー(steam hammer)という．

（c） ディーゼルハンマー

2サイクルのディーゼルエンジンと同じ構造で，シリンダー内を上下動するラムが落下する瞬間に発火室内で爆発が生じ，ラムはこの爆発圧力によってはね上げられる．杭頭にはその反発力が作用することになる．ラムの重さは12～42tのものが多い．作業性や機動性がよい反面，軟弱地盤などでは貫入抵抗が小さいので，爆発が生じにくいとか排気ガスや騒音が問題となる．

（2） 振動法

図2.16に示すように，杭頭に加振機を装着して，その加振力によって杭を打設するものである．回転軸からの偏心距離 r にある質量 m は，それを円振動数(角速度) ω で回転させたとき，遠心力 $m \cdot r \cdot \omega^2$ を生ずる．これを二組水平に並べ，それぞれ逆回転させると，水平方向の遠心力は互いに打ち消されて，上下方向にだけ2倍の遠心力が働くことになる．すなわち，最大振動打込み力は $2m \cdot r \cdot \omega^2$ として表される．長所は，打撃騒音が小さい，杭頭の損傷がない，打込み速度が早い，杭の引抜きにも利用できる，などである．短所は，大きい電力を必要とすること，振動公害の源となること，この方法で施工した杭は支持力が小さいこと，などである．

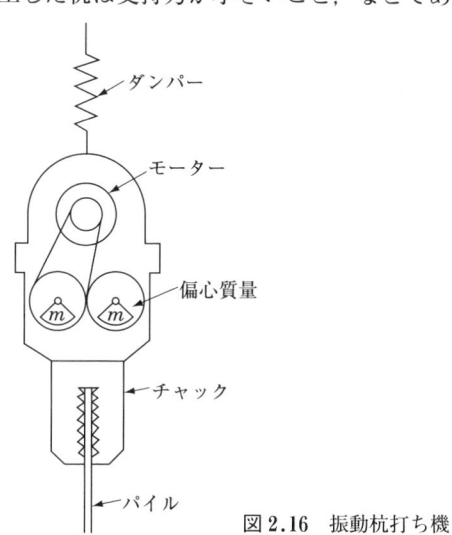

図2.16 振動杭打ち機

（3） 圧入工法

油圧や水圧のジャッキを用いて杭を押し込む方法で，振動や騒音による公害はない．この工法の問題は，反力をどのようにしてとるかである．通常は，機械自体で反力をとるので，機械が大型となり，機動性に欠けるという欠点がある．

（4） ジェット工法

ジェット水を用いて杭圧入時の貫入抵抗を軽減し，大口径の鋼管杭などの圧入を容

易にする工法である．ジェットポンプとして40馬力，水量0.03m³/s，ジェット流速34m/sといったものが使われる．

2.5.3 杭の支持力式

杭の支持力を計算するには，動的支持力式と静的支持力式とがある．前者は，杭打設に要する打撃エネルギーの大きさによって支持力を求めるもので，打設の際のエネルギー損失などを考慮している．後者は，地盤の強度定数から杭の支持力を求めるものである．両者とも不明な要素を含んでいるが，わが国では静的支持力式のほうがよく用いられる．

単杭の場合には，実物大の試験杭を打ち，ジャッキで荷重を加えるか，死荷重を載せるかして載荷試験を行って，支持力を求めることが可能である．

（1） 動的支持力式

動的支持力式は，一般に次の形で表せる．

$$W_H \cdot h = R_u \cdot S + Q \tag{2.8}$$

ここに，W_H：ハンマー重量(kN)，h：ハンマーの落下高(m)，R_u：杭の極限支持力(kN)，S：ハンマーの1回の落下による杭の貫入量(m)，Q：打込みの際のエネルギー損失(kN·m)である．

このエネルギー損失は，ハンマーと杭との衝撃，杭頭および杭に生じる弾性圧縮，地盤に生じる圧縮などによる損失で，これらの量の評価が各提案者によって異なっている．

いま，エネルギー損失を無視し，そのかわり安全率を8ととると，式(2.9)のサンダー(Sander)の式を得る．

$$R_a = \frac{R_u}{8} = \frac{W_H \cdot h}{8S} \tag{2.9}$$

ここに，R_a：許容支持力(kN)である．

エネルギー損失を考慮した式として，次の修正エンジニアリングニュース式などがある．

$$R_u = \frac{2W_H \cdot h}{S + 1.0} \tag{2.10}$$

動的公式は，打止め管理式として施工管理にのみ用いられることが多い．

（2） 静的支持力式

静的支持力式では，極限支持力 R_u は次の形となる．

$$R_u = A_f \cdot f_s + A_P \cdot q \tag{2.11}$$

ここに，A_f：杭の周面積(m²)，A_P：杭先端の断面積(m²)，f_s：杭周面に働く摩擦力度(kN/m²)，q：杭先端部の地盤の支持力度(kN/m²)である．

表 2.4 杭の周面摩擦力度

土質	kN/m²
シルト	15
シルト質粘土	30
砂質粘土	30
砂質シルト	40
硬い砂質粘土	45
砂	60
砂および砂礫	100
礫	125

表 2.5 土と杭の摩擦係数

土質	摩擦係数 μ
軟弱地盤	0.1
湿ったローム・粘土	0.2
飽和した砂・ローム・粘土	0.3
湿った砂・砂利	0.4
乾いたローム・粘土	0.4
乾いた砂・礫	0.5〜0.7

　静的支持力式では，f_s と q とをどのように考えるかによって，式の形が違ってくる．一般に，f_s は，表2.4で示されている程度の値である．

　次に示すドル(Dörr)の式では，杭周面に働く力については，杭周面に作用する水平土圧に土と杭の間の摩擦係数を掛けて求めた摩擦力と粘着力とを考え，先端支持力としては，その深さの受働土圧を考えている．

　すなわち，

$$R_u = \pi \cdot r^2 \cdot \gamma_t \cdot l \tan^2\left(\frac{\pi}{4} + \frac{\phi}{2}\right) + \mu(1+\tan^2\phi)\pi \cdot r \cdot \gamma_t \cdot l^2 + 2\pi \cdot r \cdot l \cdot c_a \quad (2.12)$$

ここに，r：杭の半径(m)，l：杭の土中の長さ(m)，γ_t：土の単位体積重量(kN/m³)，μ：土と杭の摩擦係数，c_a：土と杭の付着力(kN/m²)である．μ については表2.5に示す値を考え，c_a としては，土の粘着力 $c < 220\,\mathrm{kN/m^2}$ の場合は $c_a = 0.45c$，$c \geqq 220\,\mathrm{kN/m^3}$ の場合は $c_a = 98\,\mathrm{kN/m^2}$ とする．安全率は $F_s = 2.5〜3$ にとる．

　また，杭の極限支持力を N 値から求めるマイヤーホフ(Meyerhof)の式がある．計算結果はトン(tf)の単位であるので，SI単位(kN)になおすには9.8倍する．

$$R_u = 40N \cdot A_P + \frac{1}{5}\overline{N}_s \cdot A_s + \frac{1}{2}\overline{N}_c \cdot A_c \quad (2.13)$$

ここに，N：杭先端の深さの N 値，$\overline{N}_s$ および $\overline{N}_c$：砂質土層および粘性土層に対する平均 N 値，A_s および A_c：砂質土および粘性土に対する周面積．

（3）群杭の支持力式

　一般に，杭は複数本打設して基礎とするが，杭の間隔が狭くなると単杭の支持力とは異なった挙動を示す．砂地盤では，杭周辺の地盤は杭の体積分だけ間げきは縮小するので，締固め効果によって支持力は増大する．ところが粘土地盤では，杭に押しやられた粘性土は間げきを縮小することはできず，結果的に周辺粘土を乱すことになる．つまり，周辺粘土のせん断強度は低下して，周面支持力は低下する．

粘性土地盤における群杭基礎の極限支持力 R_T は，次式で表される．

$$R_T = E \cdot n \cdot R_u \tag{2.14}$$

ここに，E：支持力低減率，n：杭の総本数，R_u：単杭の極限支持力である．E はコンバース・レバーレ(Converse Labbarre)の式で与えられる．

$$E = 1 - \left(\tan^{-1}\frac{d}{S}\right)\left[\frac{(n-1)\,m + (m-1)\,n}{90\,m \cdot n}\right] \tag{2.15}$$

ここに，m：杭の列数，n：1列中の杭の本数，S：杭の中心間隔(m)，d：杭の直径(m)である．

また，低減率を考慮すべき杭間隔 D_p については，ビヤーバーマ(Bierbaumer)が次の式を提案している．

$$D_p \leq 1.5\sqrt{\left(\frac{B}{2}\right)l} \tag{2.16}$$

ここに，B は杭の直径，l は地盤中の杭長である．

例題 2.4 軟弱地盤に地中の長さ 15 m，直径 30 cm のコンクリート杭を打設した．土の内部摩擦角は 12°，粘着力は 11.8 kN/m² で，単位体積重量は 14.7 kN/m³ とし，極限支持力をドルの公式から求めよ．

解 題意により，$\mu = 0.1$（表 2.5），$c_a = 0.45c$ より，$c_a = 5.3$ kN/m² であるので，式 (2.12) から，

$$\begin{aligned}
R_u &= \pi \cdot r^2 \cdot \gamma_t \cdot l \tan^2\left(\frac{\pi}{4} + \frac{\phi}{2}\right) + \mu(1 + \tan^2\phi)\pi \cdot r \cdot \gamma_t \cdot l^2 + 2\pi \cdot r \cdot l \cdot c_a \\
&= 3.14 \times 0.15^2 \times 14.7 \times 15 \times \tan^2(51°) + 0.1(1 + \tan^2(12°)) \\
&\quad \times 3.14 \times 0.15 \times 14.7 \times 15^2 + 6.28 \times 0.15 \times 15 \times 5.31 \\
&= 23.8 + 162.8 + 75.0 = 262 \text{ kN}
\end{aligned}$$

例題 2.5 図 2.17 に示すような，N 値の異なる三つの砂質土層で支持される長さ 15 m のコンクリート杭がある．杭の直径は 30 cm である．マイヤーホフの式から極限支持力を計算せよ．

解 各層の N 値を N_1, N_2, N_3 とし，それぞれの層にある杭の長さを h_1, h_2, h_3 とすると，層厚による平均 N 値 $\overline{N_s}$ は次のようにして求められる．

$$\overline{N_s} = \frac{N_1 \cdot h_1 + N_2 \cdot h_2 + N_3 \cdot h_3}{h_1 + h_2 + h_3} = \frac{3 \times 3 + 10 \times 6 + 21 \times 6}{3 + 6 + 6} = 13$$

$$A_P = \pi \cdot r^2 = 3.14 \times 0.15^2 = 0.07 \text{ m}^2$$

$$A_s = 2\pi \cdot r \cdot l = 6.28 \times 0.15 \times 15 = 14.13 \text{ m}^2$$

式 (2.13) から，

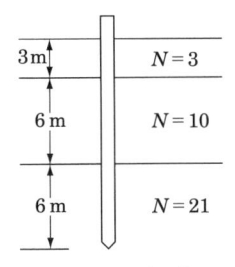

2.5 杭基礎の形式と杭の支持力　51

図 2.17　単　杭

$$R_u = 40N \cdot A_P + \frac{\overline{N_s \cdot A_s}}{5} = 40 \times 21 \times 0.07 + \frac{13 \times 14.13}{5} = 58.80 + 36.74 = 95.5\,\text{tf}$$
$$= 95.5 \times 9.8 = 936\,\text{kN}$$

例題 2.6　図 2.18 のような杭基礎(杭本数：3 行×5 列＝15 本)の極限支持力を群杭効果を考慮して求めよ．ただし，極限支持力はマイヤーホフの公式を用いよ．

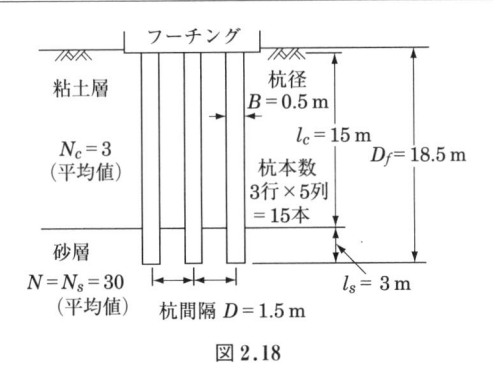

図 2.18

解　極限支持力 R_u は，
$$R_u = 40N \cdot A_P + \left(\frac{1}{5}N_s \cdot A_s + \frac{1}{2}N_c \cdot A_c\right)$$
$$N = N_s = 30,\ N_c = 3$$
$$A_P = \frac{\pi}{4}B^2 = 0.196\,\text{m}^2$$
$$A_s = \pi \cdot B \cdot l_s = 4.17\,\text{m}^2$$
$$A_c = \pi \cdot B \cdot l_c = 23.56\,\text{m}^2$$
$$\therefore\quad R_u = 40 \times 30 \times 0.196 + \frac{1}{5} \times 30 \times 4.71 + \frac{1}{2} \times 3 \times 23.56 = 298.8\,\text{tf} = 2928\,\text{kN}$$

群杭効果について式(2.16)より，
$$D_P \leq 1.5\sqrt{\left(\frac{B}{2}\right)(l_c + l_s)} = 3.1\,\text{m}$$

杭間隔は $D = 1.5\,\text{m}$ であるので，群杭効果を考慮する必要がある．式(2.15)より($m = 5$, $n = 3$, $B = 0.5$, $D = 1.5$)，

$$E = 1.0 - \frac{5(3-1) + 3(5-1)}{90 \times 5 \times 3} \tan^{-1}\left(\frac{0.5}{1.5}\right) = 0.7$$

したがって，この基礎の支持力 R_T は $(n = 15\,本)$，

$$R_T = E \cdot n \cdot R_u = 0.7 \times 15 \times 2928 = 30744\,\text{kN}$$

2.6 オープンケーソンとニューマチックケーソン

杭基礎での支持では，構造上または支持力のうえからも不安定さが残る場合には，ケーソン基礎を用いる．これは深い基礎のうち，最も大きい支持力と水平抵抗力をもつ．底のない円形，長円形，長方形の断面をもつ箱の内部を掘削して地盤中に沈め，支持層にすえ付けて基礎とする．この箱をケーソン(caisson)という．

ケーソンを沈める場合に，その掘削を大気圧下で行うオープンケーソン工法と，地下水の浸入を防ぐためにケーソンの底部に気密な作業室を設け，内部の気圧を高めた状態で掘削を行うニューマチックケーソン(pneumatic caisson)工法とがある．前者は，井筒またはウェル(well)とよばれる．

2.6.1 オープンケーソン

ケーソン本体は，コンクリート，鉄筋コンクリートでつくることが多い．断面形状は構造物の種類によって異なるが，橋脚には円形，長円形が，岸壁などでは長方形が多く用いられる．断面が大きくなると隔壁が必要である．ケーソン内の水を排水して掘削することを陸掘り，排水しないで水中で掘削することを水掘りという．

ケーソンの下端は刃口が設けてあり，図 2.19 にみるように，内部を掘削することによって，この刃口が地盤にくい込んでいってケーソンが沈んでいく．刃口は，ケーソンが支持層に沈下するまで破損してはならない．そのため，刃先保護のための沓として鋼製のシュー(shoe)を設けたり，鋼板で巻いて保護したものを用いる．

また，ケーソンは，掘削，沈下，継ぎ足しの作業を繰り返しながら 1 ロット(2〜4 m)ごとに継ぎ足していく．

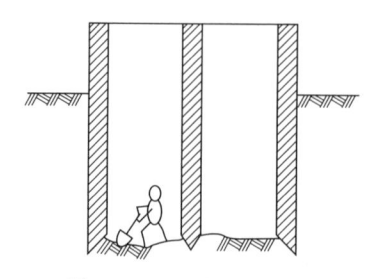

図 2.19 オープンケーソン

（1） すえ付け

すえ付け場所が陸上であれば，軟弱な表土を取り除き，地面を水平にならし，通常，長さ約1mの木板(皿板という)を敷くなどして刃口を水平にすえる．水中にすえ付ける場合は，水深が5m以下では築島してその上にすえ付ける．水深が5m以上では刃口を付けた第1ロッドをクレーン船などで吊り降ろすか，浮動式ケーソンとしてえい(洩)航して所定の位置にすえ付ける．いずれの場合もあらかじめ水底を平らにし，水流，潮位，波浪などを考慮しなければならない．

（2） 掘削と沈下

ケーソンを自重沈下させるとき，陸掘りは人力で掘削できるが，水掘りはクラムシェルなどの掘削機械を使用する．

掘削にあたっては，砂層や礫層では，すり鉢形になるように中央部を掘削すれば刃口部の土は中央部に崩れ込むのでよいが，固結した粘性土や転石の多い層では掘削が難しい．このような地盤では，刃口部の抵抗を小さくするために掘越しが多くなりがちで，急激なケーソンの沈下や地山を傷めることが生じるので注意を要する．

ケーソンの自重で沈下しにくい場合には，コンクリートブロック，鉄筋などで荷重をかけてやるか，ケーソンの側面からジェット水を噴出して，周囲の地盤とケーソン壁面との摩擦を軽減するなどの方法がとられる．

（3） 中詰めおよび底コンクリート打設

ケーソンが所定の支持層にすえ付けられたら，中詰め砂を入れるか，底コンクリートを打設する．最近では，底コンクリートだけを打設する場合が多い．この場合には，できるだけ強制排水を避けて，水中コンクリートを打設するのがよい．強制排水は地盤の破壊を誘引するおそれがある．水中コンクリートの打設はトレミー(tremie)管などを用いる．

2.6.2 ニューマチックケーソン

潜函工法ともよばれるもので，図2.20に示すように，ケーソンの底部に気密な作業室を設け，このなかを高圧にして地下水の浸入を防ぎ，作業員によって陸上掘削と同様な作業を行う工法である．

オープンケーソンより設備などが大掛かりになるが，土質を確認しながら計画どおりの作業を行うことが可能である．圧気中の作業であるので，労務管理などに慎重な配慮が必要である．

（1） 設　備

ケーソン底部に作業室が設けてあり，そこと地上との通路として立て管(シャフト)があり，その上部にエアーロックがある．ここは二重扉の構造であり，作業室および

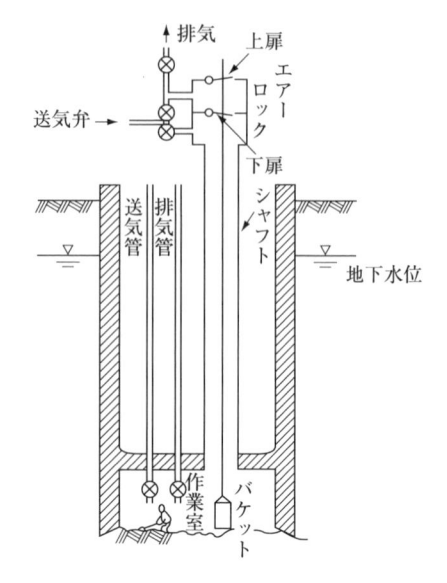

図2.20 ニューマチックケーソン

シャフトの部分と外部との空気を遮断している.

作業員の出入,掘削土の排出,材料の運搬などはシャフトを通して行われる.作業室への地下水の浸入を防ぐために,作業室とシャフト,エアーロック内は高圧となっている.

ケーソンの沈下が進むにつれて,ケーソンを1ロットずつ継ぎ足すが,このときシャフトも合わせて継ぎ足される.掘削が進んだ時点で作業室内を減圧すると,ケーソンは沈下を生ずる.深いケーソンでは水圧が大きくなるので,それに合わせて作業室内の気圧も高くなる.作業員の潜函病への備えとして,治療タンクなどを設けなければならない.

ニューマチックケーソンでは,かなりの量の高圧空気を必要とする.作業員1人当たり,毎時80 m^3 以上の空気を送る設備を設ける必要があり,そのための予備電源も準備しなければならない.

(2) 掘削

ケーソンのすえ付けはオープンケーソンと同様である.掘削は主として人力で行い,掘削土はバケットに入れて,シャフトのなかを吊り上げて排出する.沈下深さは地下水面下30mが限度である.これは人間が作業できる限界の気圧が300 kN/m^2 ということである.一般に,ニューマチックケーソンは15mより浅い場合は設備費の負担が大きくなるので,有利な深さは15〜30mということになる.

（3） 中詰めコンクリートの打設

ケーソンが所定の地層にすえ付けられた後，作業室内にシャフトを通じて中詰めコンクリートを充てんする．その場合，排気管から空気を抜きながらコンクリートが十分に作業室内に行き渡るようにし，空げきが残らないようにする．

（4） その他の施工上の注意

地盤が軟弱な場合には，沈下の初期においてケーソンが傾斜する場合が多い．その修正には偏荷重を加えたり，傾いたほうと反対側の刃口部を余分に掘るなど，かなりの手数を要する．最初の調査を十分に行うなどの慎重な配慮が必要である．

減圧沈下を行う場合は，ときに掘削面にボイリングなどが生じ刃口部の地盤の崩壊を招くことがあるので，自重による沈下を行うことを原則とする．

2.7 地下連続壁工

地中に溝壁を掘り，安定液により壁面の安定をはかりながら鉄筋かごを建込み，コンクリートを流し込んで，鉄筋コンクリートの壁を施工する工法である．場所打ち杭などを連続的に並べて柱列状に施工する方法もある．使用材料，安定液，エレメント継手形式，施工方法などが異なる 30 種類を超える工法が開発されており，呼び方も異なるが，これらを連壁工法と略称することが多い．

大規模掘削の土留め，止水壁として開発されたが，品質・施工管理が発達して，地下構造物あるいは構造物基礎として利用するケースが増えてきている．

掘削，スライム処理，鉄筋かご建込み，コンクリート打設の手順で，5 m から 10 m のエレメントを築造していく．ベントナイト液，またはポリマー安定液のなかにトレミーを用いてコンクリートを打ち込むため，高流動性が求められる．また，水中コンクリートとなるので，セメント量は 350 kg/m^3 以上と規定されている．

エレメントを構造継手を用いて結合し，閉合断面とすることで大きな支持力と耐震性を有する基礎を構築することができる（図 2.21）．深度が 100 m を超える大深度地

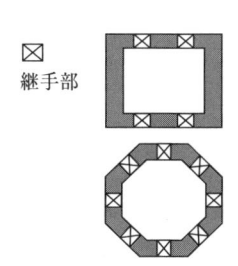

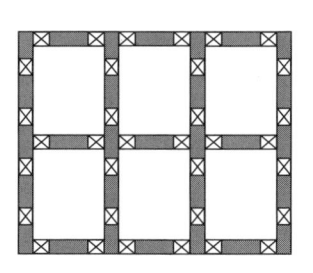

図 2.21 基礎への応用例[13]

下連続壁も施工されるようになった．

演習問題［2］

1. 幅1.5 m の連続フーチングがある．根入れ深さ1.0 m，地盤はシルト質粘土で，内部摩擦角は20°，粘着力は6.9 kN/m²，単位体積重量15.7 kN/m³ である．安全率 $F_s = 3.0$ と考えて許容支持力を計算せよ．

2. 粘着力 $c = 50$ kN/m²，内部摩擦角 $\phi = 15°$，単位体積重量 $\gamma_t = 16.7$ kN/m³ の地盤に，設計荷重490 kN/m が加わる連続基礎を設計したい．地下水位は十分深い位置にある．安全率 $F_s = 3.0$ として建築基礎構造設計指針の式を準用する．基礎幅 $B = 2.0$ m とする場合には，根入れ深さ D_f はいくらになるか．なお，図2.22のように段差がある場合の D_f は浅いほうをとる．

図2.22

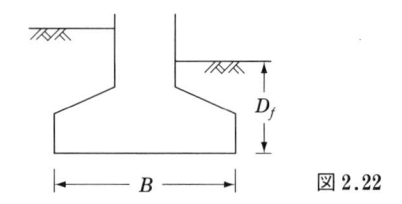

3. 例題2.1において，図2.23に示すように，地下水位が1.0 m および3.0 m の場合の極限支持力を求めよ．ただし，地下水面下のフーチングに作用する浮力は無視するものとする．

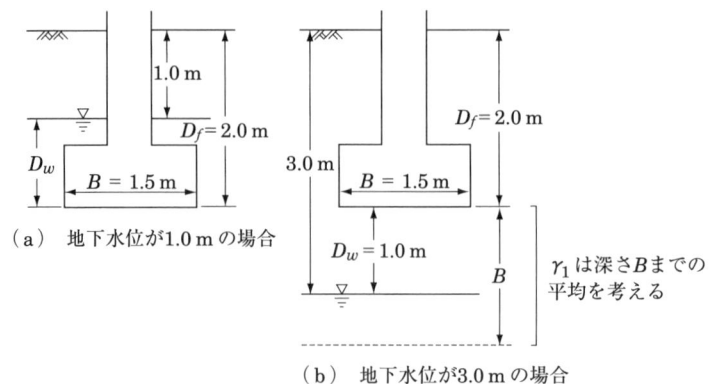

（a）地下水位が1.0 m の場合

（b）地下水位が3.0 m の場合

γ_1 は深さBまでの平均を考える

図2.23

4. 図2.24のように，矢板で土留工を行って地盤を掘削する場合，まず地表面下2.0 m の所に切梁を入れた．このままの状態で掘り進み，矢板の安全率が1.2 となるときの掘削深さを求めよ．土の内部摩擦角は30°，単位体積重量は15.7 kN/m³ である．

図2.24 矢板土留工

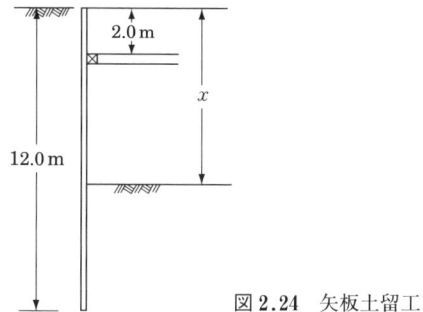

5. 深さ4.0 m のトレンチ掘削を行いたい. ヒービングのおそれがなく掘削できる最大掘削幅はいくらか. 土の単位体積重量 $15.7\,\mathrm{kN/m^3}$, 粘着力 $8.8\,\mathrm{kN/m^2}$, ヒービングに対する安全率は 1.4 とせよ.

6. よく締まった砂礫地盤の上に深さ7.0 m の粘土地盤がある. 図2.25 のような掘削を行った場合のヒービングに対する安全性を検討せよ. ただし, 粘土地盤の単位体積重量は $\gamma_t = 15.7\,\mathrm{kN/m^3}$, 一軸圧縮強さは $q_u = 39.2\,\mathrm{kN/m^2}$ である. また, 地表面には等分布荷重 $q = 7.84\,\mathrm{kN/m^2}$ が作用している.

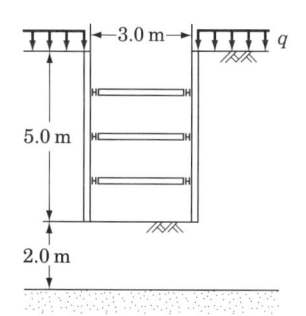

図2.25

7. 図2.12において, 水位差 $h = 6.5\,\mathrm{m}$, 根入れ深さ $D_f = 5.0\,\mathrm{m}$, 土の湿潤単位体積重量 $15.7\,\mathrm{kN/m^3}$ とし, クイックサンドに対する安全性を検討せよ.

8. 内部摩擦角20°, 粘着力 $6.9\,\mathrm{kN/m^2}$, 単位体積重量 $15.7\,\mathrm{kN/m^3}$ のシルト質粘土地盤に, 土中の長さ12.0 m, 直径0.3 m の鉄筋コンクリート杭を打設した. 極限支持力をドルの式で求めよ.

9. 直径0.3 m のコンクリート杭が間隔1.4 m で5列, 1列中に3本の配列で打設してある. 群杭の低減率を計算せよ.

第3章 コンクリート工

3.1 よいコンクリート

よいコンクリート(concrete)とは，所要の強度，耐久性，水密性をもち，品質のばらつきが少なく，しかも最小の経費でつくられたものをいう．このようなコンクリートを施工するには，材料の選択にはじまって養生に至るすべての作業を良好な管理状態の下で進めることが求められる．

コンクリートの品質のばらつきが大きいと，構造物の安全度を確保するために大きな割増係数を用いて配合設計を行わなければならず，経済性は損なわれる．このように品質管理の良否は，コンクリート工事費に直接的な影響を及ぼすものである．品質管理については第8章で説明する．

3.2 コンクリート材料

無筋コンクリートの材料は，セメント，水，骨材，および混和材などである．鉄筋コンクリートではこれに鉄筋が加わる．これらの材料は，試験あるいは使用例により品質の確かめられたものを用いる．また，これらの材料を搬入したり貯蔵したりする場合は，品質が低下しないように注意する．

3.2.1 セメント

セメント(cement)には，十指に近い種類があるが，使用されている全体の80％弱は，普通ポルトランドセメント(portland cement)である．ついで高炉セメントが17％程度，早強・超早強セメントが4％程度となる．各セメントの性質はかなり異なっているので，使用目的に合うものを選ぶ．2種類以上のセメントを混合して使用すると予期しない結果を招くことがある．

セメントは，空気中に放置すると湿気や炭酸ガスの作用で風化が進み，3箇月以上も経つと硬くなって使用できない．貯蔵中の風化を少なくするには，袋詰めセメント

では，地上 30 cm 以上の防湿倉庫に貯蔵し，入庫順に用いるようにする．袋詰めセメントの積み上げは，倉庫の壁から離して行い，その数は 13 袋以下，少し長く貯蔵する場合は 7 袋以下とする．

大量のセメントを使用する場合には，セメントは防湿構造のサイロ (silo) に貯蔵したばらセメントを用いるほうが経済的である．

3.2.2 水

一般に，飲用に適する水はコンクリートの練混ぜ水として使用できる．河川水や湖沼水は化学分析を行って，コンクリートに悪い影響を与える物質を有害量含んでいないことを確かめてから用いる．検水を用いたモルタル (mortar) の材齢 7 日および 28 日の圧縮強度が，水道水を用いた場合の 90 % 以上であれば，その水は使用できる．ミキサー (mixer) を洗浄した後の回収水は，水の品質規定 (JIS A 5308) を満たすものは使用してよい．

3.2.3 骨　　材

骨材は，5 mm ふるいに留まる粗骨材 (砂利)，通過する細骨材 (砂) に分けられる．かつては河川産の砂利・砂が多く使われたが，環境上の問題から採取が規制され，陸砂利・砂，山砂，海砂，砕石，砕砂の使用量が増えてきた．

骨材は，清浄，強硬，耐久的で適当な粒度をもち，ごみ，泥などの有害物の含有量が規定値以下でなければならない．入荷時には規格に合格した骨材であっても，搬入や貯蔵などの作業中に品質低下をきたすことがある．細骨材ではごみ，泥，雑物が混入しやすく，粗骨材では，大・小粒の分離が生じやすい．

粗骨材の大・小粒の分離 (材料分離) を少なくするには，粗骨材を円錐形に積まないこと，材料降ろしは鉛直に行い，斜面に沿っては降ろさないこと，などの注意が必要である．粗骨材の最大粒径が 60 mm 以上の場合には，粒度を維持するために 2 種類以上にふるい分けて別々に貯蔵しておき，必要に応じて計量混合し，所定の粒度に調整してから用いるのがよい．

貯蔵中の骨材は，降雨，暑中の直射日光，寒中の氷雪などの影響を防ぎ，骨材の表面水量の変化を小さくするために，上屋・排水設備などの施設を要する．

海砂や浜砂には塩分が付着しているので水洗いして，塩分が規定値以下であることを確かめる．除塩には，骨材と同重量程度の真水が必要とされる．陸砂や山砂には，有機不純物や許容量以上の泥分が含まれていることがある．砂利・砂の品質 (JIS A 5308) を満たすことが必要である．

3.2.4 混和材料

コンクリートの性質を改善するために，混和材料が用いられる．少量添加するものを混和剤，多量混合するものを混和材とよび分けている．混和剤の代表的なものはAE剤(air entrained agent)および減水剤である．

AE剤を用いることで，$10 \sim 300 \mu m$の気泡を数％混入させることができるので，耐凍害性が向上する．減水剤を混ぜると流動性が増すので，水量を少なくすることができ，コンクリートの性質を改善できる．

混和材としては，フライアッシュ(fly ash)，高炉スラグ微粉末がある．これらを適量使用すると，コンクリートの耐久性向上，水和熱低下，長期強度の増加，アルカリ骨材反応の抑制などの効果が期待できる．

3.2.5 鉄　　筋

鉄筋には，直径6mmから51mmの丸鋼と異形棒鋼がある．後者は，コンクリートとの付着力を改善するために表面に突起を付けたもので，1960年ごろから急速に普及してきた．JIS G 3112に機械的性質が規定されている．コンクリートには，圧縮強度は高いが引張強度はその10分の1という欠点がある．これを鉄筋が補い，鉄筋のさびやすい欠点をコンクリートが補う．そして，両材料の熱膨張係数がほぼ同じという絶妙の組合せである．

鉄筋の貯蔵は直接地上に置くことは避け，適当な間隔で支持し，有害な変形，きずなどを受けないように注意する．腐食から防ぐには屋内貯蔵が望まれるが，屋外に置くときは覆いを施す．

3.3　コンクリートの配合設計

3.3.1　配合設計の手順

配合設計は，配合強度の設定，粗骨材の最大寸法・スランプ・空気量の設定，水セメント比の設定，単位水量・細骨材率・混和材の設定と調整，そしてコンクリート材の単位量の決定の手順で行っていく．

コンクリートの強度は用途によって異なり，ビルなどの建築物では$20\,\mathrm{N/mm^2}$，コンクリート橋では$30\,\mathrm{N/mm^2}$以上が標準である．

3.3.2　粗骨材の最大寸法

無筋コンクリートでは40mm，鉄筋コンクリートでは20mmまたは25mm，断面が大きい場合は40mmを標準としている．スランプは，一般の場合は$5 \sim 12$cm，断

面の大きい場合は 3 〜 8 cm 程度である．鉄筋コンクリートで高性能減水剤を用いた場合は，これより大きな値とする．コンクリートは，原則として AE コンクリートとし，空気量は粗骨材の寸法に応じてコンクリート容積の 4 〜 7 % を標準としている．

3.3.3 水セメント比

水セメント比 w/c（セメントに対する水の質量比）は，コンクリートの強度に直接影響を及ぼす．適切に施工されたコンクリートでは，「その強度は水セメント比 w/c に逆比例する（エイブラムス則）」，および「その強度はセメント水比 c/w に比例する（リース則）」ことが知られている．水セメント比が小さければ強度は高くなるが練混ぜは難しくなる．水セメント比が高ければ，練混ぜやポンプ輸送は容易になるが長期強度に悪影響を及ぼす．

試験によってコンクリートの 28 日強度と水セメント比の関係を定め，コンクリートに求められる性能を考慮して，これらから定まる水セメント比のうちで最小の値を設定する．土木学会では，w/c は 65 % 以下を原則としており，最小値の例として 45 % をあげている．

3.3.4 単位水量と細骨材率

単位水量は作業ができる範囲内で，できるだけ少なくなるよう試験により定める．粗骨材の最大寸法が 20 〜 25 mm では 175 kg/m³，同 40 mm では 165 kg/m³ を上限とするのが標準である．

細骨材率は，所要のワーカビリティ（workability，施工のしやすさ）が得られる範囲内で，単位水量が最小になるよう試験によって定める．また，単位セメント量は単位水量と水セメント比とから定める．

以上の手順で定めたコンクリートの配合は示方配合とよばれ，表 3.1 のようにとりまとめる．

表 3.1　示方配合の表し方[14]

粗骨材の最大寸法	スランプ	水セメント比[1]	空気量	細骨材率	単位量 (kg/m³)						
					水	セメント	混和材[2]	細骨材	粗骨材 G		混和剤[3]
(mm)	(cm)	w/c (%)	(%)	s/a (%)	W	C	F	S	mm〜mm	mm〜mm	A

（注）1）ポゾラン反応や潜在水硬性を有する混和材を使用するとき，水セメント比は水結合材比となる．
　　　2）同種類の材料を複数種類用いる場合は，それぞれの欄を分けて表す．
　　　3）混和剤の使用量は，ml/m³ または g/m³ で表し，薄めたり溶かしたりしないものを示すものとする．

3.4 計量・練混ぜ・運搬

3.4.1 計量

材料の計量誤差は，コンクリートの品質のばらつきに直接影響を及ぼすので，工事の重要度に応じた精度で計量することが大切である．各材料は1練り分ずつ重量で計量するが，水および混和剤溶液は容積で計量してもよい．

計量は現場配合で行うが，骨材の示す四つの含水状態(図3.1)を知っておく必要がある．示方配合では，骨材は表面乾燥飽水状態(表乾状態)であるとし，粗骨材は5mm以下のものを含まず，細骨材は5mm以上のものを含んでいないと考えている．しかし，現場での骨材は，これらの条件を満たしていることはまれである．そこで結果的に示方配合となるような材料の配合割合，すなわち，現場配合を決定し，これに基づいて材料の計量を行う．

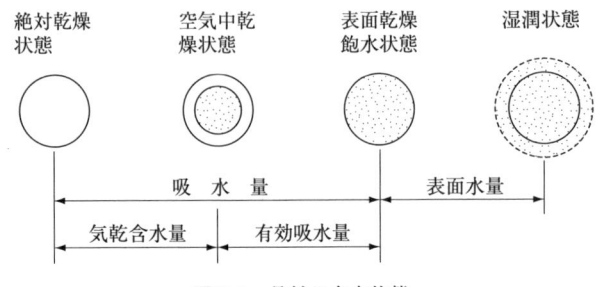

図3.1 骨材の含水状態

例題3.1 示方配合では，単位セメント量300 kg，単位水量152 kg，単位細骨材量695 kg，単位粗骨材量1298 kgとなっている．現場の骨材の状態は，砂の表面水量4.1 %，砂の5mmふるいに留まる量3.0 %，砂利の有効吸水量0.3 %，砂利の5mmふるいを通る量5.0 %であるとして現場配合を計算せよ．

解 まず，骨材中の過大粒と過小粒に対する補正を行う．表面乾燥飽水状態の砂および砂利の計量すべき質量を，それぞれ x および y とすれば，次の式が成立するので，これを解いて，

$$0.97x + 0.05y = 695$$
$$0.03x + 0.95y = 1298$$
$$x = 647\,\text{kg/m}^3, \quad y = 1346\,\text{kg/m}^3$$

次に表面水量および有効吸水量に対する補正を行う．

$$\text{砂の表面水量} = 647 \times 0.041 = 26.5\,\text{kg/m}^3$$
$$\text{砂利の有効吸水量} = 1346 \times 0.003 = 4.0\,\text{kg/m}^3$$

計量すべき砂の量 = 647 + 26.5 = 673.5 kg/m³

計量すべき砂利の量 = 1346 − 4.0 = 1342 kg/m³

計量すべき水の量 = 152 − 26.5 + 4.0 = 129.5 kg/m³

1バッチ(1回に練り混ぜるコンクリートの量)を0.5 m³とすると，現場配合はセメント150 kg，水65 kg，砂337 kg，砂利671 kgとなる．

3.4.2 計量の許容誤差

各材料に対する許容誤差は，表3.2のように定められている．計量装置は工事の前に調整し，工事中は清掃・整備につとめ，定期的に点検を行う．

規模の大きい工事では，各材料の計量はバッチャープラント(batcher plant)によって自動的に行われ，下方のミキサーに投入される．ミキサーを含めた設備全体をコンクリートプラント(concrete plant)という(図3.2)．

表3.2 計量誤差の最大値[15]

材料の種類	計量誤差の最大値(%)
水	1
セメント	1
骨材	3
混和材	2[1)]
混和剤	3

(注) 1) 高炉スラグ微粉末の計量誤差の最大値は1とする．

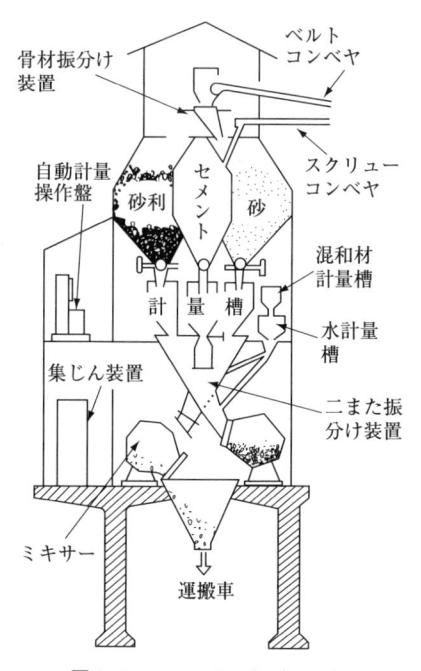

図3.2 コンクリートプラント

3.4.3 練混ぜ

材料の練混ぜは，コンクリートがプラスチック(plastic)で均等な状態になるまで行う．しかし，練混ぜ時間が長すぎると骨材が粉砕されたり，AEコンクリートでは空気量が減少したりして，ワーカビリティに変化が生じる．コンクリート標準示方書で

は，練混ぜ時間は試験によって定めることとし，練混ぜを所定時間の3倍以上行ってはならないと規定している．練混ぜが所定時間の3倍に達したらミキサーを一時停止し，コンクリートの排出が困難にならない程度にときどきミキサーを動かすようにする．

適切な練混ぜ時間は，いろいろな条件によって変わってくる．練混ぜをミキサーで行うときは，可傾式ミキサーまたは強制練りバッチミキサー(batch mixer)を用い，JIS A 1119 に規定されている方法などで練混ぜ時間を決める．一般には，ミキサーに材料を投入してから可傾式ミキサーでは1分30秒以上，強制練りバッチミキサーでは1分以上練り混ぜるのを標準とすればよい．

ミキサーへの材料の投入は，全部の材料を同時に均等に入れるのを原則とするが，水をほかの材料より早めに一定速度で入れはじめ，ほかの材料を投入した後に水を入れ終わるようにするとよい．あらたな材料は，ミキサー内のコンクリートを出し終わってから投入する．

固まっていないコンクリートが材料分離を生じたため，再び練り混ぜる作業を練直しといい，固まりはじめてから練り混ぜることを練返しという．普通の工事では，練返しコンクリートは用いてはならないことになっている．しかし，材料分離やコンクリートの収縮をとくに少なくしたい場合には，練返しコンクリートを用いてよい結果が得られることがある．

3.4.4　運　　搬

コンクリートの運搬は，運搬車，バケット(bucket)，コンクリートポンプ(concrete pump)，コンクリートプレーサー(concrete placer)，ベルトコンベヤ(belt conveyer)，手押車，トロッコ，シュート(chute)などを独立または併用して行う．運搬は，材料分離・損失，スランプ(slump)，空気量などへの影響の少ない方法で，すみやかに行うことが大切である．

ミキサーや運搬車からコンクリートを排出する場合には，材料の分離を生じやすいので，図3.3に示すように漏斗管やバッフルプレート(buffle plate)を正しく用い，コンクリートはできるだけ鉛直に落下させる．

運搬車を用いて長距離を運搬したり，スランプの大きいコンクリートを運ぶ場合には，トラックミキサー(truck mixer)またはアジテーター(agitator)を備えたトラックを使用する．バケットは，コンクリートの運搬手段として最もすぐれているが，モルタルの漏出や排出時の材料分離に注意する．

コンクリートポンプは，工事に見合った機種を選ぶ．図3.4に示したプランジャー(plunger)式あるいはスクイズ(squeeze)式などが使われている．輸送距離は水平距離

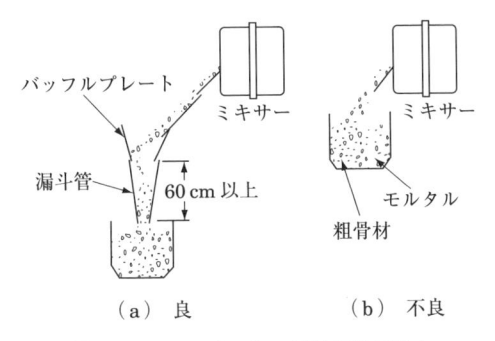

図3.3 コンクリートの材料分離の防止

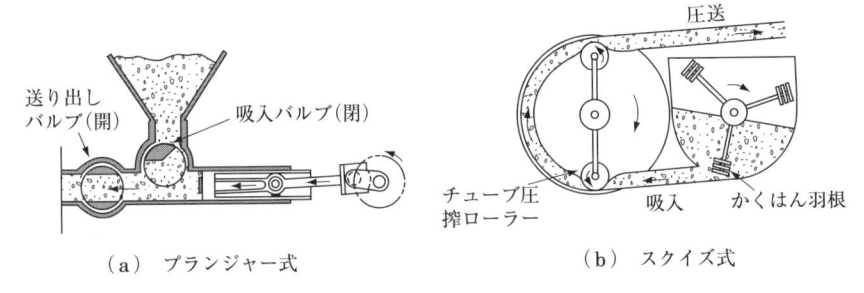

図3.4 コンクリートポンプ

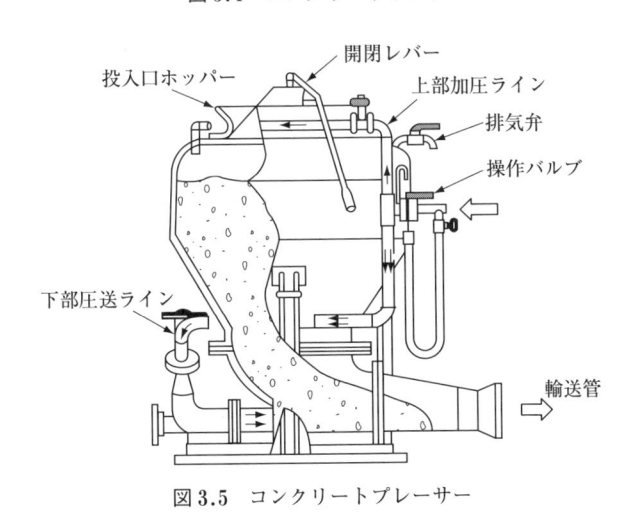

図3.5 コンクリートプレーサー

で400m程度までとなっているが，途中で輸送管の曲がりや上昇箇所があると最大輸送距離は短くなる．

コンクリートプレーサー(図3.5)は，圧縮空気で輸送管内のコンクリートを圧送するもので，輸送管の曲がりを少なくし，下り勾配にならないように注意する．

ベルトコンベヤやシュートを用いる場合には，バッフルプレートや漏斗管を適正に使用して，材料の分離ができるだけ少なくなるようにしなければならない．

3.4.5 レディーミクストコンクリート

工場で練られたコンクリートをレディーミクストコンクリート(ready mixed concrete)といい，簡単に生コンとよんでいる．

生コンは，JIS マーク表示許可をもち，信頼できる技術者のいる工場から購入するのがよい．このような工場がない場合には，それに準じる工場を探す必要があるが，その際は JIS A 5308「レディーミクストコンクリート」に基づいて十分な事前調査を行う．

生コンの製造工場は，工事現場から離れているのが普通である．そのため，コンクリートの打込みを円滑に行うには，納入日時，コンクリートの種類・数量，荷降ろし場所，納入速度などについて工場側とよく打ち合わせておき，打込み中の連絡も密にして，工事が中断することのないように配慮する．

荷降ろし場所でのコンクリートの受け入れ検査は，次のような項目を含む．

① 圧縮強度の検査は，荷降し時 1 回/日，または構造物の重要度と工事の規模に応じて 20～150 m³ ごとに 1 回．設計基準強度を下まわる確率は 5 % 以下．
② フレッシュコンクリート(まだ固まらない状態)はワーカビリティがよく，品質は均質で安定していることを責任者が目視で確認すること．
③ スランプの許容誤差は，スランプ 5 cm 以上 8 cm 未満の場合は ±1.5 cm であり，8 cm 以上 18 cm 以下の場合は ±2.5 cm．
④ 空気量の許容誤差は ±1.5 %．

3.5 鉄筋のかぶり・あき・継手

3.5.1 か ぶ り

鉄筋コンクリートにおける鉄筋を保護するために，かぶり(図 3.6)の最小値 c_{min} が定められている．鉄筋の直径以上で，$c_{min} = \alpha \cdot c_0$ の条件を満たすこと．α はコンクリートの設計基準強度が 18 N/mm² 以下では 1.2 とし，34 N/mm² 未満では 1.0，また，34 N/mm² 以上では 0.8 とする．c_0 は基本のかぶりで表 3.3 のように定められている．

3.5.2 鉄筋のあき

梁における軸方向鉄筋のあき(図 3.6)は 20 mm 以上，粗骨材の最大寸法の 4/3 倍以上とする．同じく柱においては 40 mm 以上，粗骨材の最大寸法の 4/3 倍以上，鉄

3.5 鉄筋のかぶり・あき・継手　67

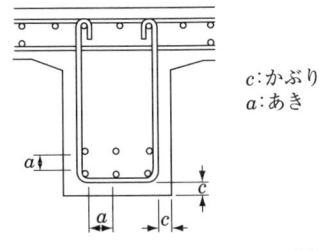

図 3.6　鉄筋のあきとかぶり[16]

c:かぶり
a:あき

表 3.3　c_0 の値(mm)[17]

環境条件 \ 部材	スラブ	梁	柱
一般の環境	25	30	35
腐食性環境	40	50	60
とくに厳しい腐食性環境	50	60	70

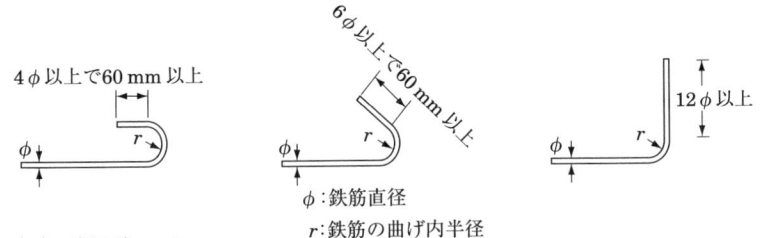

（a）半円形フック
（普通丸鋼および異形鉄筋）
4ϕ以上で60 mm以上

（b）鋭角フック（異形鉄筋）
6ϕ以上で60 mm以上
ϕ:鉄筋直径
r:鉄筋の曲げ内半径

（c）直角フック（異形鉄筋）
12ϕ以上

図 3.7　鉄筋端部のフックの形状[18]

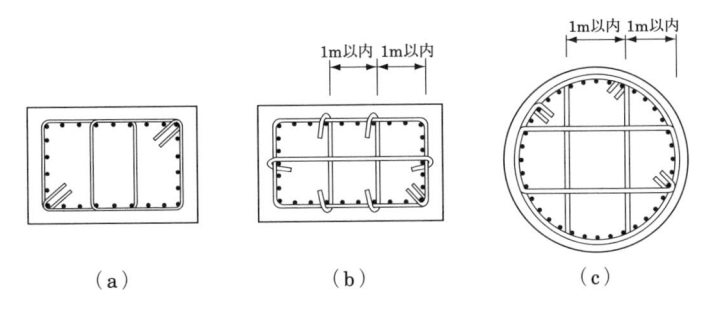

図 3.8　大型断面における帯鉄筋，フープ鉄筋，および中間帯鉄筋の配置例[19]

筋直径の 1.5 倍以上とする．鉄筋の曲げ形状を図 3.7 に示す．また，鉄筋の配置例を図 3.8 に示す．

3.5.3　継　　手

鉄筋の継手位置は応力の大きい断面を避け，同一断面に集めないようにする．軸方向鉄筋に重ね継手を用いる場合には，鉄筋量は必要量の 2 倍以上，重ね合わせ長さは鉄筋直径の 20 倍以上，などの定めがある．スターラップ(stirrup)の重ね継手の例を図 3.9 に示す．

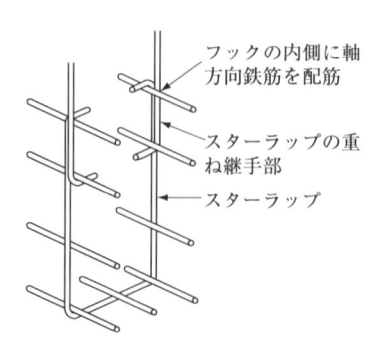

図 3.9 スターラップの重ね継手の配筋[20]

例題 3.2 異形鉄筋 D16 を用いる場合に，軸方向鉄筋の重ね継手長を求めよ．

解 引張鉄筋の重ね継手長 l_d は，20ϕ 以上と基本定着長 l_d の式(3.1)から定められる．

$$l_d = \alpha \frac{f_{yd} \cdot \phi}{4 f_{bod}} \tag{3.1}$$

ただし，ϕ：主鉄筋の直径，f_{yd}：鉄筋の設計引張降伏強度，f_{bod}：コンクリートの設計付着強度，α：係数である．鉄筋の設計引張降伏強度を $f_{yd} = 295\,\text{N/mm}^2$，コンクリートの設計付着強度を $f_{bod} = 3.27\,\text{N/mm}^2$，$\alpha = 1$ とする．配置する鉄筋量が計算上必要な鉄筋量の2倍以上，かつ同一断面での継手の割合が1/2以下の場合を考えると，D16の場合，$20 \times 16 = 320\,\text{mm}$ 以上，かつ $l = 1 \times (295 \times 16)/(4 \times 3.27) = 360\,\text{mm}$ 以上となり，重ね継手長は 360 mm 以上が必要である．

3.6 打込み・締固め・仕上げ

3.6.1 打込み

運搬されてきたコンクリートは，ただちに打ち込む．すぐに作業できない場合でも，コンクリートを練り混ぜてから打ち終わるまでの時間は，温暖で乾燥しているときで1時間，低温で湿潤なときでも2時間を超えないようにする．

打込み設備や型枠は，あらかじめ清掃しておき，コンクリートに接して吸水するおそれのあるところは湿らせておく．打込みは材料分離を起こさないよう，鉄筋の配置を乱さないよう，打込み完了時のコンクリート表面はおおむね水平になるように注意し，1区画内のコンクリートは連続的に打ち込む（図 3.10）．

打込み1層の高さは 40 cm 以下とする．2層に分けて打ち込む場合は，下層コンクリートが硬化しはじめる前に打ち込む．打込み中の材料分離を少なくするために，型

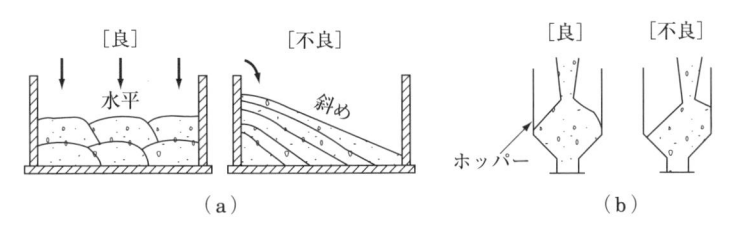

図 3.10 コンクリート打込みにおける材料分離防止

枠が高いときは投入口を設けたり縦シュートを用いる．バケットやホッパー（hopper）を使用する場合は，打込み面までの高さを 1.5 m までとする．壁や柱などのように高さの大きい場合の打込みは，コンクリートのコンシステンシー（consistency，軟らかさの程度）を調整したり，打上がり速度をやや遅くして，30 分に 1 m 程度にすることで材料分離をある程度防ぐことができる．

3.6.2 締固め

コンクリートの締固めは，通常は棒型の内部振動機を用いて行うが，薄い壁などでは型枠振動機を使用する．コンクリート舗装のように薄くて広いコンクリートの締固めには，表面振動機を使う．内部振動機を使用するときは，次のように行う．

① コンクリート中に鉛直に差し込み，下層コンクリート中に 10 cm 程度挿入する．
② 振動機の差し込み間隔は，振動の有効半径（最大 60 cm 程度）以下にする．
③ 振動機の引抜きは，後に穴が残らないようゆっくり行う．

振動締固めが十分行き渡ったかどうかは，次のことから判断する．

① せき板とコンクリートの接触面にセメントペースト（cement paste）の線が現れる．
② コンクリートの容積減少が認められなくなる．
③ コンクリートの表面が光って全体が溶け合ったように見える．

実際の作業では，振動機の挿入間隔および 1 箇所当たりの振動時間を決めておき，これを作業員に周知させる．

3.6.3 打足し

いくぶん固まりかけたコンクリートの上に，新しいコンクリートを打ち足す場合には，上下両層のコンクリートが一体となるように施工する．下層コンクリートが再振動締固めに適した状態であれば，上層を締め固める際に振動機を適当な深さだけ下層に差し込み，これを狭い間隔で施工していけばよい．

打足しが予測されるようなときは，下層コンクリートに適量の凝結遅延剤を混入して，再振動締固めに適する期間を延ばすのも一つの方法である．

3.6.4 打 継 目

コンクリートは連続して打設するのが望ましいが，実際には，いくつかの区画に分けて打ち込まざるをえない．こうして硬化したコンクリート面との間に打継目が生じる．この場合の完全に一体化していない継目を，コールドジョイント (cold joint) という．打継目の施工をおろそかにすると，構造物の強度上の弱点になったり，漏水の原因になったりする．また，美観を損ねることにもなる．

打継目は，せん断力が小さい位置に設け，打継目が部材の圧縮力を受ける方向と直角になるように施工する．せん断力の大きい位置に打継目を設けなければならない場合は，図3.11 に示すように適当な鋼材を差し込むか，ほぞ・溝などによって補強する．

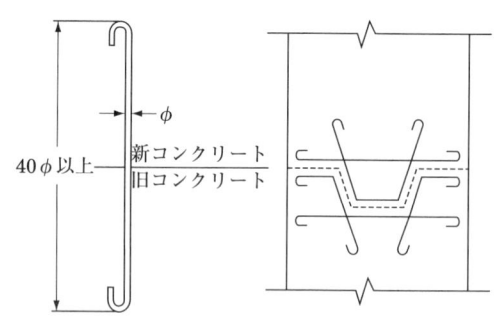

図 3.11 せん断力の大きい位置に設ける打継目

水平打継目の施工においては，硬化したコンクリート面の緩んだ骨材や，レイタンス (laitance，ブリージングに伴い表面に浮かび出て沈殿した物質) は取り除き，十分に吸水させる．その上にセメントペーストまたはモルタルを塗り，ただちにコンクリートを打ってよく密着するように締め固める．

鉛直打継目の施工にあたっては，硬化したコンクリート面は湿砂吹付け，ワイヤーブラシを用いて粗面にし，十分吸水させ，セメントペーストまたはモルタルを塗ってから新コンクリートを打ち継ぐ．打継後，適当な時期に再振動締固めを実施すると，打継面に集まった水を追い出す効果が期待できる．

鉛直打継目を水密にするのは相当に困難である．水密にする場合には，止水板を施工する．

3.6.5 表面仕上げ

せき板に接しない面の仕上げは，面上に水が浮き出ていればこれを除いてから，こてまたは仕上げ機械を用いて行う．過度のこて仕上げは収縮ひび割れやレイタンスを招きやすい．滑らかで密実な表面に仕上げたいときは，コンクリート表面を指で押してもへこまない程度に固まってから，かなごてを押しつけるようにして仕上げるとよい．

せき板に接する面が露出面となるコンクリートは，外観を損なわず，また水密性を確実にするために平らなモルタル表面に仕上げる．このため，表面の平らなせき板を用い，せき板の継目からモルタルが漏れないように注意し，また適度のスページング(spading)を行う(図3.12)．コンクリート表面にできた突起・筋などは取り除き，豆板(砂利などが集積露出している部分のこと，ジャンカともいう)，欠けた箇所などは不完全なところを取り除いて，モルタルまたはコンクリートでパッチング(patching)を行う．

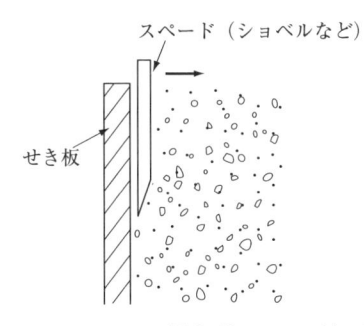

図3.12 スページング

通路や床面などのように，すりへり作用を受けるところは，水セメント比およびスランプの小さいコンクリートを用い，締固めを十分に行って仕上げる．

3.7 コンクリートの養生

打ち終わったコンクリートは，一定期間適度の温度の下で湿潤状態に保って養生する．この条件が満たされないと，低温・乾燥，急激な温度変化などの影響で硬化作用が妨げられたりひび割れを生じたりする．養生中のまだ硬化していないコンクリートに振動・衝撃，過大な荷重などが加わらないように注意する．

3.7.1 湿潤養生

打ち込んで間もないコンクリートは，直射日光，降雨，風などの作用で悪い影響を

受けやすいので，その表面をシート(sheet)などで覆い，養生マット(mat)などを置いても損傷しないほどに硬化するまで保護する．

　表面を荒らさずに作業できるようになったら，むしろ，布，砂などをぬらしたものでコンクリート表面を覆うか，あるいは，ときどき散水して，数日間，つねに湿潤状態を保つようにする．

　養生期間の目安としては，普通ポルトランドセメントを用いた場合は打込み後，少なくとも5日間，早強ポルトランドセメントを使用したときは3日間以上とされている．そのほかのセメントを用いた場合は，気象条件，工事の時期，施工方法などを考慮したうえで試験によって養生日数を決めるのがよい．

　せき板で覆われた面は，せき板が乾燥するようであるならば，散水するか，または，可能であれば板とコンクリートとの間に水を流し込んで養生する．

3.7.2 膜養生

　膜養生は，湿潤養生が困難な場合に利用する．コンクリート表面に養生剤を散布して膜をつくり，これによってコンクリートの水分の蒸発を防ぐ．水密な養生膜をつくるためには多量の養生剤を要し，また温度変化を小さくするためには白色顔料を混ぜる必要がある．膜養生の施工に先立って予備試験を行い，その施工性，効果，経済性などを確かめておくことが肝心である．膜養生剤は，コンクリート表面の水光りが消えたらただちに散布する．

3.7.3 温度制御養生

　コンクリートの硬化が十分進むまでに，低温，高温，急激な温度変化などにより有害な影響を受けるおそれがある場合には，適切な方法でこの影響を緩和する．これを温度制御養生という．

3.8 型枠および支保工

　型枠と支保工は，コンクリートが硬化するまでの仮設物であるが，完成した構造物の形状や寸法に狂いを生じないよう，また安全性に欠けることのないように設計・施工しなければならない．

3.8.1 荷重

　型枠と支保工に作用する荷重は，次の四つである．
① 鉛直荷重(型枠，支保工，コンクリート作業員などによる)．

② 横方向荷重(作業時の振動，施工誤差，風圧などによる)．
③ コンクリートの側圧(フレッシュコンクリートによる)．
④ 特殊荷重(偏載荷重などによる)．

まだ固まらないフレッシュコンクリートによる側圧は，普通ポルトランドセメントを使用し，スランプ10cm以下のコンクリートを内部振動機で締め固めた場合については，次の式で求めることができる．

（ⅰ） 床版（スラブ，slab）および梁の場合，
 コンクリート単位体積重量 $23.5\,\mathrm{kN/m^3}$，作業荷重 $2.94\,\mathrm{kN/m^3}$

（ⅱ） 柱の場合
$$P_{\max} = \left(0.8 + \frac{80R}{T+20}\right) \times 9.8 \leq 147\,\mathrm{kN/m^2} \tag{3.2}$$
 または，$23.5H\,\mathrm{kN/m^2}$ の小さいほうの値．

（ⅲ） 壁の場合で $R \leq 2\,\mathrm{m/h}$ のとき，
$$P_{\max} = \left(0.8 + \frac{80R}{T+20}\right) \times 9.8 \leq 98\,\mathrm{kN/m^2} \tag{3.3}$$
 または，$23.5H\,\mathrm{kN/m^2}$ の小さいほうの値．

（ⅳ） 壁の場合で $R > 2\,\mathrm{m/h}$ のとき，
$$P_{\max} = \left(0.8 + \frac{120+25R}{T+20}\right) \times 9.8 \leq 98\,\mathrm{kN/m^2} \tag{3.4}$$
 または，$23.5H\,\mathrm{kN/m^2}$ の小さいほうの値．

ここに，$P_{\max}$：最大側圧$(\mathrm{kN/m^2})$，R：打上がり速度$(\mathrm{m/h})$，T：型枠内のコンクリート温度$(\mathrm{℃})$，H：考えているより上のまだ固まらないコンクリートの高さ(m)である．

例題3.3 高さ4mの壁をつくる場合に，せき板に対するまだ固まらないコンクリートの側圧を求めよ．ただし，打上がり速度は2.0m/h，コンクリートの温度は20℃とする．

解 式(3.2)に $R=2.0$，$T=20$ を代入すると，最大側圧 $P_{\max}=47.0\,\mathrm{kN/m^2}$ を得る．この最大側圧は $z=47.0/23.5=2.0\,\mathrm{m}$ の深さで生じ，それ以下の深さでは一定であるとする．したがって，側圧の分布は図3.13の実線のようになる．

上部2mの三角形部分の合力 P_1 は，
$$P_1 = \frac{1}{2} \times 47.0 \times 2.0 = 47.0\,\mathrm{kN/m}$$
となり，下部2mの四角形部分の合力 P_2 は，
$$P_2 = 47.0 \times 2.0 = 94.0\,\mathrm{kN/m}$$
である．したがって，合力 P は，

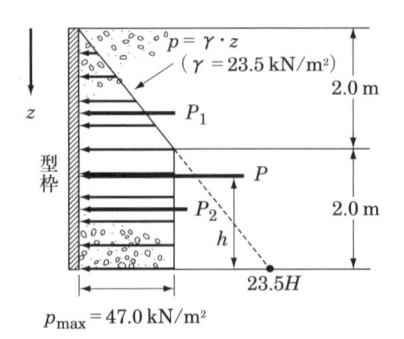

図 3.13 コンクリートの側圧の分布

$$P = P_1 + P_2 = 141.0 \text{ kN/m}$$

となる．型枠の底面からの P_1 および P_2 の作用位置 h は，それぞれ，

$$h_1 = 2.0 + \frac{2.0}{3} = 2.67 \text{ m}, \qquad h_2 = \frac{2.0}{2} = 1.0 \text{ m}$$

であるから，合力 P の作用位置 h は，型枠の底面におけるモーメントの平衡，$P \cdot h = P_1 \cdot h_1 + P_2 \cdot h_2$ から $h = 1.56$ m となる．

3.8.2 型枠

型枠は，一般にコンクリートに接するせき板(面板)と，これを支える桟木，横ばた，縦ばた，緊結材からなっている(図3.14)．木製型枠のほか，最近では鋼製型枠も広く使われる．

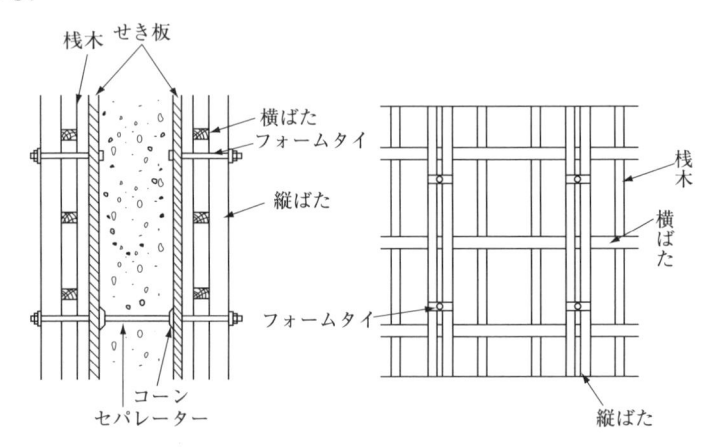

図 3.14 型枠の一例

型枠の締付けには，ボルト(bolt)，棒鋼を用い，鉄線は伸びたり切れたりしやすいので使用しない．このボルトや棒鋼は，型枠を取り外した後，コンクリート表面から 2.5 cm の深さまで取り除き，その後はモルタルで埋め戻しておく．せき板の内面には，

あらかじめ，はく離剤を塗っておく．

コンクリートを打ち込む間，型枠は異常にはらんでいないか，モルタルの漏れはないかなどを点検し，必要に応じて対策を講じなければならない．

3.8.3 支保工

一般に，鋼製支保工が用いられる．鋼製支保工には，図3.15に示した鋼管支柱，枠組支柱のほか，組合せ鋼柱，吊支保工などがある．支保工を設置する地盤はよく整地し，不等沈下のおそれがあればよく転圧し，また支保工の根もとが水で洗われることのないように配慮する．

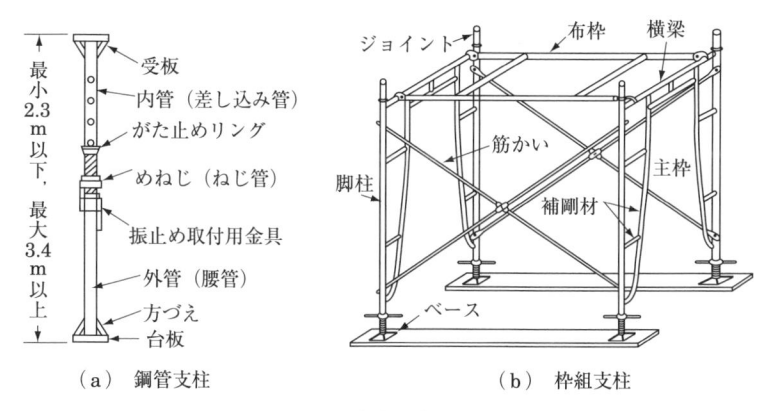

図3.15 鋼製支保工の例

コンクリートを打ち込むと，その重量によって型枠は圧縮変形とたわみを生じ，支保工は継手や接続部の間げきが締まり地盤へのくい込みを生じる．このような原因によって生じる支保工の狂いは，計算・実績・予備的試験などによってあらかじめ推定しておき，その分だけ型枠を上げ越しておく．

コンクリートの打込み中，支保工に過度の移動，沈下，接続部の緩みなどが生じていないかを点検し，必要があれば適当な処置をとる．

3.8.4 取り外し

型枠および支保工は，コンクリートが自重および施工中に加わる諸荷重に十分耐える強度に達したならば，順次取り外していく．その時期は，セメントの性質，コンクリートの配合，構造物の種類と重要度，部材の大きさと種類，荷重，気象条件などによって異なる．鉄筋コンクリートについては，型枠を取り外してよい時期のコンクリート圧縮強度の参考値として，表3.4の数値が示されている．全設計荷重に占める死荷重の割合が大きいときは，参考値より少し長い時間型枠と支保工を置いておく．

表3.4 型枠を取り外してよい時期のコンクリートの圧縮強度の参考値

部材面の種類	例	コンクリートの圧縮強度 (N/mm^2)
厚い部材の鉛直または鉛直に近い面，傾いた上面，小さいアーチの外面	フーチングの側面	3.5
薄い部材の鉛直または鉛直に近い面，45°より急な傾きの下面，小さいアーチの内面	柱・壁・梁の側面	5.0
橋・建物などのスラブおよび梁，45°より緩い傾きの下面	スラブ・梁の底面・アーチの内面	14.0

型枠を取り外すときの順序は，作用荷重が小さい部分から先に行うものとする．とくにスラブ，梁などの水平部材の型枠は，壁などの鉛直部材の型枠より長い期間残しておくようにする．

3.8.5 特殊型枠と特殊支保工

特殊型枠として，スリップフォーム(slipform)がある．これには，高い橋脚や水槽などの工事に用いる鉛直方向移動型のもの(図3.16)と，水路などの工事に用いる水平方向移動型のものがある．

スリップフォームを使用すると，施工速度が速く，継目なしの構造物をつくることができる．型枠の移動速度は，脱型直後のコンクリート圧縮強度が，その部分に常時

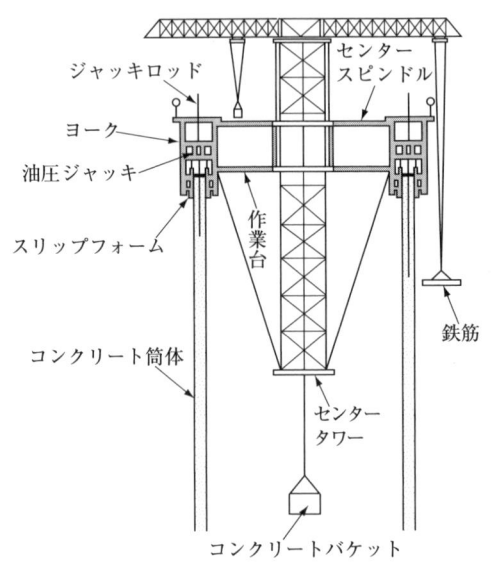

図3.16 スリップフォームの一例

作用する荷重の2倍以上であるように定められる.

特殊支保工としては,高架橋に用いられる移動支保工や,トラスを利用した支保工,アーチ橋を片持架設する架設作業車などがある.特殊支保工の移動速度は,毎分1m程度以下を標準としている.

3.9 特別な配慮を要するコンクリート

3.9.1 マスコンクリート

コンクリートダムを除いて,橋台や擁壁のように,断面厚さが1mを超える構造物を施工する場合は,マスコンクリート(mass concrete)として取り扱い,温度上昇によるひび割れの発生を防ぐために,特別な注意が必要である.

水和熱による温度上昇をできるだけ抑えるには,「土木学会:ダムコンクリート標準示方書」を参考にするとよい.施工に対する一般的注意は,次のようである.

単位セメント量を少なくすると,温度上昇はある程度抑えることができる.このためには,許容範囲内でコンクリートのスランプを小さくし,粗骨材の最大寸法を大きくするとよい.中庸熱ポルトランドセメントや,混合セメントの使用が勧められる.コンクリートの打込みは,25℃以下の温度で行う.これより高い温度条件の場合は,パイプクーリング(pipe cooling)などの方法で温度上昇を小さくしてやる.養生にあたっては,コンクリート表面の温度降下が急であるほどひび割れを発生しやすい.

> **例題 3.4** マスコンクリートの周囲からは放熱しないものとして,セメントの水和熱による温度上昇の大きさを推定せよ.

解 断熱状態におけるコンクリートの温度上昇 θ は,次の式で求められる.

$$\theta = \frac{W_c \cdot q_c}{C_c \cdot \rho} \tag{3.5}$$

ここで,W_c:単位セメント量(kg/m³),q_c:セメント1kgの発熱量(1kcal/kg),C_c:コンクリートの比熱(kcal/°Ckg),ρ:コンクリートの密度(kg/m³)である.

いま,$W_c = 270$ kg/m³,$q_c = 80$ kcal/kg,$C_c = 0.25$ kcal/°Ckg,$\rho = 2400$ kg/m³ として温度上昇を求めると,

$$\theta = \frac{270 \times 80}{0.25 \times 2400} = 36°C$$

を得る.実際の温度上昇は,部材表面から放熱されるので,この値より小さい.

3.9.2 寒中コンクリート

コンクリートは,$-0.5 \sim -2.0$°C の温度条件下で凍結するといわれている.凝結硬

化の初期にコンクリートが凍結すると，強度，耐久性，水密性などに悪い影響が現れる．そのため，日平均温度が4°C以下の条件で寒中にコンクリートを施工する場合には，養生後の凍結作用に対して十分な抵抗性をもたせ，工事の各段階で作用する荷重に対して十分耐えるように配慮する．

使用セメントとしては，早強ポルトランドセメントが用いられる．セメントはできるだけ冷却されないように貯蔵方法に注意する．セメントを熱することはできないが，骨材や水は必要に応じて加熱してから使用する．コンクリート配合ではAE剤を適量用い，単位水量を小さくする．

打込み時のコンクリートの温度は10～20°Cとする．養生日数は条件によって異なるが，中庸熱ポルトランドセメントでは7～3日，早強ポルトランドセメントでは4～2日である．コンクリートが打込み後間もなく凍結した場合には，その部分は取り除く．

3.9.3 暑中コンクリート

打込み時のコンクリート温度が30°Cを超えると，所要水量の増加，スランプの低下，過早な凝結，過度の温度上昇，長期強度の低下などの悪い影響が現れる．打込み時のコンクリート温度は，一般に気温より高くなるから，月平均気温が25°Cを超える時期には，暑中コンクリート施工の準備が必要となる．

骨材は炎天下で直接熱せられることのないようにし，散水などして温度を低くしてから用いる．使用水はできるだけ低温のものを用いるようにする．

基礎地盤などは，十分に吸水させてからコンクリートを打ち込む．コンクリートは練り混ぜてから1時間以内に，30°C以下の温度で打設する．打ち終わったコンクリートは，直射日光を避けるためただちに保護し，少なくとも24時間は表面を常時湿潤状態に保つ必要がある．養生中はコンクリートが乾燥することのないように注意し，せき板に接する部分はコンクリートがある程度硬化したならばせき板を緩めて内側に水を流し込んでやる．

3.9.4 水密コンクリート

地下構造物や水槽のように，高い水密性を必要とする場合には，コンクリート自体を水密性の高いものにし，ひび割れの発生を極力抑えるように注意する．また，継目から漏水することのないよう入念に施工をしなければならない．

打込みおよび締固め作業の不完全さが漏水の原因になることが多い．材料分離が少なく，部分的な欠点の少ないコンクリートをつくるには，ワーカビリティのよいコンクリートを使用することである．ワーカビリティを高めるために，水密コンクリート

の水セメント比は 55 % 以下，スランプは 8 cm 以下とし，良質の減水剤または AE 剤を用いるのがよい．防水混和剤は，その効果を十分確かめてから使用すべきである．

コンクリートの打込みにあたっては，打込みが一時的に中断したために生じるコールドジョイント (cold joint)，材料分離，締固め不足による豆板，レイタンスなどが生じないよう入念に施工する．

水密コンクリートでは打継目は避けたいが，やむをえず水平打継目とする場合は，下層コンクリートの表面付近は品質低下をきたしやすいことを考慮に入れて施工する．鉛直打継目の場合は止水板を用い，新・旧コンクリートの密着をよくするために再振動締固めを行う．

水密コンクリートの養生は，一般の養生より丁寧に長い期間行う必要がある．とりわけ初期養生が大切である．養生期間中は，たとえ短い時間でもコンクリートが乾燥状態になることのないよう留意する．

3.9.5 プレストレストコンクリート

コンクリートの引張強度は，圧縮強度の 1/10 程度に過ぎない．この欠点を補うため，高強度の PC 鋼材によってあらかじめコンクリートに圧縮応力を与えておき，荷重の作用で生じた引張応力を打ち消すようにしたものをプレストレストコンクリート (prestressed concrete) という．

プレストレストコンクリートには，プレテンション方式とポストテンション方式がある．前者では，PC 鋼材を緊張した後にコンクリートを打ち，硬化後に鋼材の緊張を緩めてコンクリートにプレストレスを与える．後者は，コンクリート硬化後に PC 鋼材を緊張する方式で，フレシネー工法，MDC 工法，ディビダーク工法，BBRV 工法，レオンハルト工法，レオバ工法など数多くの工法がある．

プレストレストコンクリートの設計・施工は「土木学会：プレストレストコンクリート設計施工指針」に基づいて行う．

3.9.6 鉄骨鉄筋コンクリート

形鋼などの鉄骨と鉄筋，およびこれを包むコンクリートが一体となって働くよう設計・施工されたものである．鉄骨鉄筋コンクリート部材の強度は，鉄骨部分の強度と鉄筋コンクリート部分の強度の和に等しいと考える．

3.9.7 軽量骨材コンクリート

骨材の全部または一部に軽量骨材を用いたコンクリートである．単位体積重量は，通常のコンクリートの $23.5 \, kN/m^3$ に対して，軽量骨材を用いた場合には $16.7 \, kN/m^3$

程度，骨材の一部に軽量骨材を用いた場合で18.6 kN/m³ 程度となる．

セメントモルタルに発泡剤を入れてつくるのが気泡コンクリートである．気泡の量を調節して水に浮くものをつくることも可能である．

3.9.8 海洋コンクリート

海岸，海上，あるいは海底に設けられるコンクリート構造物は，海洋コンクリート構造物とよぶ．その築造にあたっては，構造物が波浪，潮風，海水の作用に耐えるよう入念な施工と，海水汚染防止への配慮が求められる．設計・施工上の注意は，水中コンクリート工の場合とほぼ同じである．

3.9.9 水中コンクリート

コンクリートは空気中でつくるのが望ましいが，やむをえず水中コンクリートを施工する場合は，空気中で施工するときより配合強度を大きくとるか，または許容応力度を小さくとる必要がある．水中コンクリートの品質は，施工の良否にかかっている．施工方法として，トレミー(tremie)，袋詰め，底開き箱，底開き袋，コンクリートポンプ，プレパックドコンクリート(prepacked concrete)などがある．信頼性が高いのはプレパックドコンクリートである．

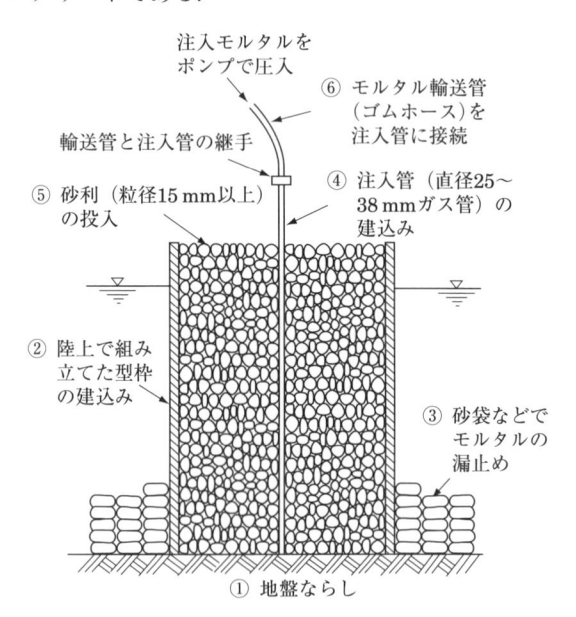

図 3.17 プレパックドコンクリートの施工
（数字は施工の順序を示す）

3.9.10 プレパックドコンクリート

特定の粒度をもつ粗骨材(粒径 15 mm 以上)をあらかじめ型枠に詰めておき,その空げきに流動性が高く,材料分離が少なく,かつ収縮の少ない特殊なモルタルを圧入してつくるコンクリートである(図 3.17).水中コンクリート,機械基礎,橋脚,トンネル巻立てなどの施工に用いられる.その品質は施工の良否に左右される.

多くの場合,完成したコンクリートの品質を確認することは困難であるだけに,丁寧な施工が求められる.

3.9.11 高流動コンクリート

フレッシュ時の材料分離抵抗性を損なうことなく,流動性を高めたコンクリートのことをいう.振動・締固め作業を行わなくても,型枠の隅々までコンクリートを充てんすることができるので,現場の省力化,合理化をはかることができる.

自己充てん性を表すのに,三つのレベルがある.通常の鉄筋コンクリート構造物ではレベル2を標準としている.レベル2とは,「最小鋼材あきが 60 ~ 200 mm 程度の鉄筋コンクリート構造物または部材において,自己充てん性を有する性能」をいう.

3.10 コンクリートの劣化と補修

3.10.1 ひび割れ

セメントの硬化や乾燥に伴う収縮は,ひび割れの一つの原因となる.また,セメント水和熱によって生じたコンクリート内外温度差に起因するのが,温度ひび割れである.ひび割れは,コンクリートの材料選定から養生に至る品質管理と施工管理を適確に行うことによって,かなり防ぐことができる.

現場では,海砂の除塩不良,練混ぜ時間の超過,ポンプ圧送時の水量の増量,かぶり厚さ不足,材料分離,型枠のはらみなどが起こらないように注意する.土木学会では,許容ひび割れ幅を定めており,かぶり c に対して一般環境では $0.005c$,厳しい腐食性環境では $0.0035c$ などと規定している.

有害なひび割れは鉄筋の腐食を招き,深刻な劣化の原因となるので補修を行う.判断の目安として,0.5 mm 以上の場合は補修を行い,0.2 mm 以下のときは補修しないこともある.

(1) 塩 害

コンクリート中に海水や塩化物イオンが浸透して,限界濃度以上になると鉄筋表面の不動態膜が破れ,水分と酸素の供給により鉄筋は腐食する.さびた鉄筋は膨張してコンクリート内部からひびが入り,それが表面に及ぶと腐食は加速されることにな

る．こうしてコンクリートのはく離や崩落が生じる．

（2） 中性化

大気中の二酸化炭素がコンクリートに侵入すると，水酸化カルシウムなどの水和物と炭酸化反応を起こして細孔溶液のpHが低下し，鉄筋表面の不動態膜が破れて腐食しやすくなる．pHが低下するので中性化とよぶ．

（3） 凍 害

コンクリート中の水分の凍結膨張と融解の繰り返しによって凍害は発生する．コンクリート表面にコンクリートのペーストが劣化して生じるスケーリング(scaling)や微細ひび割れが発生し，劣化が進行する．

（4） アルカリ骨材反応

反応性の骨材が，水分の存在下でコンクリート中のアルカリ成分と反応して異常な体積膨張を起こし，ひび割れの原因となるものである．鉱物の種類によりアルカリシリカ反応とアルカリ炭酸塩反応とに分かれるが，多くは前者である．

3.10.2　劣化の調査

コンクリートの劣化を調べるためには，構造物からコアを採取したり，局部的に破壊することにより調査する方法と，非破壊試験方法とがある．

局部破壊試験には，図3.18のような表面に接着させた金属板を引きはがすプルオフ(pull off)試験と，コンクリート表面付近に二つのスリットを設けて片方からジャッキで押して破壊するブレイクオフ(break off)試験とがある．

非破壊試験としては，シュミットハンマーを用いたテストハンマー試験，超音波法，打音法などがある．打音法はたたき法ともよばれ，マイクロフォンやインパルスハンマーを用いてコンクリート表面付近のひび割れやはく離を調べたり，トンネル覆工コンクリートの厚さや背面空洞を点検するのに用いられる．

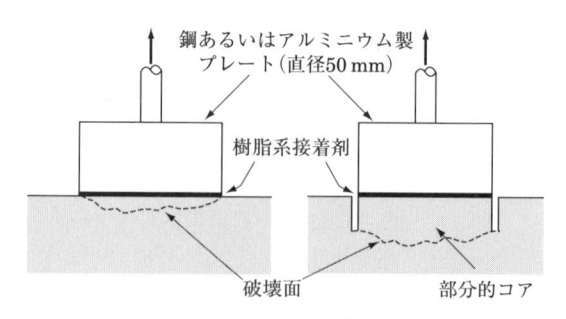

図3.18　プルオフ試験[21]

3.10.3 補修工法
（1） 表面保護工

表面保護工のうち塗装材被覆工法は，エポキシ樹脂などの合成樹脂系，あるいはエチレン酢酸ビニル系などのポリマーセメントモルタル系の材料をコンクリート表面に塗布する．

含浸塗布工法は，樹脂系，無機系の含浸材をコンクリート表面に塗布することで劣化の原因が浸透することを防ぐ工法である．コンクリートにアルカリ性を与えたり，鉄筋のさび止め効果を付与したりすることもできる．

橋梁のコンクリート床版の耐久性を保持するために広く用いられているのは防水工法であり，シート系および塗布系の防水剤を用いる．

（2） ひび割れ処理工法

表面処理工法，注入工法，充てん工法などがある．表面処理工法は 0.2 mm 以下の微細なひび割れの表面に塗膜を設けることで，防水性や耐久性を改善しようとするものである．一時的な補修に利用される．

注入工法は，エポキシ樹脂，アクリル樹脂，セメントなどを圧入する工法である．エポキシ樹脂は注入しやすく，コンクリートとの接着性も良好である．

充てん工法は，0.5 mm 以上の大きなひび割れの補修に適している．鉄筋が腐食していない場合（図 3.19）と，している場合（図 3.20）とで方法が異なる．充てん材としては，ポリマーセメントモルタルなどが使われる．

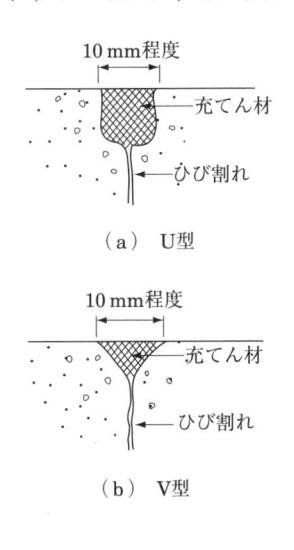

図 3.19　鉄筋が腐食していない場合の充てん工法[22]

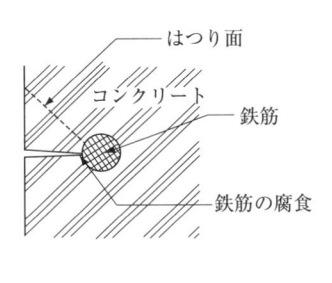

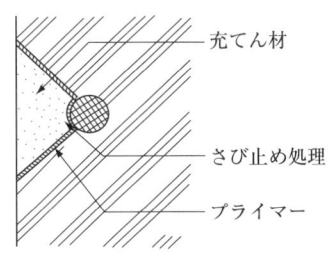

図 3.20　鉄筋が腐食している場合の充てん工法[23]

（3） 断面修復工法

劣化したコンクリートを取り除いた後に修復する工法であり，左官仕上げ工法，吹付け工法，プレパックド工法がある．

左官仕上げ工法は，プライマーを刷毛で塗布した後，補修用ポリマーセメントモルタルを"こて"や"へら"ですり付け修復する．補修厚さは，天井などの上裏面では 20 mm 程度以下，壁などの垂直面では 50 mm 以下とする．

吹付け工法は，練混ぜたコンクリートやモルタルに急結剤，ポリマーディスパージョン，短繊維などを加えて吹き付けるものである．乾式はノズル部で水を加えるが，湿式では材料を練混ぜた後にノズル部に圧送する．

プレパックド工法は，断面欠損部が大きくなった場合に適用する．図 3.21 に示すように，あらかじめ骨材を補修部に詰め込み，型枠をアンカーボルトで固定し，モルタルが漏出しないようにシールしたうえで充てん材を注入する．養生後に所定の強度が発現してから型枠を外す．

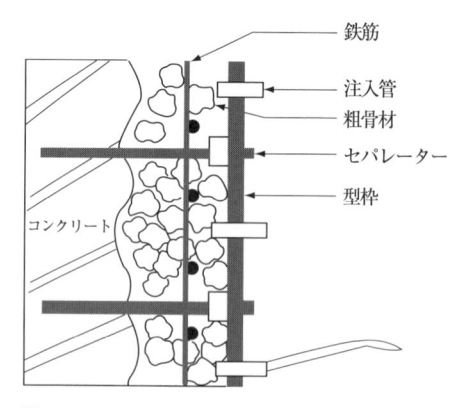

図 3.21 天上部へのプレパックド工法の適用[24]

演習問題 [3]

1．よいコンクリートとはどのようなコンクリートであるか説明せよ．
2．細骨材および粗骨材を貯蔵する際の取扱い上の注意について述べよ．
3．骨材の四つの含水状態について説明せよ．
4．コンクリートを運搬するときの注意事項について述べよ．
5．レディーミクストコンクリートを購入・使用する場合には，どのようなことに注意しなければならないか．
6．コンクリートの材料分離を防ぐには，どのようなことに注意しなければならないか．

7．コンクリートの湿潤養生の手順および注意事項について述べよ．
8．暑中コンクリートを打設する場合の注意事項について述べよ．
9．寒中コンクリートを打設する場合の注意事項について述べよ．
10．プレパックドコンクリートについて説明せよ．

第4章 岩盤工

4.1 岩盤の定義

　岩石とは，ある地質学的な意味をもつ産出状態のところから採取してきた岩片または試験片をいう．岩体とは，地質学的な産出状態の意味をもった位置にある地殻の一部で，岩石の母体をさす地質用語である．また，岩盤は岩体のうちで工事による応力の影響範囲，または工事の対象となる範囲をさす．
　したがって，岩盤の大きさは工事の規模や構造物の大きさによって変わる．岩盤には，断層，節理，クラックなどが入っているために，その工学的性質は岩石の性質だけでなく，割れ目の状況によって著しく変わることになる．

4.2　岩石・岩盤の分類と性質

4.2.1　岩石の分類

　岩石は，その成因によって火成岩(igneous rock)，変成岩(metamorphic rock)，および堆積岩(sedimentary rock)に分類される．
　火成岩は，地球内部の高温のマグマ(ケイ酸塩熔融体)が冷却して形成された岩石である．変成岩は，既存の岩石が変成作用を受けて，すなわち温度・圧力，その他の条件変化の下で，岩石の鉱物組成や組織が変化してできた岩石である．堆積岩は，堆積物が圧密作用や種々の化学的作用を受けて固結したものである．堆積物が固結して地層となるまでの一連の過程は，続成作用(diagenesis)とよばれている．
　火成岩，変成岩，および堆積岩は，成因や成分によって詳細に分類されている．ここでは，おおまかな分類名とそれらに属する岩石名をあげるにとどめる．

（1）　火成岩
① 火山岩は，マグマが地表または海底に噴出して固結したもので，石英粗面岩，安山岩，玄武岩などがある．
② 深成岩は，地下数kmのところでマグマがゆっくり冷却したもので，花崗岩，

閃緑岩，斑糲岩などが属する．
③ 半深成岩は，地表に比較的近いところまで上昇してきたマグマが岩盤の割れ目に貫入して冷却固結したもので，花崗斑岩，輝緑岩などが含まれる．

（2） 変成岩
① 接触変成岩は，すでに存在していた岩石に上昇してきたマグマが接触した結果，鉱物が分解，再結晶してできた岩石で，大理石，ホルンフェルス（hornfels）などが属する．
② 広域変成岩は，造山帯の岩石で，造山運動による高温・高圧の下で分解，再結晶してできたもの．結晶片岩，片麻岩などがこれである．

（3） 堆積岩
① 砕屑性堆積岩は，既存の岩石が風化浸食されて礫，砂，泥となり，それらが運搬され堆積固結したもので，礫岩，砂岩，泥岩，頁岩などである．
② 火山性堆積岩は，火山灰，火山角礫，溶岩などの火山噴出物が堆積してできたもので，凝灰角礫岩，凝灰岩などがこれに属する．
③ その他の堆積岩として，生物の遺骸が堆積したり，水に溶解していた物質が水底に堆積してできたチャート，石炭，石灰岩，岩塩などがある．

各岩石について測定された比重，吸水率および圧縮強さの値を表4.1に示す．

表4.1 石外ほかによる比重・吸水性・圧縮強さの測定例[25]

	岩石名	比重	吸水率(%)	圧縮強さ (MN/m^2) 乾燥状態	湿潤状態
火成岩	花崗岩	2.60	0.80	160	103
	〃	2.61	0.45	224	231
	〃	2.60	0.52	133	135
	石英斑岩	2.66	0.34	153	194
	安山岩	2.63	1.14	131	101
堆積岩	古生層砂岩	2.68	0.10	170	161
	〃	2.63	0.38	249	267
	粘板岩	2.72	0.84	178	89
	石灰岩	2.69	0.15	188	—
	凝灰岩	2.50	1.85	130	97
	〃	1.53	16.27	14	9
	凝灰岩（大谷石）	1.40	23.55	19	6
	輝緑凝灰岩	2.86	0.64	106	84
変成岩	片麻岩	2.77	0.26	195	155
	緑色片岩	3.00	0.34	—	122
	蛇紋岩	2.87	0.51	—	156

(注) 圧縮強さはSI単位に換算

4.2.2 岩盤の工学的分類

岩盤の工学的分類法はいくつか提案されている．その多くは，トンネル，ダム基礎，斜面など特定の施工目的のためにつくられたものである．分類要素としては，岩石の硬さ，岩石の風化の程度，割れ目の間隔，割れ目の状態，地山の弾性波速度などが取り入れられている．複雑な岩盤の性質を詳細に記述しようとして分類要素を数多く取り入れると，実用的には使いづらくなる．表 4.2 は，ハンマーと目視だけで岩盤を分類する簡便法である．

表 4.2 ダム基礎岩盤の分類[26, 27]

記号	地 質 の 特 徴
A	造岩鉱物[1]が風化・変質していない新鮮なもの．割れ目はよく密着し，その面に沿う風化はない．ハンマーで打診すると澄んだ音を出す．
B	造岩鉱物は部分的に多少風化・変質するが岩質は硬い．割れ目は密着・ハンマーで打診すると澄んだ音を出す．
C_H	造岩鉱物は風化しているが岩質は比較的硬い．一般に褐鉄鉱などにより着色．岩塊間の結合力が，わずかに減少し，ハンマーの強打で岩塊が割れ目に沿ってはく離する．割れ目に粘土をはさむことがある．ハンマーで打診すると少し濁った音がでる．
C_M	造岩鉱物は風化し，岩質も多少軟らかくなる．ハンマーの普通の強さの打撃で，岩塊が割れ目に沿ってはく離する．割れ目に粘土などをはさむことがある．ハンマーで打診すると多少濁った音がでる．
C_L	造岩鉱物は風化し，岩質も軟らかくなる．ハンマーの軽打で岩塊が割れ目に沿ってはく離し，割れ目面に粘土が残る．ハンマーで打診すると濁った音がでる．
D	造岩鉱物は風化し，軟らかく，岩質も著しく軟らかい．岩塊間の結合力は，ほとんどない．ハンマーでわずかに打つだけで崩れる．割れ目には粘土をはさむ．ハンマーで打つと著しく濁った音がでる．

（注） 1) 石英を除くほかの造岩鉱物．
2) 表現について吉中により一部加筆されている．

4.3 地質調査の概要と弾性波探査・ボーリング調査

4.3.1 地質調査の目的

岩盤工事における地質調査は，工事の難易の判定，構造物の位置の選定，工費および工期の見積もり，施工法の計画，安全性の検討，湧水対策の策定，工事の環境への影響の検討などのために必要である．地質調査が不十分であったため，結果的に工費・工期の増大と不測の事態を招く場合も起こりえる．

4.3.2 調査方法

地質調査の項目として，資料調査，踏査，物理探査，ボーリング調査，岩盤試験，

湧水調査などがある．ボーリング孔を利用した物理的探査を物理検層という．

地質調査の内容は，岩盤工事の種類と規模によって異なり，トンネル工事，ダム工事，基礎岩盤工事，斜面工事など，それぞれの工事に適した地質調査の手順が考えられている．しかし，いずれの岩盤工事においても，弾性波探査とボーリング調査は重要な役割を果たしている．

4.3.3 弾性波探査

弾性媒体を伝わる波を弾性波という．弾性波としてよく知られているのは，縦波と横波である．弾性波は，図4.1のように下層に伝播速度の速い層があるときには，①，②，③のような三つの経路を通って伝わる．①は直接波，②は反射波，③は屈折波という．土木工事では，縦波の屈折波を測定して地層の性質を調査することが多い．

図4.2(b)に示すように，地層が平行で，しかも下層の伝播速度 v_2 が上層の伝播速度 v_1 より大きい2層の地盤を考える．A点でダイナマイトなどを爆発させて振動を起こし，弾性波が距離 x まで到達するのに要する時間(走時) T を測定する．この場合の x と T の関係は，図4.2(a)のように距離 x_c で折れる直線で表され，これを走時曲線とよんでいる．走時曲線に基づいて，$x < x_c$ の範囲で測定される直接波の走時 T_1 を知れば，上層の縦波伝播速度 v_1 は，式(4.1)で求められる．

$$v_1 = \frac{x}{T_1} \tag{4.1}$$

また，同図において $T_2 - T_0 = T_2'$ という関係があるから，下層の縦波伝播速度 v_2 は，式(4.2)で与えられる．

$$v_2 = \frac{x}{T_2'} \tag{4.2}$$

さらに，上層の厚さ z は，式(4.3)で求めることができる．

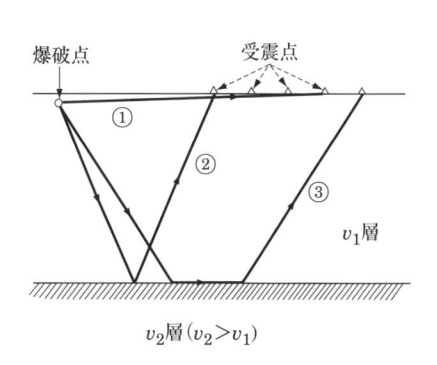

図4.1　弾性波の伝播経路

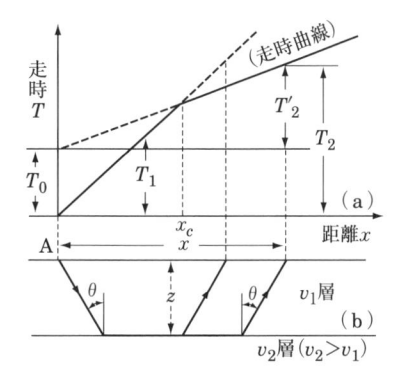

図4.2　平行2層構造の走時

$$z = \frac{x_c}{2}\sqrt{\frac{v_2-v_1}{v_2+v_1}} \tag{4.3}$$

上に述べた方法は，岩盤内部の任意の部分の弾性波速度を測定しようとする場合には適用しにくい．このような目的のためには，調査地域に格子状に測線を組み，これらの測線に沿って弾性波速度を測定するなどの方法がとられている．その際，起振および受振は，測線上に設けられた横坑あるいはボーリング孔において行われ，横坑間あるいはボーリング孔間の弾性波速度，また測線ごとあるいは深さごとの弾性波速度が調査される．

いろいろな地層の弾性波伝播速度のおおよその値は，図4.3に示すようである．一般に，岩盤の弾性波速度は岩盤の種類によって変化し，また同種の岩盤であっても固結度が低いほど，風化の程度が高いほど，割れ目が多いほど，孔げき率が大きいほど，弾性波速度は小さくなる．

特殊な弾性波探査として，断層破砕帯の傾斜角判定，トンネル壁面の緩み層の測定，割れ目頻度測定，地盤注入効果の判定などがある．

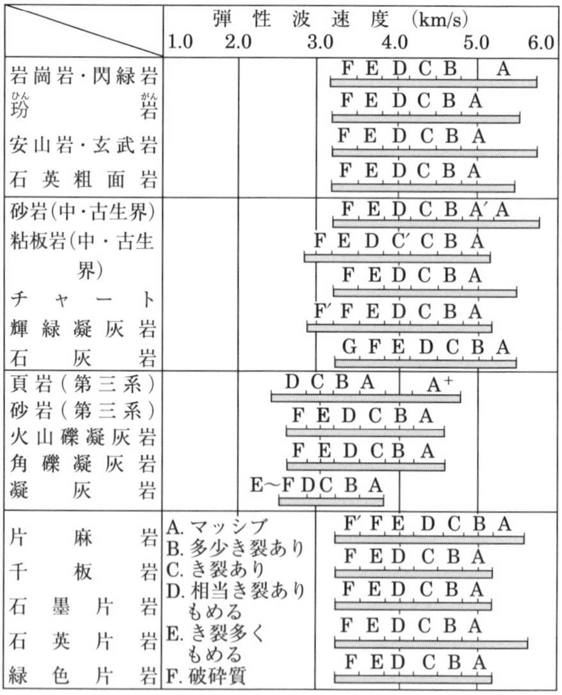

図4.3 岩盤の標準的な弾性波伝播速度[27]

例題 4.1 花崗岩の弾性波探査を実施したところ，P波速度 $v_P = 5000$ m/s，S波速度 $v_S = 3000$ m/s の結果が得られた．この花崗岩の密度を $\rho = 2.70$ g/cm³ と仮定して，せん断弾性係数 G，体積弾性係数 K，ヤング率 E およびポアソン比 ν を算定せよ．

解 弾性波のうち，P波は縦波(圧縮波または疎密波)であり，波の進む方向と振動方向が一致している．一方，S波は横波(ねじりまたはせん断波)であり，波の進む方向と振動方向が直交している．P波のほうがS波よりも速度が速い．また，弾性論によれば，P波速度 v_P とS波速度 v_S は，せん断弾性係数 G，体積弾性係数 K，ヤング率 E，およびポアソン比 ν の弾性諸定数と以下の関係が成り立つ．

$$G = \rho \cdot v_S^2, \quad K = \rho \frac{v_P^2 - 4v_S^2}{3}, \quad E = \rho \cdot v_S^2 \frac{3v_P^2 - 4v_S^2}{v_P^2 - v_S^2},$$

$$\nu = \frac{[(v_P/v_S)^2/2] - 1}{(v_P/v_S)^2 - 1}$$

したがって，上式に $v_P = 5000$ m/s, $v_S = 3000$ m/s, $\rho = 2.70$ g/cm³ を代入すると，$G = 2.4 \times 10^4$ MN/m², $K = 3.5 \times 10^4$ MN/m², $E = 5.9 \times 10^4$ MN/m², $\nu = 0.219$ が得られる．

4.3.4 ボーリング調査

ボーリング(boring)調査は，直接的には地山の地質構成を明らかにし，採取試料について岩石試験を行ったり割れ目の状況を調べ，また掘進時の状況から岩盤の掘削特性を推定したりするために行うものである．ボーリング孔を利用すれば，岩盤の透水性，地下水位，湧水量，湧水圧などが実測でき，また物理検層を実施できる．ボーリングの位置，数，深度，方向，孔径などは，調査の目的，地質，地形などを十分考慮して選定するとともに，ボーリング機械は適切な機種を選ぶことが大切である．

ボーリング機械は，衝撃式，回転式，先端駆動式の3種類に分類される．衝撃式は，パーカッション(percussion boring)とよばれている方法で，地山に錐(きり)を打ち込み，衝撃力で岩石を粉砕しながら掘進する．この方法ではコア(core)を採取することはできない．

回転式またはロータリー(rotary)式は，広く用いられている方法である．図4.4に示すように，コアチューブ(core tube)の先端に孔を切削するためのクラウン(crown)またはビット(bit)を取り付け，これを動力により回転させながら岩盤をせん孔する．クラウンとしては，メタル(metal)クラウン，ダイヤモンド(diamond)クラウン，ショット(shot)クラウンなどがある．

先端駆動式は，ロッド(rod)は回転せずに先端のビットだけが回転し，ロッドは推力を与えることと泥水の循環を受けもつだけで掘進する方式である．

ボーリングを実施すべき位置および数は次のようである．まず，トンネル工事にお

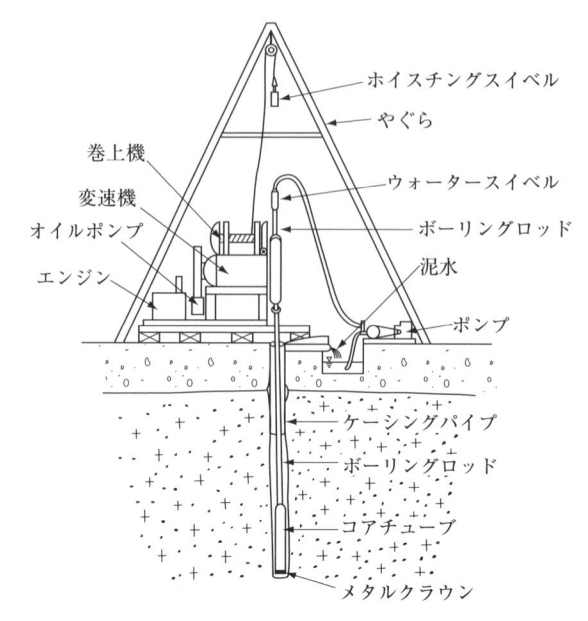

図4.4 ボーリング

いては，両坑口付近に2～3箇所，0.5～1.5 km間隔に1箇所ずつ，とくに重要と思われる地点に1～3箇所必要である．ダム工事においては20～50 m間隔にボーリングするが，問題になる地点では密に行うことが望ましい．また，アンカーをとる場合には，その地点に2～3本のボーリングを実施すべきである．斜面工事では，最大傾斜方向に2～3本，10～50 m間隔に実施する．その他の工事では，格子状にボーリングを実施し，その間隔は10～50 mを標準とする．

4.4 爆破によらない岩盤掘削

4.4.1 岩盤掘削工法の選択

岩盤掘削の方法には，爆薬を用いる爆破工法，掘削機械による機械掘削工法，水力ジェットによる水力掘削工法，ジェットピアシングのように熱を利用する掘削工法などがある．

掘削工法の選択は，岩盤の弾性波速度の大小によって行われることが多い．弾性波速度の大きい硬岩は爆破工法で掘削し，弾性波速度の小さい軟岩はブルドーザーやリッパー(ripper)を用いて掘削する．

図 4.5　リッパー [㈱小松製作所提供]

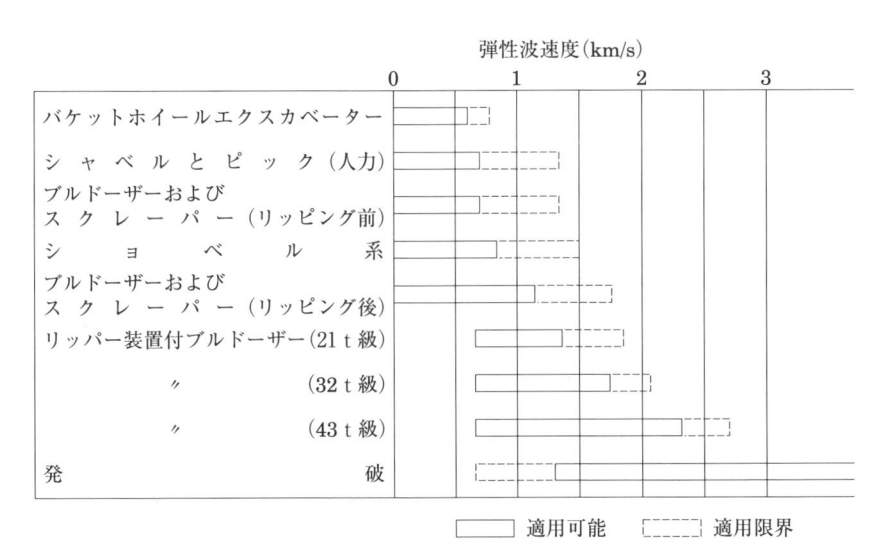

図 4.6　掘削工法の適用限界[28]

4.4.2　リッパーによる掘削

軟岩や中硬岩は，トラクター(tractor)に装置したリッパー(図 4.5)を用いて掘削することができる．リッパーによる岩盤掘削の可能性をリッパビリティとよんでいるが，この性質は，岩盤の弾性波速度によって判断される(図 4.6 参照)．

リッピングは，図 4.7 に示すように，岩盤のき裂に対して逆目あるいは直角方向に行うのが効果的である．

岩盤が硬くてシャンクが貫入せず，トラクターの後方が浮き上がる場合には，リッパーの後方にほかのトラクターの重量をかけて行うタンデム(tandem)リッピングが用いられる．この方法よりは，弱装薬の爆破で岩盤にき裂を入れて，1台のリッパー

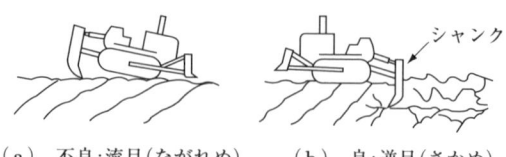

(a) 不良：流目（ながれめ）　　(b) 良：逆目（さかめ）

図 4.7　岩盤のき裂に対するリッピングの方向

で施工するほうがより効果的な場合もある．これをふかし発破という．

4.4.3　その他の方法による掘削

とくに軟らかい軟岩の場合は，大型のトラクターショベルやパワーショベルを用いれば掘削が可能である．また，バケットホイールエクスカベーターも大型化しており，これを用いて新第三紀層程度の軟岩を掘削できる．

熱による岩盤掘削は，加熱により発生する熱応力や岩石の化学的変化を利用して掘削を行うものである．加熱の手段として，ジェットピアシング (jet piercing) がある．これは図 4.8 に示すようなサーモドリル (thermo drill) を用いて 2000〜3000℃ の超音速火炎ジェットを発生させ，これを岩盤に向けて噴射する．珪岩・花崗岩・石英粗面岩(けいがん)などにはこの方法が適用できる．

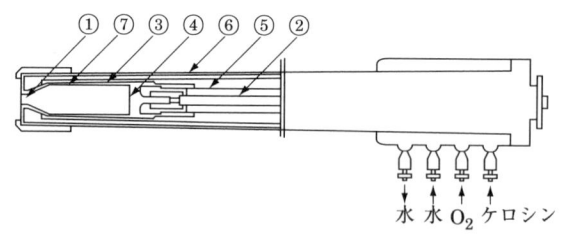

① : ノズル　　② : ケロシンチューブ　　③ : 冷却水用導管
④ : インジェクター　　⑤ : 酸素チューブ　　⑥ : サーモドリル外筒
⑦ : 燃焼室

図 4.8　サーモドリル

水力による岩盤掘削は，高速の水噴流を利用する方法で，もともと採炭のために開発された技術を岩盤掘削に応用したものである．軟岩のせん孔，溝切り，切崩しには効果的である．直径が 0.15〜1.00 mm 程度のノズルから超音速水噴流を岩盤に当てるとクラックが発生し，そのクラックに高圧水が入り込んで岩盤は破壊される．

4.4.4　水 中 掘 削

水中における岩盤掘削は，爆破工法では漁業補償などの問題が生じやすいので，次

に述べる方法で行われる．

その一つは，浚渫船による岩盤掘削で，ディッパー(dipper)浚渫船にはパワーショベルが取り付けられていて，圧縮強度 15～25 MN/m² の砂岩や頁岩などを水中で掘削することができる．

重錘式砕岩船による岩盤掘削は，船体中央部にあけた穴から海底に向けて 10～30 t の重錘を落として岩盤を破砕させる．水深 20 m 程度までの砂岩，頁岩，粘板岩などがこの工法の対象となっている．

また，連続衝撃式砕岩機では，モイルポイント(moil point)とよばれる，のみの先に連続的に衝撃を加えて砕岩を行う．モイルポイントは岩中に 70～80 cm 貫入する．水深 20～25 m 程度のき裂の発達した頁岩，砂岩，風化花崗岩などに適用される．

4.5 爆破と爆薬量の計算

4.5.1 爆破の様式

爆破の様式は，爆薬の装薬方法によって類別される．すなわち，岩盤表面に装薬する外部装薬法(はりつけ発破)，岩盤をせん孔して内部に装薬する内部装薬法，岩盤表面にはりつけた爆薬を硬い粘土などで覆って爆破効果を高める覆土法，および水中の岩盤に装薬する水中装薬法などである．内部装薬法によって岩盤掘削を実施するときの爆破効果について，以下に説明する．

4.5.2 自由面と爆破効果

爆破における自由面とは，図 4.9 における AB，BC，CD，DA 各面のような被破壊物体の表面をいう．トンネル工事における切羽(鏡)の前面は 1 自由面である．一般に，自由面の数が多いほど爆破効果は大きくなる．装薬の中心から自由面までの最短距離線 W は，爆破に対する抵抗が最小であるところから最小抵抗線とよばれている．

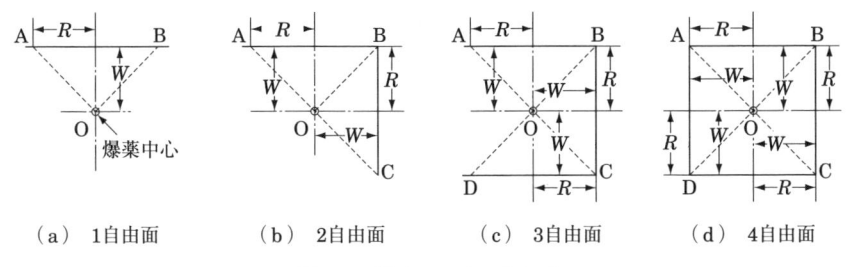

(a) 1自由面　　(b) 2自由面　　(c) 3自由面　　(d) 4自由面

図 4.9　爆破における自由面

爆破により自由面に向かって生じた円錐孔を漏斗孔またはクレーター(crater)といい，その半径 R を漏斗半径という．漏斗孔の形状を示すために，漏斗指数 $n = R/W$ が用いられる．爆破によって $n = 1$ の標準漏斗孔が形成された場合に，そのときの装薬量を標準装薬量とよぶ．これに対して，$n > 1$ の場合は過装薬，$n < 1$ の場合は弱装薬という．

4.5.3 爆破式

内部装薬法によって岩盤掘削を行う場合，装薬量は普通，次に示すハウザー(Hauser)の式を用いて計算する．

$$L = C \cdot W^3 \tag{4.4}$$

ここに，L：装薬量(kg)，W：最小抵抗線の長さ(m)，C：爆破係数である．

爆破係数 C は，1自由面の場合には，次のように表される．

$$C = d \cdot e \cdot g \cdot f(W) \tag{4.5}$$

ここに，d：てんそく係数，e：爆薬効力係数，g：岩石抗力係数，$f(W)$：薬量修正係数である．

内部装薬法のてんそく係数 d の値は，完全てんそくの場合 $d = 1.0$，てんそくしない深い穴の場合 $d = 1.25$，てんそくしない浅い穴の場合 $d = 2.0$ が用いられる．

爆薬効力係数 e は，桜ダイナマイト(ニトログリセリン60%)の e を1.0としたときのほかの爆薬の効力を示す値である(表4.3)．岩石抗力係数 g は，爆破に対する岩

表4.3 各種爆薬の爆発特性および抗力係数

爆薬の種類	仮比重	爆速(m/s)	爆薬効力係数 e
松	1.6	7000	0.73
桜(NG60%)	1.53	5500	1.00
特　　桐	1.45	5500	0.79
新　　桐	1.43	5500	0.82
3　号　桐	1.35	5500	0.84
2　号　榎	1.45	5000	0.87
杉	1.15	5500	0.85
あかつき	0.95	4000	0.94
アーバナイト	1.30	3000	0.88
ANFO	0.8	2700	1.00
黒色火薬	1.20	330	2.20
スラリー	1.20	4500	1.04

表4.4 各種岩石の抗力係数

岩石の種類	抗力係数 g
沖積土・固結砂	0.11
軟らかい石灰岩	0.20
軟質の礫岩・砂岩	0.26
軟質の雲母片岩	0.28
硬質の礫岩・砂岩	0.30
中硬雲母片岩	0.32
腐食花崗岩	0.34
中硬石灰岩・粘板岩・石英粗面岩	0.36
中硬玄武岩	0.40
硬質粘板岩・粒状石灰岩・玄武岩	0.42
石英粗面岩質凝灰岩・安山岩	0.45
普通硬度の花崗岩・片麻岩・斑岩	0.57
硬質の花崗岩および石英岩	0.65

石の抵抗力の程度を示すもので，岩石のじん性，硬度，節理などがこれに影響する．これまでに多くの実験値が示されているが，表4.4はその一つである．

薬量修正係数 $f(W)$ は，標準装薬量が最小抵抗線の長さ W によって変化するところから，W (m) の大きさの影響を修正するために用いる係数であり，普通は次のダンブラン (Dambrun) の式を用いて求める．

$$f(W) = \left(\sqrt{1+\left(\frac{1}{W}\right)} - 0.41\right)^3 \tag{4.6}$$

例題 4.2 硬質花崗岩からなる1自由面の岩盤に，3 m の深さに内部装薬し爆破掘削しようと思う．必要な爆薬量を計算せよ．次に，前の計算で求めた爆薬量を用いて試験発破を実施したところ，クレーターの漏斗指数 n は 1.2 であったとする．これより標準装薬量を推定せよ．

解 爆薬として新桐ダイナマイトを用いたとすると，その爆薬効力係数は $e = 0.82$（表4.3），またこの岩盤の岩石抵抗係数は $g = 0.65$（表4.4）である．装薬後の穴のてんそくは $d = 1.0$ を用いて計算する．$W = 3$ m であるから，薬量修正係数は式(4.6)より，

$$f(W) = \left(\sqrt{1+\left(\frac{1}{3}\right)} - 0.41\right)^3 = 0.41$$

となる．よって爆破係数 C は，式(4.5)より，

$$C = 1.0 \times 0.82 \times 0.65 \times 0.41 = 0.22$$

この値を式(4.4)に代入すれば，必要な爆薬量 L は，

$$L = 0.22 \times 3^3 = 5.94 \text{ kg}$$

次に，ある装薬量 L_0 で試験発破を実施し，それが過装薬 ($n > 1$) または弱装薬 ($n < 1$) であった場合に，その漏斗指数 n の値を用いて標準装薬量 L を推定するには，漏斗指数の関数 $f(n)$ とよばれる次のベリドール (Belidor) の式を使う．

$$f(n) = \frac{(1+n^2)^{3/2}}{2\sqrt{2}} \tag{4.7}$$

標準装薬量の場合は $n = 1$ であるから $f(n) = f(1) = 1$，本題では，$n = 1.2$ であるから，

$$f(n) = f(1.2) = 1.35$$

となり，これより，

$$\frac{L}{L_0} = \frac{f(1)}{f(1.2)} = \frac{1}{1.35} = 0.74$$

を得るので，標準装薬量 L は，

$$L = 0.74 L_0 = 0.74 \times 5.94 = 4.4 \text{ kg}$$

4.5.4 爆　　薬

土木工事に使われる爆薬としては，ダイナマイト(dynamite)，硝安爆薬，ANFO(アンフォ，Anmonium Nitrate Fuel Oil)爆薬，スラリー(slurry)爆薬などがある．広く用いられているのは，ダイナマイト，ANFO爆薬，スラリー爆薬などである．

ダイナマイトは，ニトログリセリンを主体として，これに硝安，ニトロ化合物を加えたものである．

ANFOは，安全で取り扱いやすく経済的であるために広く使用されるようになった．しかし，吸湿性が大きいことや，後ガス量が多いなどの欠点があり，湧水箇所では使用できない．

スラリー爆薬は，硝安，TNT，水をかゆ状に混合したもので，ANFO爆薬に比べて強力で，湧水箇所にも使用できる．

爆薬の選定は，岩質，装薬方法，使用場所，湧水の有無，取扱い時の安全性，経済性などを考慮して行う(表4.5参照)．

表4.5　用途別爆薬一覧表

用　途	爆　薬	摘　要
坑　内　用	榎系ダイナマイト・桐系ダイナマイト・杉ダイナマイト	耐水・耐湿性後ガス良好
明かり掘削用	桐系ダイナマイト・あかつき爆薬・硝安系爆薬・ANFO爆薬	—
長　孔　用	ANFO爆薬・スラリー爆薬・桂系ダイナマイト	—
大　発　破　用	大発破用爆薬・ANFO爆薬	—
小　割　発　破　用	黒色火薬・3号桐ダイナマイト・あかつき爆薬	変形性・加工性大
水　中　発　破　用	新桐ダイナマイト・水中発破用爆薬・桜ダイナマイト	耐水性
土　の　爆　破	黒色火薬・新アンモン爆薬・あかつき爆薬	ガス量大
都　市　発　破　用	CCR・SLB・NB	騒音防止，飛散距離小
スムーズブラスティング用	SBダイナマイト	—

4.5.5 起　　爆

爆薬を爆発させるのに必要な導火線，工業雷管，電気雷管，導爆線などを総称して火工品という．

導火線は，黒色火薬を紙などで被覆したものであり，燃焼速度が正確であること，耐水性であること，雷管への点火力がすぐれていることなどが必要である．工業雷管は起爆薬と添装薬からなり，導火線で起爆薬が爆発し，添装薬の爆発を経て爆薬が爆

発する.

電気雷管は,工業雷管に電気点火装置を組み合わせたものである.瞬発電気雷管と遅発電気雷管がある.後者は,点火玉と起爆薬の間に延時薬を入れ,点火して一定時間後に起爆薬を爆発させる.この時間遅れが0.1秒以上のものをデシセコンド(decisecond)電気雷管,0.01秒以上のものをミリセコンド(millisecond)電気雷管という.

4.6 爆破による岩盤掘削

爆破による岩盤掘削工は,施工場所により明かり爆破,トンネル爆破,および水中爆破に分けられる.明かり爆破工法として一般的なのは,坑道発破工法とベンチカット工法である.岩盤の爆破をできるだけ掘削計画線でとどめるために,コントロールドブラスティング工法が採用される.この節では,コントロールドブラスティング工法(4.7節参照),トンネル爆破工法(5.3節参照)を除く各種爆破工法について説明する.

4.6.1 せ ん 孔
(1) せん孔方法と削岩機

岩盤にせん孔する方法として,打撃式,回転切削式,回転打撃式,水力・熱などによる方式がある.

打撃式は超合金のビット(bit)をロッド(rod)先端に取り付け,ピストンで打撃力を

図4.10 クローラードリルの例[古河機械販売㈱提供]

与えるもので，ブレーカー(braker)がこれに属する．

回転切削式としては，ロータリードリル(rotary drill)があり，ロッドに回転力と押しつけ力を与えてせん孔するものである．

回転打撃式は，岩盤せん孔用として広く用いられている方法である．ロッド先端に取替え可能なビットを取り付け，せん孔中にビットが摩耗したらこれを取り替える．この方式に属する削岩機としては，ジャックハンマー(jack hammer)，ワゴンドリル(wagon drill)，クローラードリル(crawler drill)などがある．ジャックハンマーを取り付けた削岩機で，下向きにせん孔するものはシンカー(sinker)，上向き用はストーパー(stoper)，水平方向用はドリフター(drifter)とよばれる．ワゴンドリルは，台車に小型のドリフターを取り付けたものである．

クローラードリルは，図4.10に示すように，クローラーに大型削岩機を装着したもので，大口径あるいは長孔のせん孔に使用される．

(2) せん孔能率

一般にせん孔速度は，圧縮空気方式のものでは空気圧が高いほど速くなり，ロッドが長くなるほど低下し，ビットの径の2乗に逆比例するといわれている．

せん孔速度は，式(4.8)によって推定することができる．

$$T = a(C_1 \cdot C_2)D \qquad (4.8)$$

表4.6 係数 C_1 の値

岩の種類	C_1 の値
砂　　　　　岩	1.35
石　灰　　岩	1.25
安　山　　岩	1.15
粘　板　　岩	1.40
頁　　　　　岩	2.00
凝　灰　　岩	1.50
極強じん珪岩	0.45
珪岩，硬花崗岩	0.75
硬　石　灰　岩	0.85
硬　砂　　岩	0.95
花　崗　　岩	1.0
片　麻　　岩	1.0
硬　粘　板　岩	0.95

表4.7 係数 C_2 の値

判定基準	例	C_2
マッシブな岩盤の場合，大塊状を呈し，割れ目の間隔が大きく連続して安定しているもの	珪岩，角岩など石英質岩石および硬砂岩新鮮で堅硬なもの	1.0
固結程度が良好であり，割れ目もある堅硬なもの	安山岩・花崗岩・玄武岩などの火成岩類中古生層の砂岩・粘板岩など硬質の新しい第三紀層	0.85
固結程度が比較的良質で普通に硬いか，またはやや軟質のもの．風化作用を受け，軟質で割れ目が多いはく離が認められるもの	風化した中古生層・火成岩類・第三紀層	0.75
風化破砕作用を受け，軟質でもろくまたは割れ目がきわめて多いもの，破砕帯	軟質の第三紀層，風化のはなはだしい花崗岩・粘土を含んだ破砕帯	0.60
土砂および著しい破砕帯	表土・崖錐など粘土質またはそれに近い著しい破砕帯	0.50

ここに，T：せん孔速度(cm/min)，C_1：標準岩(稲田花崗岩)に対する対象岩の抵抗力係数(表 4.6)，C_2：岩石の状態によって決まる係数(表 4.7)，D：標準岩をせん孔する純速度(cm/min)，a：純せん孔時間がせん孔時間に占める比率(普通は $a = 0.65$)である．

> **例題 4.3** 標準岩に対するせん孔速度が 45 cm/min である削岩機を用いて，割れ目のある硬い花崗岩に同じ口径のせん孔を行う．せん孔長は 3 m であるとして，1 台 1 時間当たり何本せん孔できるか．

解 式(4.8)において，$a = 0.65$，$C_1 = 1.0$(表 4.6)，$C_2 = 0.85$(表 4.7)，$D = 45$ cm/min であるから，
$$T = 0.65 \times 1.0 \times 0.85 \times 45 = 24.9 \text{ cm/min}$$
を得る．これより，3 m せん孔するのに要する時間 t は，
$$t = \frac{300}{24.9} = 12 \text{ min}$$
よって，1 台 1 時間当たりせん孔できる本数 n は，
$$n = \frac{60}{t} = \frac{60}{12} = 5 \text{ 本}$$

4.6.2 坑道発破工法

坑道発破工法(図 4.11)は，作業員が入れる程度の坑道を掘り，岩盤内部に少なくとも 200 kg 以上の爆薬を集中装薬した後に坑道を埋め戻し，これを爆破することによって一時に多量の岩盤を掘削しようとするものである．

坑道は，小型削岩機を用いて掘削できるので，急しゅんな地形で大量掘削を行うのに適しており，わが国では，原石採取，大規模掘削，ダム基礎掘削などに広く採用されている．しかし，一時に多量の爆薬を用いるので不測の大事故を起こす危険性が大きく，綿密な計画と慎重な施工が要求される．

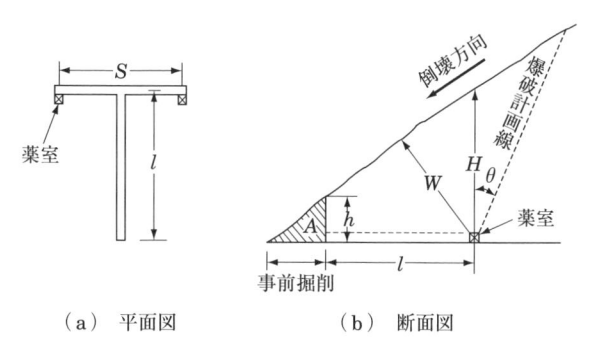

（a） 平面図　　　（b） 断面図

図 4.11　坑道発破工法

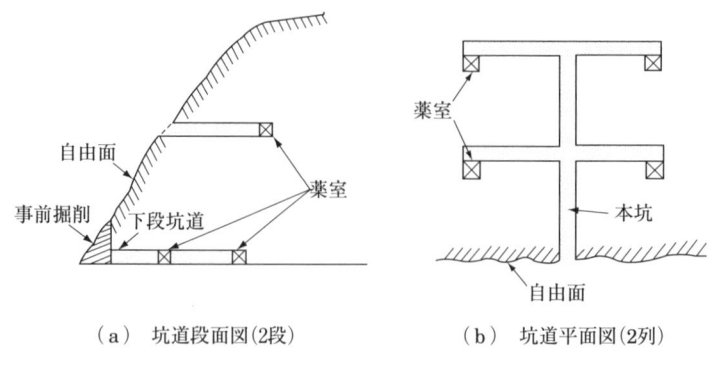

(a) 坑道断面図(2段)　　(b) 坑道平面図(2列)

図 4.12　多段または多列に装薬した例

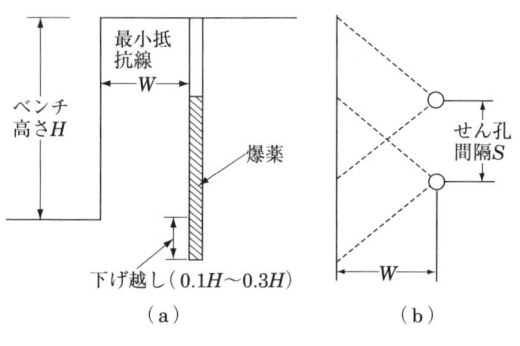

(a)　　(b)

図 4.13　ベンチカット工法

装薬量は，ハウザーの式(式(4.4))を用いて計算することができる．図 4.11 を参照して，薬室間隔 S (m) は，最小抵抗線長 W (m) と等しいか，またはいくぶん小さくとる．

$S<W$ の場合の装薬量 L (kg) は，式(4.4)のかわりに式(4.9)を用いて計算する．

$$L = C \cdot S \cdot W^2 \tag{4.9}$$

爆破係数 C は，式(4.5)によって計算するか，表 4.4 の抗力係数 g を参考にして求めればよい．このようにして求めた C の値は，土かぶり高さ H が $H=1.5W$ の標準的な場合についての値である．$W \leq H \leq 2H$ の場合には，次の式，

$$a = \frac{1.5W + H}{3W} \tag{4.10}$$

によって補正係数 a を求めて C の値に掛ける．たとえば，$H=2W$ のときは $a=1.17$ となるので，爆破係数として $1.17C$ を用いることになる．$H>2W$ となる場合は，オーバーハング(overhang)となって危険であるので，薬室を上下 2 段にするなどの計画変更が必要である(図 4.12)．このように薬室を二つ以上設ける場合は，

隣接威力圏が交差するよう配置する．

4.6.3　ベンチカット(bench cut)工法

平坦にした施工ベンチの上から鉛直にせん孔し，この穴に装薬して爆破を実施する工法(図 4.13)であり，施工ベンチを階段状に下方に移しながら掘削を進めていく．

装薬量の計算は次の式で行う．

$$L = C \cdot W \cdot S \cdot H \tag{4.11}$$

ここに，L：装薬量(kg)，C：爆破係数，W：最小抵抗線長(m)，S：せん孔間隔(m)，H：ベンチ高さ(m)である．

爆破係数 C は，式(4.5)で推定してもよいが，実際には岩盤の状態，せん孔径などによって変わる．一般には，$C = 0.30 \sim 0.35$ 程度の値を使う．ベンチの高さは $7 \sim 8$ m が多い．高性能の削岩機を使用して $15 \sim 20$ m のベンチ高さにする場合もある．土木工事において，普通に用いられている削岩機は，衝撃と回転を同時または独立に与えながらせん孔する口径 80 mm 程度のクローラードリルである．原石山などの大規模掘削には，ビット径が 100 mm 以上の大孔径削岩機が使用される．

表 4.8　ベンチカット工法におけるせん孔間隔の目安(152 mm 口径の場合)

自由面の高さ(m)	岩質の種類とせん孔中心間の距離 (m)					
	花崗岩 片麻岩 珪岩	石灰岩または白雲岩 (硬くて厚い層)	石灰岩 (中くらいの厚さの層)	石灰岩 (薄い層)	砂岩	頁岩 (中くらいの硬さから軟らかいもの)
7.5	3.1×3.7	3.1×3.7	3.7×4.3	3.7×4.3	3.7×4.3	4.6×5.5
9.0	3.7×4.3	3.7×4.6	3.7×4.6	3.7×4.9	4.0×4.6	4.6×5.5
10.5	3.7×4.3	3.7×4.6	4.3×4.9	3.7×4.9	4.3×5.2	4.9×5.5
12.0	3.7×4.3	3.7×4.9	4.3×5.5	4.3×5.5	4.3×5.5	5.2×6.4
13.5	4.0×4.6	3.7×4.9	4.3×5.8	4.3×6.1	4.6×5.5	5.5×6.7
15.0	4.3×4.6	4.3×5.2	4.3×6.1	4.3×6.1	4.6×6.1	5.8×7.3
16.5	4.3×4.9	4.3×5.5	4.6×6.4	4.6×6.7	4.9×6.1	5.8×7.3
18.0	4.3×4.9	4.6×6.1	4.6×6.7	4.9×7.6	4.9×6.7	6.1×7.9
21.0	4.6×5.5	4.9×6.1	4.9×7.0	4.9×7.9	6.1×7.3	6.7×8.2
24.0	4.9×6.1	5.5×6.7	4.9×7.6	5.5×8.5	5.5×7.6	6.1×8.5
27.0	4.9×6.4	5.5×6.7	5.5×7.9	5.5×8.8	5.5×7.6	6.1×8.8
30.0	4.9×6.7	5.5×7.3	6.1×8.5	6.1×9.1	6.1×9.1	6.1×9.1
36.0	4.9×7.6	6.1×7.6	6.1×8.8	6.1×9.1	6.1×9.1	6.1×9.7

(注)　表中の数字は(せん孔間隔×最小抵抗線長)を表す．このほかのせん孔径に対しては孔面積比で増減する．

　　〔例〕　102 mm 径，7.5 m 高さの場合：$102^2 \div 152^2 \times 3.1 \times 3.7 = 5.17 \, \text{m}^2$
　　　　　　すなわち，(せん孔間隔×最小抵抗線長) = $5.17 \, \text{m}^2 = 2.2 \, \text{m} \times 2.35 \, \text{m}$

せん孔間隔とせん孔列数は，岩盤の性質や爆薬の種類によって異なるが，せん孔直径が 80 mm 程度の場合には，せん孔間隔×最小抵抗線長は，2 m×2 m から 2.5 m×2.5 m を標準と考える．大孔径の場合は，表 4.8 を参考にすればよい．

せん孔の深さをベンチ高さと同じにすると，孔底部分の爆破が不完全となるので，通常，ベンチ高さ H の 10〜30 %だけ過せん孔（下げ越し）を行う．また，装薬はせん孔深さの 60〜70 %の高さまで行う．

4.7 コントロールドブラスティング工法

通常の爆破工法では，余掘りあるいは当たり(5.3 節参照)が生じるのは避けられない．この欠陥をできるだけ少なくするために考えられたのがコントロールドブラスティング(controlled blasting，制御爆破)工法である．この名称は，以下に説明する数種類の工法の総称として用いられている．

4.7.1 ラインドリリング工法

ラインドリリング(line drilling)は，コントロールドブラスティング工法の基本になる工法である．図 4.14 に示すように，仕上げ掘削線に沿って無装薬の孔列を設け，これを人工的な破断面とすることにより孔列線より奥に応力，振動，き裂が伝わらないようにする．孔径は 7.5 cm 程度とし，孔径の 2〜4 倍の間隔にせん孔する．

この工法では，孔列を平行に設けることが最も重要である．硬岩掘削においてはすぐれた効果を示すが，高性能のせん孔機械と高度のせん孔技術を要し，コストが高くつくのが難点である．

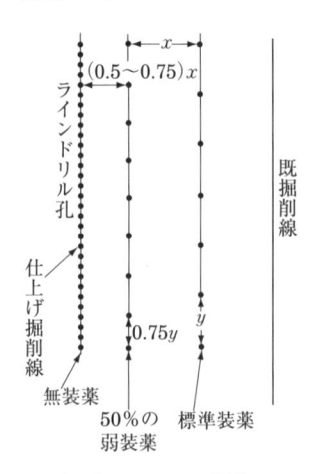

図 4.14　ラインドリリングの標準パターン

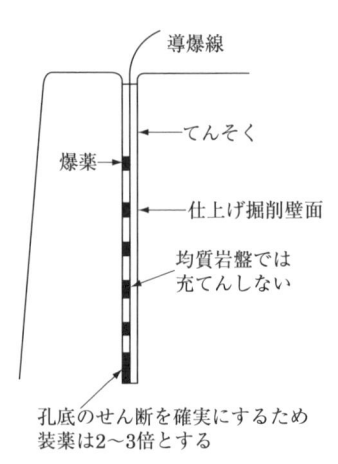

図 4.15　クッションブラスティングの装薬法

4.7.2 クッションブラスティング工法

クッションブラスティング(cussion blasting)は，掘削計画線に沿って1列にせん孔して，図4.15に示すように分散装薬し，主掘削が完了した後に爆破させる．せん孔間隔は90～200 cm 程度で，ラインドリリングの場合より大きくとることができるので，せん孔経費は少なくてすむ．

爆薬は掘削側に寄せて装てんし，すき間は乾燥砂などで充てんするが，均質な岩盤では，爆薬のまわりを充てんせずに空気クッションとするほうがよい結果が得られるようである．

4.7.3 スムーズブラスティング工法

スムーズブラスティング(smooth blasting)の原理は，クッションブラスティング工法と同じであるが，掘削線に沿って設けた孔では，主掘削の爆破孔と同時に点火し，その最終段階で爆破させるのを特徴とする．孔径は4～5 cm，せん孔間隔は60～75 cm 程度にとる．

4.7.4 プレスプリッティング工法

プレスプリッティング(presplitting)では，スムーズブラスティングの場合とは逆に，はじめ掘削線に沿って爆破により破断面をつくっておき，主爆破による振動・破壊の影響を小さくして余掘りを防ごうとする工法である．孔径は5～10 cm，せん孔間隔は30～60 cm 程度とする．せん孔長は，約10 m が限度である．

4.8 二次爆破

爆破で生じた岩塊がショベルなどで処理できない程度に大きい場合は，小割りする必要がある．このような爆破を二次爆破または小割り発破という．二次爆破には，図4.16に示すような三つの方法がある

ブロックボーリング(block boring)法は標準的方法であり，岩塊の中心部に向かって垂直にせん孔し，装薬の後に土でてんそくする．

（a） ブロックボーリング法　（b） スネークボーリング法　（c） マッドキャッピング法

図4.16　二次爆破工法

スネークボーリング(snake boring)法は，せん孔が間に合わない場合や岩塊の大部分が地下に埋もれている場合に採用される方法であり，岩塊の下側に沿って装薬する．

また，マッドキャッピング(mudcapping)法(覆土法)は，岩塊の径の小さいところに爆薬を置き，その上を硬い粘土で覆って爆破を行う方法である．

覆土法による場合の装薬量 L (g) は，式(4.12)で求められる．

$$L = C \cdot D^2 \tag{4.12}$$

ここに，D：岩石の最小の直径(cm)．C：爆破係数(0.15～0.20)である．

4.9 基礎岩盤の処理

ダム基礎として岩盤掘削を行った場合には，基礎がダム本体を安全に支持できることと，貯水池からの浸透流に対して水密であることが求められる．基礎岩盤の改良には，置き換えコンクリートによる断層処理，コンソリデーショングラウチング，カーテングラウチング，排水工などの工法がある．

4.9.1 断層処理

ダム基礎の断層を処理するには，一般にコンクリートによる置き換えが行われる(図4.17)．小規模の場合は，グラウチングによることもある．コンクリートの置き換え深さは，ダムの高さ，断層の位置と規模などを考慮して解析によって決める．

4.9.2 グラウチング

基礎における浸透流を抑制し，岩盤の固密化をはかるためにグラウチングを行う．コンソリデーショングラウチングは，堤体に近接する部分の岩盤の割れ目やシームの多い箇所，断層など不良部分を固密化するために行う．グラウト孔は，深さ5m程度の格子状に配置する．孔の間隔は最初は5～10mとし，最終的には2.5m～5mとすることが多い．

カーテングラウチングは，基礎岩盤内の浸透流を抑制するために施工する．施工の範囲は，ルジオンテストあるいはグラウチングテストの結果に基づいて定める．グラウトカーテンのルジオン値は1～2ルジオン程度とする．その求め方は図4.18に示している．

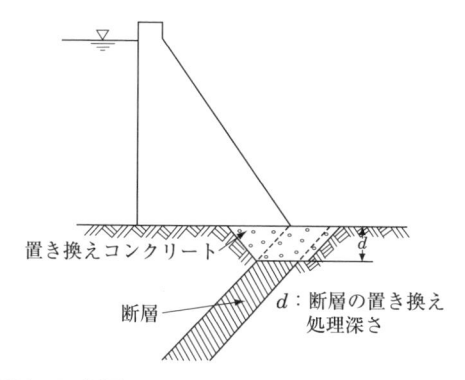

図 4.17 断層のコンクリートによる置き換え処理[29]

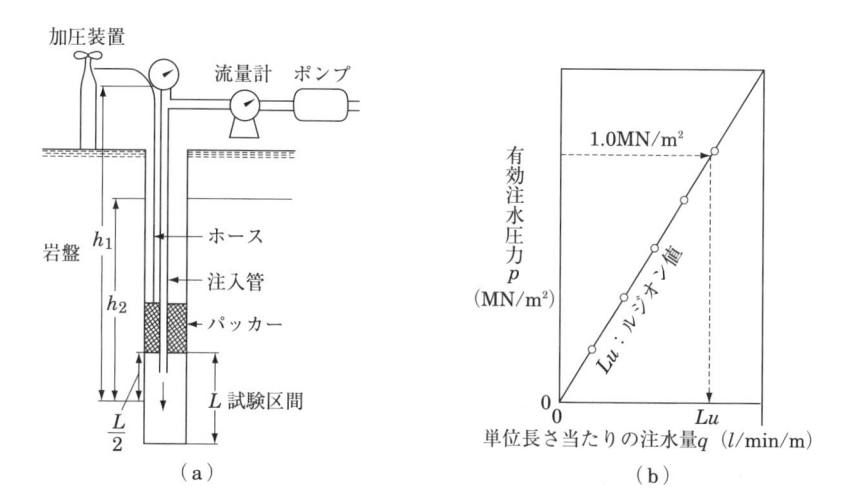

図 4.18 ルジオンテストの方法と結果の整理法

演習問題 [4]

1. 岩石，岩体，および岩盤の定義を述べよ．
2. 岩盤の弾性波調査の目的と方法について述べよ．
3. 各種岩盤工事におけるボーリング調査について，調査の位置および必要とするボーリングの数について述べよ．
4. 岩盤の爆破掘削における自由面について説明せよ．
5. 爆薬の標準装薬，弱装薬，および過装薬について説明せよ．
6. 1自由面の岩盤において，1.2 kg の爆薬を用い，最小抵抗線長 2 m で試験発破を実施したところ，クレーターの半径は 1.8 m であった．この場合の標準装薬量を推定せよ．

7. 坑道発破において，爆破係数 0.18，最小抵抗線長 8 m，薬室間隔 7 m，土かぶり高さ 15.2 m であるとして，装薬量を計算せよ．
8. ベンチカットで爆破係数 0.21，ベンチ高さ 8 m，せん孔間隔 5 m，最小抵抗線長 4 m として，装薬量を求めよ．
9. コントロールドブラスティング工法の種類と特徴を述べよ．
10. 水中爆破工法における問題点をあげよ．

第5章 トンネル工

5.1 トンネルの分類と形状

5.1.1 トンネルの分類

トンネル(tunnel)は，用途，形，地質などにより，次のように分類される．
① 用途：鉄道トンネル，道路トンネル，水路トンネルなど．
② 断面形：角形，てい形，馬てい形，卵形，円形などの各トンネル．
③ 断面規模：大型断面($40 m^2$ 以上)，中型断面，小型断面($12 m^2$ 未満)．
④ 地質：岩石トンネル，土砂トンネル，膨張性地山トンネルなど．
⑤ 施工法：山岳トンネル，NATM，シールドトンネル，圧気式トンネルなど．

この章では，標準的工法である山岳トンネルを中心にして説明し，その後に NATM およびその他のトンネル工法について述べる．

5.1.2 トンネルの断面

トンネルの内空断面の大きさや形状は，トンネルの用途，地質，施工法などによっ

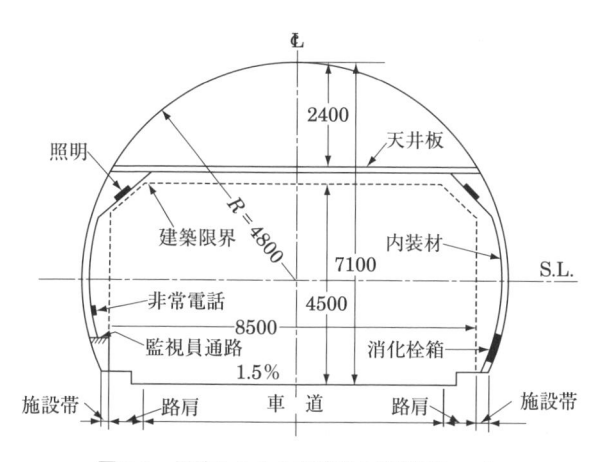

図 5.1 通路トンネル曲線部の例(単位 mm)

て異なる．鉄道や道路のトンネルでは，内空断面に建築限界，照明，通信，排水などのための余裕が必要である（図5.1）．水路トンネルでは，将来の通水量の増大を見越した断面にすることも必要となろう．

　トンネルの断面形状は，地質条件を考慮して地圧に経済的に対応できるようなものが選ばれる．図5.2を参照して，地質が良好な場合は，図（a）のように側壁は鉛直に施工できるが，通常の地質条件では，図（b）のように三心円または五心円からなる馬てい形断面にすることが多い．地質が悪く大きな地圧が作用する場合には，図（c）に示すようにインバート（invert）とよばれる逆アーチのコンクリート底面を設ける．非常に大きな地圧が作用するトンネルでは，図（d）のように円形断面とする．

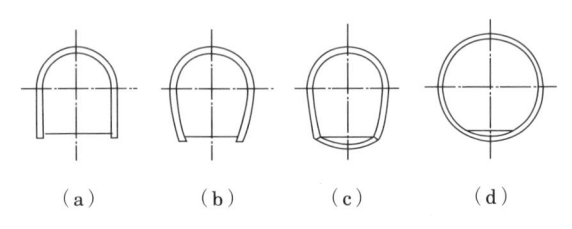

図 5.2　地山特性によるトンネルの形状[30]

5.1.3　線形と勾配

　トンネルの線形計画にあたっては，地質が良好で湧水や断層の少ないところに路線を選定し，施工上問題になりやすい坑口，作業坑，換気立坑などの位置や工事用設備の配置などを十分に考慮しなければならない．

　トンネルの線形は直線であることが経済的であるが，やむをえないときには半径の大きい曲線を用いる．道路トンネルでは，出口のまぶしさを和らげるために出口付近を曲線形にすることが多い．

　トンネルの勾配は，道路・鉄道などのトンネルでは湧水の自然流下を妨げない限り緩いほうがよく，通常は，0.3〜2％の程度にとる．水路トンネルでは急勾配であるほど流速は増し，小断面ですむが，小断面であると損失水頭は大きくなるうえに施工も困難になる．これらのことも考慮に入れて勾配を決定する．

5.2　トンネルと地形・地質

5.2.1　地質構造

（1）しゅう曲

地層が地質作用で屈曲してできたのがしゅう曲である．この部分の地質は複雑かつ

不安定であるので，トンネルを設けることはできるだけ避けたい(図5.3).
（2） 断　層

地層のくい違いを断層という．この多くは破砕帯となっているので，ここを通る場合には，綿密な調査と対策が必要である(図5.4).

（3） 段　丘

河川や海岸に沿う岩盤の上に，厚く砂礫層が堆積していることがある．このような段丘で，図5.5(a)のようにトンネルを設けると掘削が困難であったり，湧水に悩まされることが多いので注意を要する．

（4） 崖　錐

岩盤の風化によって生じた岩層が傾斜堆積したものをいう．崖錐はきわめて不安定な地層であるので，この部分にトンネルを設けることは避けるべきである(図5.6).

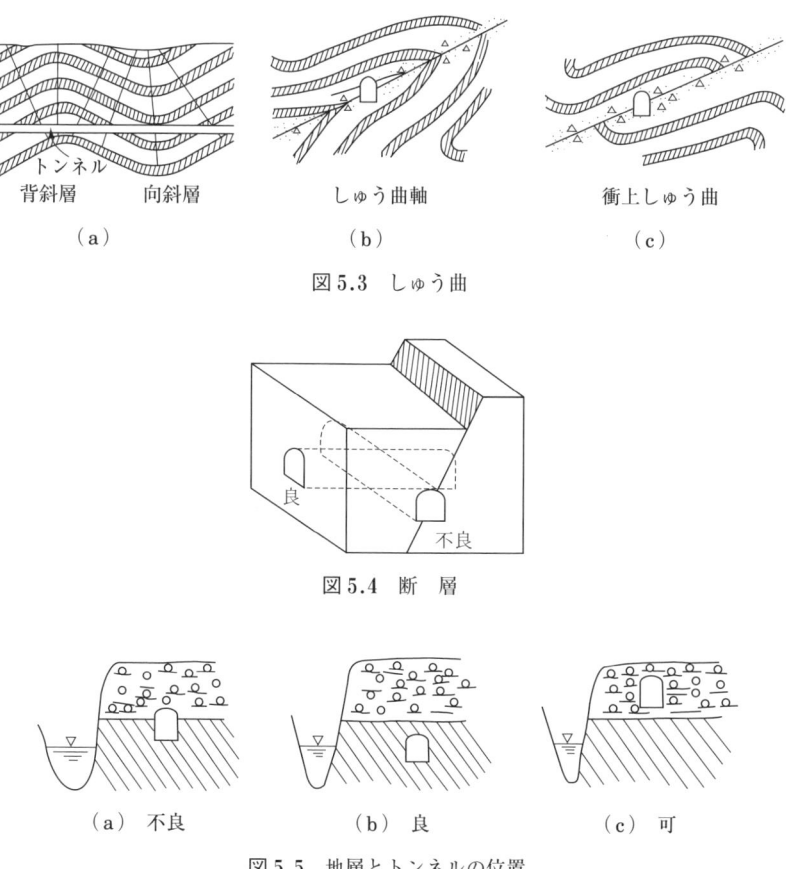

図5.3　しゅう曲

図5.4　断　層

図5.5　地層とトンネルの位置

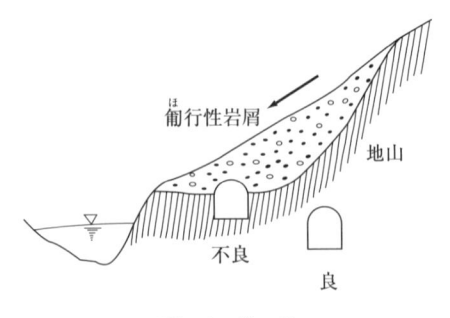

図 5.6 崖 錐

5.2.2 地下水と大湧水

トンネル掘進中に大湧水に遭遇して，工事が難航することがある．河底トンネルや都市トンネルにおけるように，水圧がほぼ一定である場合には，圧気式工法や，地盤改良などで湧水に対処できるが，山岳トンネルでは，ときとして異常な高水圧の湧水にあたることがあり，その処理には高度な判断と技術が求められることになる．

地山の地下水は，普通，図 5.7 のように中央部で高い水圧分布となっている．この場合に，山岳の中心に向かってトンネルを掘進すると，切羽から湧水して地下水面はしだいに低下する．

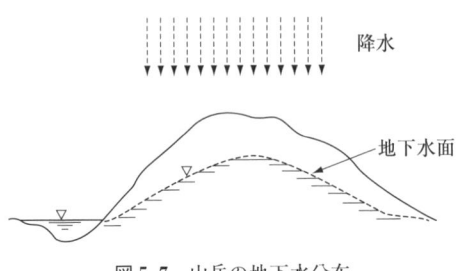

図 5.7 山岳の地下水分布　　　　図 5.8 異常高圧水の発生

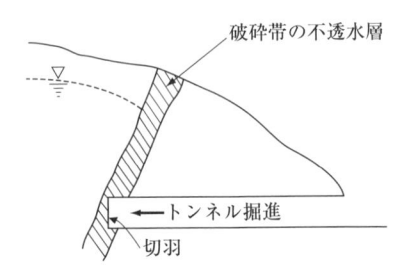

図 5.8 のように不透水性の層が介在している場合には，その層をトンネルが突き抜けたときに異常高水圧が切羽(あるいは鏡)に作用し，大湧水を生じることになる．このような事故を未然に防ぐには，先進ボーリングや先進導坑による調査を念入りに行って，事前に対策を立てておく．

大湧水対策としては，次の方法が考えられる．
① 本坑に平行に水抜きトンネルを掘る．
② 大口径の水抜きボーリングを設ける．
③ 薬液注入により止水する．
④ 凍結工法で止水する．

地形の複雑さが，この分野におけるわが国の技術を大いに発展させた．

5.2.3 異常地圧

異常地圧が作用すると，支保工やコンクリート覆工は変形したり破壊したりする．その原因として，偏圧，地山の膨張，潜在応力の解放などが考えられる．

偏圧は，トンネルの土かぶりが浅く，しかも地形が急傾斜である場合に生じやすい．対策工法としては，押え盛土，保護切取り，坑口付近では抱きコンクリートの施工などがある(図5.9)．

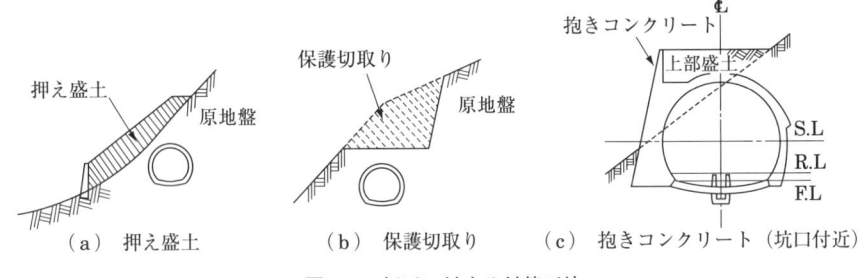

（a）押え盛土　　（b）保護切取り　　（c）抱きコンクリート（坑口付近）

図5.9　偏圧に対する対策工法

地山の膨張は，地質がベントナイト，軟岩，蛇紋岩などである場合に，これらが急速に風化されて生じるものである．このような地質の地山にトンネルを設ける場合には，特別な配慮が必要である．

潜在応力の解放による異常地圧は，地殻運動によって生じた地山の内部応力と，トンネル掘削によって生じた応力とが合わさってトンネルに作用するものである．トンネル内壁の硬岩が突然はじき出る山はね現象は，その一例である．

5.2.4 地形・地質調査

トンネル標準示方書「山岳工法編」には，地山条件，調査項目と調査法の関係が示されている．表5.1はその一部を抜粋したものである．

5.3 掘削とずり出し

5.3.1 掘削方式

山岳トンネルの掘削方式は，導坑を先進させる方式と導坑を設けない方式とに類別される．前者に属するもののなかで，現在，広く採用されているのは，底設導坑先進工法，側壁導坑先進工法，リングカット工法などであり，後者に属するものとしては，

表5.1 調査項目と調査法の関係(文献[31]より一部抜粋)

調査法 \ 調査項目	地形		地質構造			岩質・土質					地下水			物理的性質		力学的性質		鉱物化学的性質		
	地すべり・崩壊地	偏圧が作用する地形	土破り	地質分布	断層・褶曲	岩質・土質名	岩相	割れ目等分離面	風化・変質	固結度	帯水層	地下水位	透水係数	弾性波速度	物理特性	強度特性	変形特性	粘土鉱物	スレーキング特性	吸水・膨張率
概査 資料調査	○	△		△	△	△	△													
概査 空中写真判読	○	△		△	△	△														
概査 地表地質踏査	○	△		○	○	△	△	○												
概査 弾性波探査	△			△	△			○	○					△						
概査 電気探査	△			△				△	△		○	○	△							
概査 ボーリング調査	○			○	○															
精査 孔内試験・検層 準備貫入試験										○						△	△			
精査 孔内試験・検層 孔内水平載荷試験																	○			
精査 孔内試験・検層 透水試験											○	○								
精査 孔内試験・検層 速度検層				△	△			○	○					○						
精査 孔内試験・検層 電気検層				△				△	△		△	△	△							
精査 孔内試験・検層 ボアホールテレビ				△		○														
精査 室内試験										○					○	○	○	○	○	○

(注) 表中の記号:○有効,△場合によって有効.

上部半断面工法,全断面工法などがある.

(1) 底設導坑先進工法

現在,最も多く採用されている標準的工法であり,新奥式半断面工法ともよばれる.

施工は図5.10を参照して,まず底設導坑を先進させて地質確認と湧水処理を行い,次に導坑を運搬路にして上部半断面を掘削し,アーチコンクリート(arch concrete)を打ち,つづいて土平とよばれる残りの部分を掘削し,側壁コンクリートを打設する.

(2) 側壁導坑先進工法

作業能率は低いが,地質不良で大きな地圧や大湧水が予測されるときに適した工法で,サイロット工法(side pilot tunnelling method)ともいう.

施工は,両側壁に沿う導坑の掘削,側壁コンクリートの打設,残部掘削の順で実施される.切羽面が自立できないときは側壁コンクリートを打った後,次項のリングカット(ring cut)工法により側壁コンクリートの上に鋼アーチ支保工を建て込んでから残部を掘削する(図5.11).

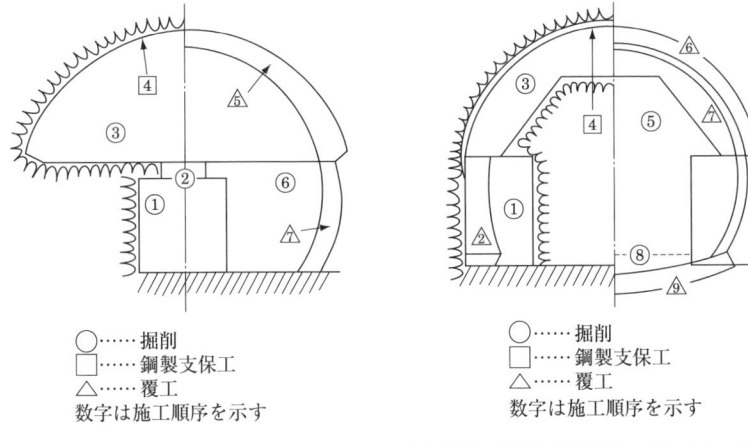

○……掘削
□……鋼製支保工
△……覆工
数字は施工順序を示す

図 5.10 底設導坑先進工法

○……掘削
□……鋼製支保工
△……覆工
数字は施工順序を示す

図 5.11 側壁導坑先進・リングカット工法

（3） リングカット工法

上部半断面を一時に掘削すると，切羽が崩壊するおそれがある場合には，まずリング状に部分掘削を行い，これに鋼アーチ支保工を建て込んで支持し，その後に掘進する．この工法をリングカット工法といい，底設導坑先進工法や側壁導坑先進工法などで用いられる．

（4） 上部半断面工法

地質が良好で湧水が少ないトンネルや，延長の短いトンネルの施工に適用される．図 5.12 に示すように，上部半断面をトンネル全長にわたって掘削した後に，下半部の掘削をベンチカット(bench cut)工法で施工する．比較的小さい機械設備で施工できるが，工期は長くかかる．

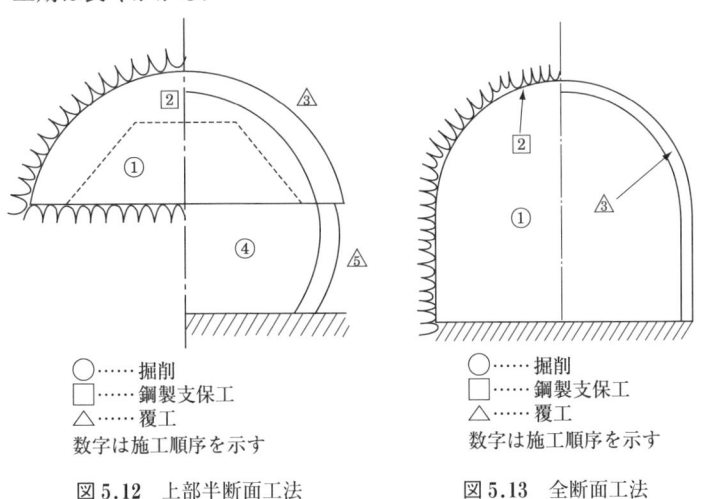

○……掘削
□……鋼製支保工
△……覆工
数字は施工順序を示す

図 5.12 上部半断面工法

○……掘削
□……鋼製支保工
△……覆工
数字は施工順序を示す

図 5.13 全断面工法

（5）全断面工法

削岩ジャンボを用いて全断面にわたってせん孔し，爆破によって全断面を同時に掘削する工法である（図5.13）．掘進速度は速いが，地山の弾性波速度が5km/s以上であるような岩質地山にしか適用できない．掘進中に不良地山に遭遇すると，工事は非常に困難となる．

5.3.2 爆破掘削

山岳トンネルの掘削は，爆破工法によることが多い．爆破掘削を行うには，まず爆薬装てんのために切羽にせん孔する．せん孔はロッド・ビットをもつ種々の削岩機を用いて行うが，作業能率を上げるには削岩ジャンボ（jumbo）を使用する．削岩ジャンボは，数台の削岩機を移動式台車に載せ，全断面にわたって同時せん孔を行うものである．

削岩機の種類によってドリフター（drifter）ジャンボ，レッグ（leg）ドリルジャンボ，ラダー（ladder）ジャンボなどとよぶ．図5.14は削岩ジャンボの一例である．

爆破掘削は，一般に図5.15に示す順序で実施される．まず，切羽前面の中央部を

図5.14 油圧式ホイールジャンボ［古河機械販売㈱提供］

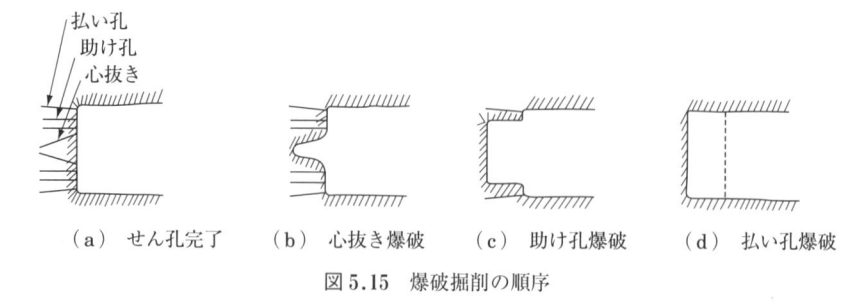

（a）せん孔完了　（b）心抜き爆破　（c）助け孔爆破　（d）払い孔爆破

図5.15 爆破掘削の順序

(a) ピラミッドカット　　(b) バーンカット

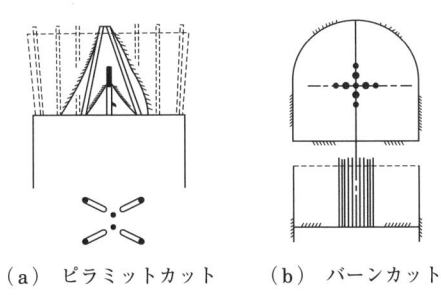

図 5.16　心抜き発破

心抜き発破する．これによって切羽は2自由面(4.5節参照)となり，それにつづく助け孔爆破，払い孔爆破などの切広げ爆破作業は効果的に実施できる．

心抜き発破には，ピラミッドカットやVカットのようなアングル型と，バーンカットのような平行型とがある(図5.16)．ピラミッドカット(pyramid cut)は，爆破掘削した部分の形状がピラミッド形となるように，頂点に向かって斜めに爆破孔をせん孔するものである．これに対してバーンカット(burn cut)は，中心部に75 mm程度の空孔を数本設け，それに平行にせん孔した周囲の払い孔だけに装薬して心抜き発破を行う．

5.3.3　余掘りと当たり

爆破掘削のためにせん孔する場合に，周辺孔の方向は削岩機の構造上少し外側に向けなければならない．その結果，図5.17に示すように，設計掘削線を超えて余分な掘削を行うことになる．これを余掘りという．余掘りは，設計掘削線と周辺孔の間にとどまらず，周辺孔のさらに外側まで及ぶことが少なくない．その一方で，周辺孔の口元付近の岩盤が，設計掘削線より内側に残ることがある．これを当たりという．

余掘りが多いとずり出し，および覆工に余分な費用がかかり，地圧は大きくなるので，工費に重大な影響を与える．また，当たりの部分は後から再び発破しなければな

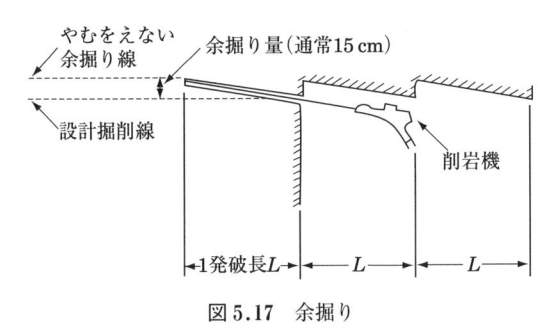

図 5.17　余掘り

らない．したがって，周辺孔のせん孔はとくに入念に行う必要がある．

余掘りや当たりを少なくするために，スムーズブラスティング工法などのコントロールドブラスティング工法が採用されている（4.6節参照）．

5.3.4 機械掘削

山岳トンネルを重機掘削する方法には，任意断面を掘削する自由断面掘削機（図5.18）を用いる工法，ブレーカー工法，割岩工法，および円形断面を掘削するトンネルボーリングマシン（tunnel boring machine, TBM）工法がある．

図 5.18 自由断面掘削機［㈱三井三池製作所提供］

自由断面掘削機は，切削部，積込み部，搬出部からなり，移動はキャタピラまたはレールによる．切削部のカッターヘッドは，回転方向や刃先に工夫が加えられた種々のものが実用化されている．一軸圧縮強度 30 MN/m^2 程度の軟岩であれば経済的に掘削できる．硬岩を切削できる機械も開発されている．

ブレーカー工法は，大型油圧ブレーカーを用いる工法であり，堆積岩や凝灰角礫岩など，40～60 MN/m^2 のき裂性の岩石地山に対しては，爆破工法より経済的に掘削できるとされている．しかし，ブレーカーを搭載する機械が大きいので，大断面トンネルでなければ効率が悪い．

割岩工法は無発破工法の一つである．削孔機でせん孔した後，油圧くさびや静的破砕剤などで一次破砕し，自由断面掘削機や油圧ブレーカーなどで二次破砕するといった手順で掘削を行う．

TBM は全断面掘削機である．カッターヘッドを回転させながら切羽（鏡ともいう）に押しつけて，圧砕機構または切削機構によって岩質地山を円形断面に掘削する．圧砕型としてロビンス型（Robins type），切削型としてウォールマイヤー型（Wohlmeyer type）が知られている．TBM によれば掘進速度が速く周辺地山を傷めないなどの長所がある反面，延長が短いと不経済，途中に不良地山が出現すると対応が困難などの短所がある．

地山が不良の場合には，TBM とよく似ているが切羽保持機能を備えたシールド掘

進機(5.8節参照)が用いられる.

5.3.5 ずり処理

掘削で生じた岩石屑や土砂をずりという.その処理は,ずり積み,ずり運搬,ずり捨ての三つの作業からなる.ずり運搬は,その能率の良し悪しがトンネルの掘削速度に直接影響を及ぼす.

ずり運搬の方法は,レール(rail)方式,タイヤ(tire)方式,ベルトコンベヤ方式に類別される.掘削断面積が小さいときはレール方式により,掘削断面積が大きくダンプトラックを利用できる場合にはタイヤ方式を採用することが多い.タイヤ方式では,排気ガス対策,トラックの方向転換などに対する配慮が必要である.ベルトコンベヤは,流体輸送方式やカプセル方式とともに連続式とよばれている.TBMなどの連続掘削機構と組み合わせる場合には,高い効率を発揮する.環境対策や省力化の面ですぐれていることも特徴である.

ずり処理の計画では,表1.2と同じように容積変化を考慮する.その目安として,表5.2の値を参考にすることができる.また,余掘りによるずりの増加も考慮する.

表5.2 ずりの容積変化の目安

分類	地山		運搬中		落ち着いたとき	
	容積	単位体積重量 (kN/m³)	容積	単位体積重量 (kN/m³)	容積	単位体積重量 (kN/m³)
硬岩	1	22〜28	1.4〜2.0	14〜20	1.2〜1.6	16〜22
軟岩	1	20〜25	1.3〜1.7	13〜19	1.1〜1.4	15〜22
土砂	1	15〜22	1.2〜1.5	12〜18	1.0〜1.2	14〜22

(注) 単位体積重量はSI単位に換算

ずりの積込みは,ずり積み機で行う.ずり積み機には圧搾空気駆動式,電気駆動式,ディーゼル機関駆動式などがある.比較的小さい工事では,小型または中型の圧搾空気駆動式のロッカーショベル(rocker shovel)が用いられ,大規模のずり積込みには,大型のトラクターショベルなどが用いられる.

5.4 鋼アーチ支保工・ロックボルト・吹付コンクリート

5.4.1 支保工の役割

トンネルを掘削すると,周辺の地山は多かれ少なかれ緩みを生じる.その領域は,時間の経過に伴ってある範囲まで広がっていき,場合によっては崩壊に至ることもある.したがって,トンネルを掘削したらただちにコンクリート覆工を施工して,緩み

の広がりを防ぐのが理想的である．しかし，コンクリート覆工が完成するまでには一定の時間がかかるので，その間は支保工によって地山の緩みが進行するのをできるだけくい止めておく．このような役割分担から，支保工を一次覆工，コンクリート覆工を二次覆工とよぶことがある．

　山岳トンネルで用いられる支保工としては，鋼アーチ支保工，ロックボルト，吹付けコンクリートなどがある．軟弱な地山や軟弱地盤を対象にしたシールド工法(5.8節参照)では，掘削に引きつづいてセグメントの建込みが行われるが，このセグメントも支保工の一種である．

　支保工のなかでロックボルト工および吹付けコンクリート工は，地山の緩みが進行してからでは施工の意味を失う．そのため，これらの施工にあたっては，削岩ジャンボを用いて爆破孔をせん孔すると同時に，ロックボルト孔を設けるなどして施工の迅速化に努めることが大切である．

5.4.2　鋼アーチ支保工

　鋼アーチ(arch)支保工は，土砂から中硬岩の間の地山に適用される支保工である．図5.19に示すような種々の形状のものがあるが，広く用いられているのは図(a)の2ピース型である．上部半断面工法や底設導坑先進工法では，図(b)の型のものが用いられる．大きな側圧が作用する場合には，インバートストラット(invert strut)を入れた図(c)の型，大断面のトンネルでは図(e)の4ピース型が使われる．

　支保工の目的は，トンネル周辺の緩みを少なくすることであるから，地山との密着

　　(a) 2ピース型　　(b) 2ピース型　　(c) インバートストラット

　　(d) 全円型　　(e) 4ピース型

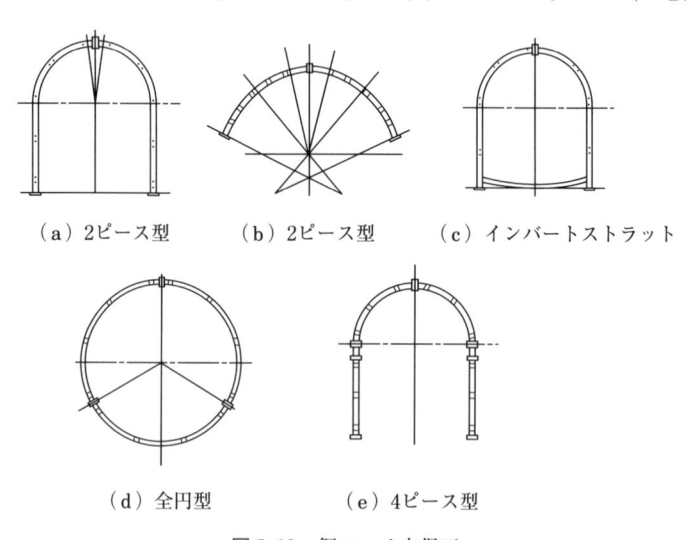

図5.19　鋼アーチ支保工

性がポイントになる．このために，支保工と地山との間にくさびを打ち込む．くさびの打込み間隔は120 cm 程度以下とし，爆破などの影響でくさびが脱落しないように注意する．支保工の基礎の地耐力が十分でない場合には，脚部に皿板を置いたり根固めコンクリートを施工したりする．

鋼アーチと鋼アーチとの間には，図5.20に示すような方法で，地山の緩みを防ぐ．

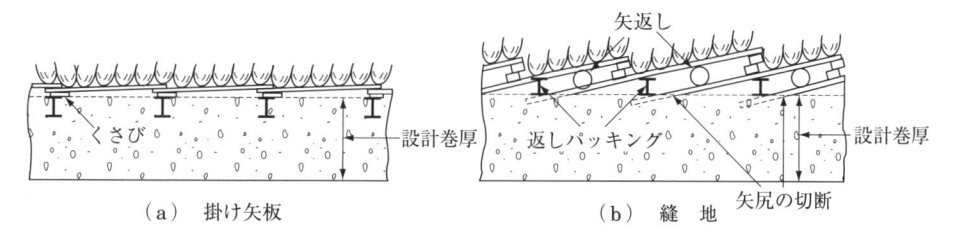

（a）掛け矢板　　　　　　　　　（b）縫　地

図5.20　矢板の施工方法

5.4.3　ロックボルト

ロックボルト(rock bolt)工は，岩盤表面の緩んだ部分を深部の硬岩にボルトで締めあげることによって岩盤の肌落ちを防ぎ，トンネル周辺に地山のアーチを形成させて安定をはかる工法である．トンネルでは天盤を対象にしているので，ルーフボルト(roof bolt)工ともよばれている．施工は，まず岩盤にせん孔し，これに所要の長さのボルトを挿入して硬岩に定着させ，ベアリングプレート(bearing plate)を介してナット(nut)で締めあげる．

ロックボルトは，図5.21に示す3種類のものが原型となっている．図(a)のウェッジ(wedge)型は，ボルト先端の切込みにくさびを軽くはめて挿入し，ボルトの他端をストーパー(stoper)などで強打して先端の切込みを押し広げて定着させる．図(b)の

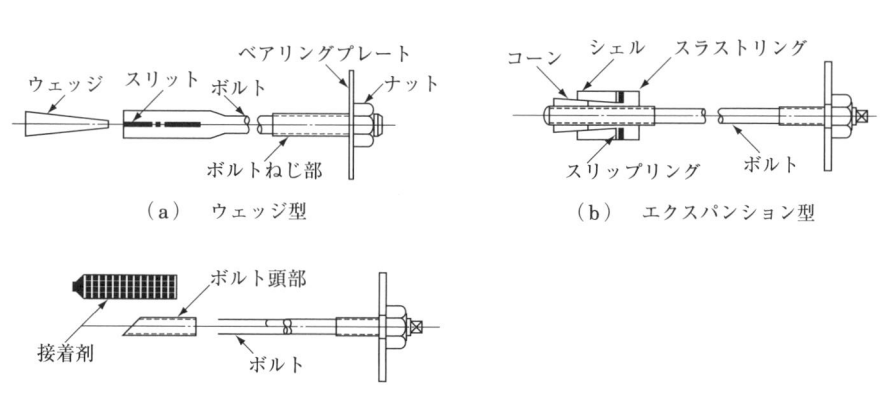

（a）ウェッジ型　　　　　　　　　（b）エクスパンション型

（c）接着型　　　　　　　　図5.21　ロックボルト

エクスパンション(expansion)型は，テーパー付きのシェル(shell)とコーン(corn)を取り付け，ボルトを回転させてシェルを押し広げる．また，図(c)の接着型は，ボルトの全部または一部をセメントモルタルや樹脂系接着剤を用いて岩孔に定着させるものである．

ボルトの寸法は，16〜25 mm の直径，挿入間隔の2倍程度の長さを標準としている．ボルト間隔は1.5 m を超えないようにする．ベアリングプレートとしては，厚さ10 mm，辺長150〜200 mm の板を用いる．岩盤表面にワイヤメッシュ(wire mesh)を張ったり，ボルト間に帯鉄を用いたりして，岩盤の肌落ちを防ぐという方法もとられる．

締付けにはインパクトレンチ(impact wrench)を使用し，ボルトの降伏強度の80 %程度の初期張力を与える．施工後，1昼夜を経てから再締付けを行い，その後はジャッキなどを用いて定期的に張力を調べ，必要ならば締付けなおす．

5.4.4 吹付けコンクリート

吹付けコンクリートは，掘削後，あまり時間が経過しないうちに速硬性のコンクリートを岩盤の表面に吹き付けて一次覆工とするものである．岩盤の表面に密着したコンクリートは，表層岩盤と協働して奥の地山を緩めないように支持し，クラック(crack)の発達を防ぐとともに岩盤の表面の風化を防止する．

特徴として，次のことがいえる．
① 広範囲の地質に適用できる．
② コンクリート厚さを調節できるので，そのまま二次覆工とすることが可能．
③ 施工機械は小型で移動性に富んでいる．
④ トンネル掘削後3〜4時間のうちに平滑な内壁が完成し，壁面全体を支持させることができる．

この工法は，地山が数時間の自立に耐えない場合や，湧水が多い場合には適用できない．

施工法には，乾式と湿式の2種類がある．前者は，水以外の材料を圧搾空気で送り，ノズル(nozzle)で水と合流させる方法であり，後者は，全部の材料を練り混ぜた後，スクリュー(screw)または圧搾空気とスクリューにより吐き出させる方法である．乾式では，はね返りや粉じんの発生量が多いことが問題である．

吹付けコンクリートの最小吹付け厚は，表5.3の値が目安となる．地山の状態が悪く大きな耐力を必要とする場合は，鉄網や鋼アーチ支保工を用いて，コンクリートの吹付け厚さは20 cm 以下とするのが経済的である．

表5.3　最小吹付け厚の目安

地盤および岩盤の状態	最小吹付け厚
やや脆弱な岩盤	2 cm
やや破壊しやすい岩盤	3 cm
破壊しやすい岩盤	5 cm
非常に破壊しやすい岩盤	7 cm，鉄網併用
膨張性の岩盤	15 cm，鋼製支保工と鉄網併用

5.5　覆工の巻厚・打込み・裏込め注入

5.5.1　覆工の方法

コンクリート覆工の方法には，全断面覆工，順巻工法，および逆巻工法がある．このうち順巻工法は，側壁コンクリートを先に打ち，その後にアーチコンクリートを打設するもので，側壁導坑先進工法などで採用される．逆巻工法は，アーチコンクリートを打設してから側壁コンクリートを施工する方法であり(図5.22)，地質の悪いところに適しており，上部半断面工法，底設導坑先進工法などで用いられる．

覆工のポイントは，天端背面に空げきを発生させないことである．打設するコンクリートは，強度，耐久性，水密性などにすぐれ，余掘りにも容易に充てんできるワーカビリティーに富むものがよい．

表5.4　覆工コンクリートの設計巻厚[32]

内空断面の幅 (m)	覆工コンクリートの設計巻厚 (cm)
3	20～40
5	30～60
10	40～70

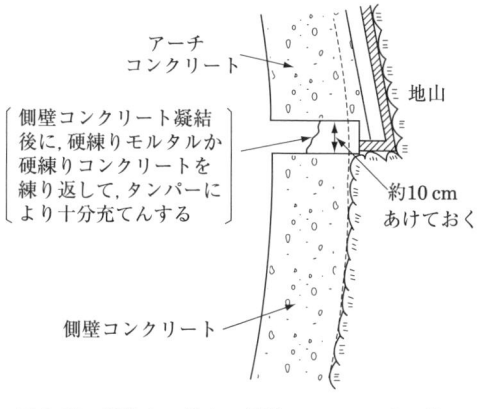

図5.22　逆巻きの場合の側壁コンクリートの締め

5.5.2　覆工の巻厚

覆工の設計巻厚は，トンネルの大きさや地質などで変わるが，鋼アーチ支保工を用いた場合の標準の厚さは，表5.4のとおりである．地質が悪い場合には，巻厚をいた

ずらに増すより裏込め注入を十分に行うか，コンクリートを鉄筋補強するほうが効果的である．

5.5.3 型枠と打込み

全断面覆工のための型枠は，通常は移動式のものを用い，急曲線部や延長が短い拡幅部などでは組立式を使う．移動式型枠は，通常は図5.23のノンテレスコピック(non-telescopic)型が用いられる．1基が9～12mの長さで，コンクリートを打設・養生した後に型枠を取り外して，次の位置まで軌道上を移動させる．重さが45tに及ぶものもあり，軌道が不等沈下を起こさないように，またコンクリート打設中は型枠が移動しないように注意する．

図5.23 移動式型枠(ノンテレスコピック型)[岐阜工業㈱提供]

テレスコピック(telescopic)型は，養生完了した型枠を折りたたみ，養生中の型枠をくぐらせて，その先に再び組み立てる形式のもので，急速施工に適している．

組立式型枠は，セントルと鋼製パネルまたはセントルと上木(うわぎ)，幕板を組み立てたものである．組立て式型枠を用いる場合は，鋼製パネル，上木のかかり代を十分とるようにする．手間はかかるが型枠重量は軽いのが利点である．上記の全断面覆工は，アーチ部と側壁部を同時に施工する．

コンクリートの打込みは，コンクリートポンプやコンクリートプレーサーなどで行う．打込みにあたっては，材料分離やコンクリートがとどかない空げきが生じないよう注意し，1区画を連続して打ち込む．

アーチコンクリート，側壁コンクリート，インバートコンクリートなどの継目部分は，コンクリートの硬化収縮などですきまが生じやすく弱点となるおそれが強い．図5.22に施工上の注意の一例を示してある．

型枠の取り外しは，最後に打設したコンクリート(主としてアーチ天端部)の強度が，少なくとも自重に耐える強度に達してから行う．

5.5.4 裏込め注入

覆工の背面に空げきが残ると地山の緩みを誘発し，コンクリートの耐荷力は著しく低下する．空げき充てんにはモルタルを用いるが，セメントペーストや乾燥砂なども使う．材料の圧入は，覆工コンクリートの打設時または覆工完成後にせん孔して設けた注入管を通して実施する．注入機械として，グラウトミキサーとグラウトポンプを組み合わせて使用することが多い．

5.6 施工時の換気

自然換気が十分でない場合は，坑内空気はせん孔や爆破掘削による粉じんと発生ガス，エンジンの排気などによって汚染される．換気によって新鮮な空気を供給することは，衛生管理や作業能率の維持のうえからきわめて大切である．

換気方式は，集中方式と直列方式とに類別される（図5.24）．集中方式の送気式では，作業員が集中している切羽付近に新鮮な空気を送られるが，汚れた空気がトンネル中を移動するのが欠点である．排気式では，新しい空気はトンネル坑口から供給されるのでトンネル中間部の見通しはよくなるが，切羽付近の空気は汚れたものとなっている．

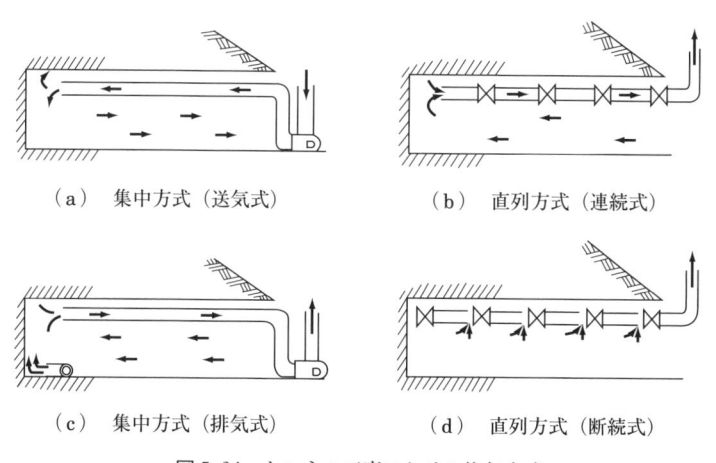

(a) 集中方式（送気式）
(b) 直列方式（連続式）
(c) 集中方式（排気式）
(d) 直列方式（断続式）

図5.24 トンネル工事における換気方式

坑道の延長が長くなると，送風機を数台接続する必要が生じる．この場合には負圧を生じることになるので，ビニール風管の使用は避けるほうがよい．また，風管の接続部にすきまがあると換気効果が減少するので，注意しなければならない．

坑内換気の良し悪しは，風管や風道の維持管理にかかっている．

例題 5.1 ダイナマイトを用いてトンネルの発破を実施したところ，$0.6\,\mathrm{m}^3$ の一酸化炭素(CO)ガスが発生した．必要換気量およびそのときの風管の直径はいくらか．

解 発破後のガスを抑制値以下にするための所用換気時間を，経験的に 20 分と定めると，必要換気量 Q は，ガスの発生量 P を用いて次の経験式で求めることができる．

$$Q = 460P = 460 \times 0.6 = 276\,\mathrm{m}^3/\mathrm{min}$$

これより，ずり搬出時の所用換気量は $300\,\mathrm{m}^3/\mathrm{min}$ とする．図 5.24 の送気式による換気を考えると，送入風量は，漏風量 33 % を見込むと，

$$300 \times \frac{1}{1 - 0.33} = 450\,\mathrm{m}^3/\mathrm{min}$$

であり，出口・入口の平均風量 Q' は，

$$Q' = \frac{300 + 450}{2} = 375\,\mathrm{m}^3/\mathrm{min}$$

となる．一方，風管内の風速 $v\,(\mathrm{m/s})$ と風管の断面積 $a\,(=\pi d^2/4)(\mathrm{m}^2)$ の関係は，

$$v = \frac{Q'}{60\pi \cdot d^2/4}\,\mathrm{m/s}$$

で表される．一般に $v = 10 \sim 15\,\mathrm{m/s}$ であり，$v = 15\,\mathrm{m/s}$ とすれば，風管の直径 d は，

$$d = \sqrt{\frac{4Q'}{60\pi \cdot v}} = \frac{\sqrt{Q'}}{26.6} = \frac{\sqrt{375}}{26.6} = 0.74\,\mathrm{m}$$

となり，直径 750 mm の管を用いる．

5.7 NATM(新オーストリアトンネル工法)

5.7.1 NATM の概説と特徴

山岳トンネルでは，掘削した後の一定時間は覆工がなくてもトンネルは安定であることを前提としている．NATM(New Austrian Tunnelling Method)では，トンネル周辺の地山が本来有している支持力を活用し，迅速な施工によって最大強度を発揮するよう変形をとどめる，という考え方に立っている．このために現場計測が重要な役割を果たす．1950 年代にオーストリアで提唱され，わが国では 1975 年ごろから注目されるようになった．

完成した NATM トンネルは，地盤と覆工とが一体化した構造物であると考える．岩盤が有している強度をできるだけ維持させるために，吹付けコンクリートやロックボルトを用いる．これらの迅速な施工によって弱点となりやすい凹凸部を滑らかにし，周辺部を補強して，緩みが拡大するのを抑制する．従来の工法では，地山との間にすきまができるため，ある程度の緩みを許さざるをえず，これを支えるのに NATM の場合よりも大きな土圧に耐える覆工が必要である(図 5.25)．

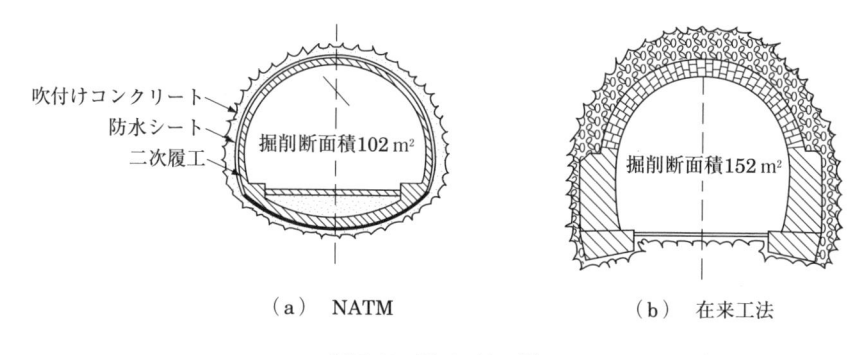

図5.25 覆工の違い[33]

(a) NATM
吹付けコンクリート
防水シート
二次履工
掘削断面積102 m²

(b) 在来工法
掘削断面積152 m²

5.7.2 土砂地山への適用

NATMの特徴が解明されて，その適用は土砂地山にも広がってきている．切羽の安定，あるいは湧水処理などに各種の補助工法を用いることによって，更新統砂層，土丹層，崖錐などの地山にも，安全かつ経済的に適用できるようになった．しかし，地下水位を低下させない状態で適用するためには，大掛かりな補助工法を必要とする．

補助工法としては，次のような工法がある．切羽安定のうち，天端部の安定にはパイプルーフ，鋼矢板，鏡部の安定には鏡吹付けコンクリート(図5.26)や薬液注入などが用いられる．湧水処理としての止水・遮水に対しては，圧気工法，凍結工法など，また排水に対しては，水抜きボーリング，ウェルポイントなどが適用される．

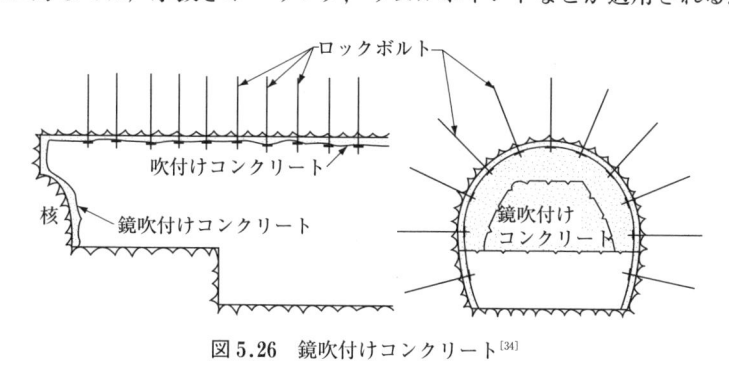

図5.26 鏡吹付けコンクリート[34]
ロックボルト
吹付けコンクリート
鏡吹付けコンクリート
核

5.8 開削工法・シールド工法・沈埋工法

5.8.1 開削工法

開削工法とは，地上から溝を掘り，そのなかにトンネル本体を構築し，その後，埋戻しを行って元通りに復旧する工法であり，都市トンネルの標準的工法となっている．

平坦な地形に浅いトンネルを設ける場合には，本工法は施工性，安全性，経済性などの面から最も適した工法である．しかし，掘削深さが大きくなると工費および工期は増大して，シールド工法に比べて不利となる．また，工事中に交通ならびに沿線に種々の支障が生じるのが開削工法の欠点である．

掘削方式としては，土の安定勾配を利用する素掘式掘削工法(図5.27(a))，垂直土留めを用いる全断面掘削工法(図5.27(b))，部分的に掘削する部分掘削工法がある．

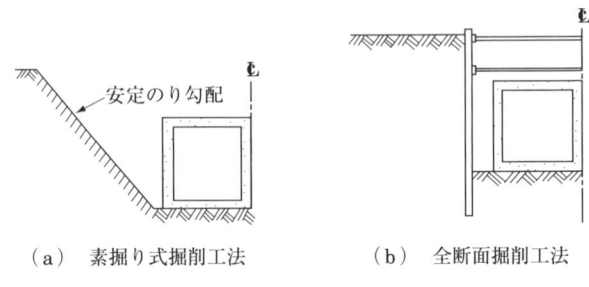

(a) 素掘り式掘削工法　　(b) 全断面掘削工法

図5.27　開削トンネル工法

土留め方式には，鋼杭と土留め板の併用，鋼矢板，鋼管矢板，柱列式地下連続壁，地下連続壁などがある．

開削トンネルの標準的工法は，全断面掘削工法，すなわち，全断面を掘削した後，トンネル本体を底部から順に施工するというものである．この工法で施工できない場合には，トレンチ(trench)工法やアイランド(island)工法などの部分掘削工法によらなければならない．

トレンチ工法は，図5.28に示すように，はじめに壁や柱の部分を掘削・築造し，ついで残余部分を掘削・構築する工法である．

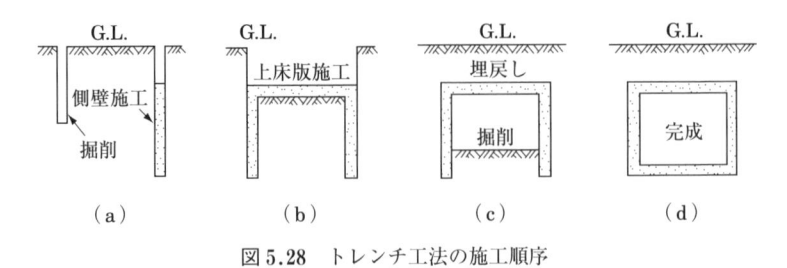

図5.28　トレンチ工法の施工順序

アイランド工法(図5.29)は，土留めの安定をはかりにくいときに採用される．

トンネル本体が完成した後に埋め戻し，路面覆工(交通のための仮設物)の撤去，仮設土留め杭の撤去，路面復旧などの諸工事を行う．

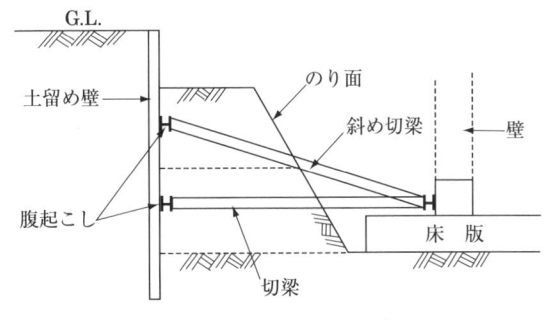

図5.29　アイランド工法

5.8.2　シールド工法

シールド(shield)とよばれる鋼製の筒を地中に圧入して，切羽土砂を押さえながら先端部で掘進し，シールドの後方でセグメント(segment)を組み立てて，これを一次覆工とする工法である．本来は，河や海底などの軟弱地盤や帯水地盤におけるトンネル工法として開発されたが，地表への諸影響が少ないという特徴のために都市トンネルの施工にも採用されるようになった．

シールド工法は，断面形状により全周シールドとルーフシールド(roof shield)に分けられる．普通は円形の全周シールドが用いられるが，半円形や馬てい形のものも使用される．シールドはまた，前面の形式によって開放型と閉鎖型とに分けられる(図5.30)．前者は，切羽が安定な場合に用いる．後者は，軟弱地山に適用されるもので，シールド前面の隔壁で切羽の崩壊を押さえながら掘進する．

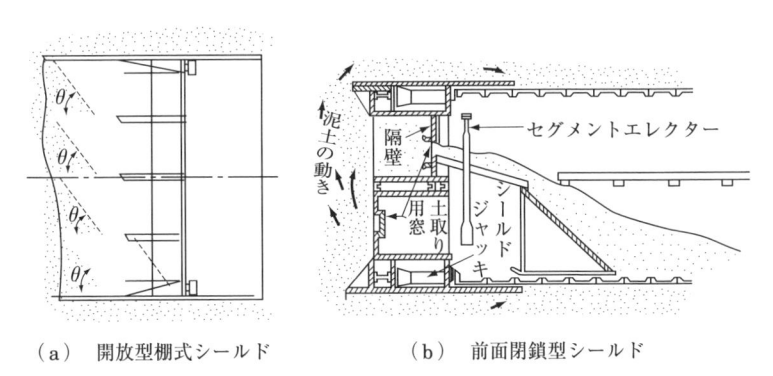

（a）　開放型棚式シールド　　　　（b）　前面閉鎖型シールド

図5.30　シールド工法

機械掘りは，切羽前面に密着させたカッターヘッドを回転させて全面同時に連続的に掘削する．半機械掘りは，油圧ショベルなどで切羽の一部または大部分の掘削を行うものである．

帯水地盤や軟弱地盤を掘削する場合には，水や土砂がシールド内に流入するのを防ぐために，シールドの全部または切羽部分に空気圧を加える圧気式工法がとられる．この工法には，全圧気シールド工法と部分圧気シールド工法(図5.31)とがある．圧気式工法の施工では，被り地山が破壊されて圧気が爆発的に噴出する，いわゆる噴発現象が発生しないように十分に注意する必要がある．噴発現象では，もやが発生して見通しがきかなくなるが，空気の出口と思われるところに何でもよいから物を投げ込み，もしも引っ張られたならば，それを手掛かりとして粘土などで穴をふさぐ．

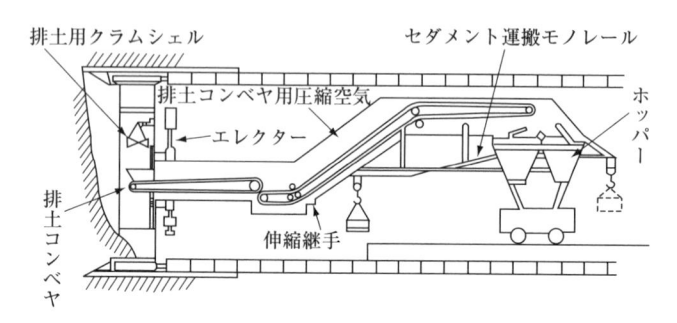

図5.31 部分圧気式シールド機械

例題5.2 直径 D m のシールドトンネルにおいて，図5.32のような地下水圧の分布がある場合のシールド圧を求めよ．

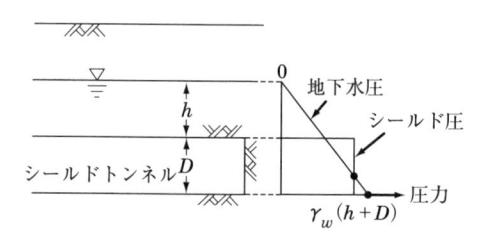

図5.32 シールド圧

解 一般に，シールド上端から $D/2 \sim 2D/3$ の位置の地下水圧とするので，この場合のシールド圧は，$\gamma_w(h+D/2) \sim \gamma_w(h+2D/3)$ となる．h はトンネル天端から地下水面までの距離である．また，トンネルが小口径の場合のシールド圧は，シールド上端から $D/2$ の位置の地下水圧に等しい圧力とする．

5.8.3 沈埋工法

沈埋工法は，水底または地下水面下にトンネルを施工する工法である．トンネルの一部をケーソン(caisson)の形で陸上で製作し，これを水に浮かべて敷設現場までえ

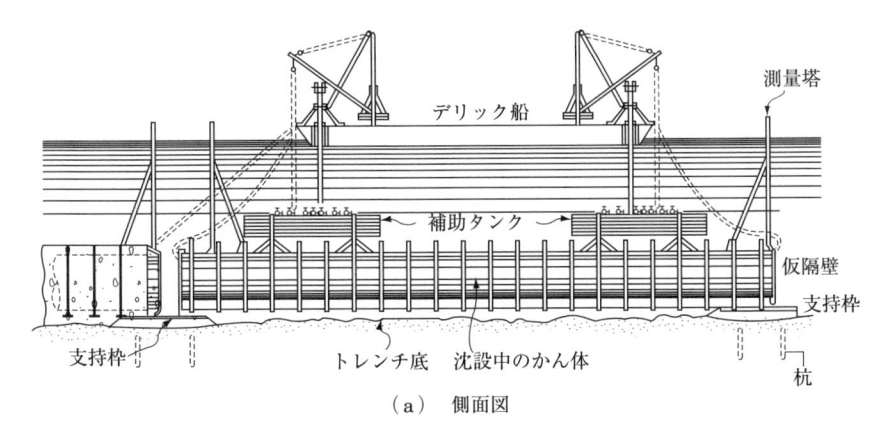

5.8 開削工法・シールド工法・沈埋工法

(a) 側面図

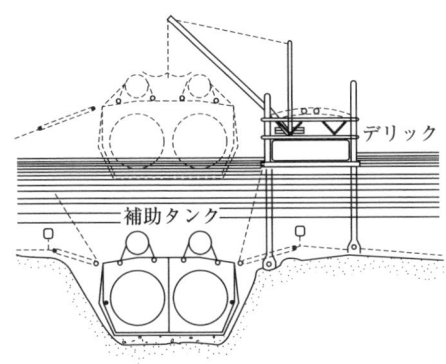

(b) 横断面図

図 5.33 沈埋トンネルの沈設作業図(デトロイト河底トンネル)

い航し，所定の位置に沈めて既設部分と連結した後に埋戻しを行い，なかの水を抜いてトンネルを構築する(図 5.33).

沈埋工法の長所は次のとおりである.
① 断面形状は比較的自由で，しかも大断面にできる.
② 水深の浅い所に敷設すればトンネル延長は短くてすむ．その一方で，かなり深い水深でも施工できる.
③ 陸上製作するので，短期間に信頼性の高いトンネル本体をつくることができる.
④ 水中に設置するので，自重は小さく軟弱地盤の上にも容易に施工できる.

本工法の問題点は次のとおりである.
① 水流が速い所では，沈設作業は困難である.
② 狭い水路や航行船舶の多い所では障害が生じる.
③ 水底に岩礁がある場合には，トレンチの掘削が困難である.

表 5.5 沈埋工法の二大方式の比較

項　目	円形鋼殻方式	長方形コンクリート方式
用　　途	2車線道路・複線鉄道・下水管などで直径約10 m以内のもの	多車線道路などの広幅員のもの
基本断面	円形・小判形・八角形(外形)	長方形
構造主材	鋼殻および鉄筋コンクリート	鉄筋コンクリート
沈埋かん製作場所	造船台およびぎ装ヤード	ドライドック
防水方法	鋼　殻	防水膜
基　礎	砂利を敷きならした基礎面に直接沈設	仮支持台に沈設した後，かん底下に砂吹込みまたはモルタル圧入
沈設荷重	沈埋かんポケットに砂利または水中コンクリート投入	かん内水槽に水バラストを加える

　沈埋かんの形状と材質によって，円形鋼殻方式と長方形コンクリート方式とに大別される(表5.5)．前者は，円形または小判形の本体を敷砂などで平らにした基礎上に直接沈設し，水中コンクリートまたはゴムガスケットを用いて接合する．

　長方形コンクリート方式は，沈埋かんの両端を仮受け台上にすえ付けた後に沈埋かんと基礎のすきまに砂を吹き込んで充てんする．沈埋かんはゴムガスケットを用いて接合する．

例題 5.3　海底トンネルの湧水量 Q (m^3/s/m) を求めよ．ただし，海底地盤の透水係数 $k = 2.0 \times 10^{-7}$ m/s，地盤の土被り厚さ $h = 20$ m，トンネルの半径 $r = 15$ m，水深 $H = 30$ m とする．

解　土被りが一様な場合には，水底下にあるトンネルの湧水量は次のマスカットの式で求めることができる．

$$Q = \frac{2\pi \cdot k \cdot H}{\log\left(\dfrac{2h}{r}\right)}$$

これに数値を入れて計算すると，1 m 当たりの湧水量として 8.8×10^{-5} m^3/s を得る．

演習問題 [5]

1．トンネル掘進中に大湧水が発生した場合の対策について述べよ．
2．異常地圧が生じる原因，および対策の方法について述べよ．
3．トンネルの掘削方式をあげ，各掘削方式の長所・短所を比較せよ．
4．トンネルの爆破掘削の施工手順について説明せよ．

5．トンネル掘削における余掘りと，当たりについて説明せよ．
6．各種支保工について施工上注意すべき事項をあげよ．
7．コンクリート覆工における順巻工法と，逆巻工法の違いについて述べよ．
8．裏込め注入の意義について述べよ．
9．開削工法の特徴について説明せよ．
10．シールド工法の特徴について説明せよ．
11．NATMにおける吹付けコンクリート，およびロックボルトの作用効果について，それぞれ説明せよ．

第6章　擁壁工・補強土壁工・橋脚橋台工

6.1　擁壁工の種類

　土の崩壊を防止する目的で築造される壁を擁壁，または土留め壁という．切土，盛土，築堤，護岸などに多く設けられ，土圧や水圧に耐える構造とする．

　擁壁には，矢板壁のような土圧でたわむ壁もあるが，一般には，コンクリート壁のような剛性壁が多く用いられる．剛性壁の種類を図6.1に示す．

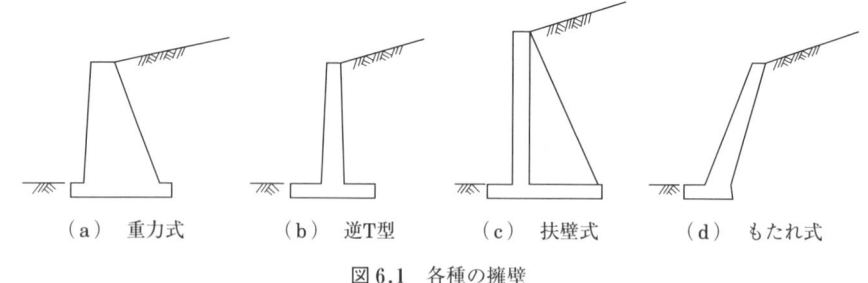

（a）　重力式　　　（b）　逆T型　　　（c）　扶壁式　　　（d）　もたれ式

図6.1　各種の擁壁

（1）　重力式擁壁

　擁壁の自重によって土圧などに抵抗する形式である．壁体内部には，引張応力が生じないように設計されるので，無筋コンクリートでつくる．重量が大きいので強固な地盤上に設置される．高さは3～4m程度である．

（2）　半重力式擁壁

　重力式に比べて壁の厚さを薄くし，自重を小さくするとともに，重心位置を低くして擁壁全体の安定性を高めたものである．壁体内部に引張応力が働くことになるので，その部分に鉄筋を入れて補強する．

（3）　逆T型擁壁

　壁体自体の自重を小さくするために，鉄筋コンクリートでつくられ，壁体を薄くしている．自重の軽くなった分を裏込め土の重量で補って安定を保っている．高さは3～7mである．

（4） 扶壁式擁壁

片持梁式擁壁の背面に，控え壁(扶壁)を奥行方向へ適当な間隔で設け，壁の強度の不足を補う．高さは6m以上である．

（5） もたれ式擁壁

地山表面に擁壁をもたれかけて安定をはかるものである．壁の重心が地山のほうに移動するので，擁壁自体の重量は軽くてすむ．

6.2 ランキン土圧とクーロン土圧

擁壁に作用する土圧の計算には，ランキン式とクーロン式とが用いられる．これらは極限土圧である．土圧には，主働土圧，受働土圧，および静止土圧がある．詳細については土質力学の本を参照されたい．

6.2.1 ランキン土圧の算定式

ランキン(Rankine)は，土中の応力状態を考え，その平衡条件から主働土圧，あるいは受働土圧を求めている．壁背面は鉛直で滑らか(壁面と裏込め土の摩擦を無視)として解が導かれている．砂質土(粘着力 $c=0$)においては，土圧分布を積分して土圧合力を求めると次式を得る．ランキン土圧の場合は，土圧合力の作用方向は地表面と平行となる(図6.2)．

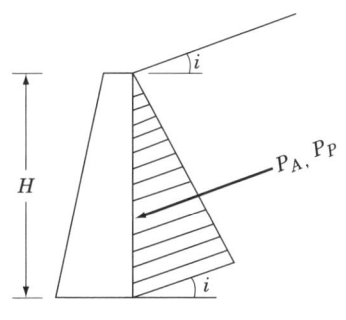

図6.2 ランキン土圧

$$P_A = \frac{1}{2}\gamma_t \cdot H^2 \cdot K_A, \quad K_A = \cos i \frac{\cos i - \sqrt{\cos^2 i - \cos^2 \phi}}{\cos i + \sqrt{\cos^2 i - \cos^2 \phi}} \tag{6.1}$$

$$P_P = \frac{1}{2}\gamma_t \cdot H^2 \cdot K_P, \quad K_P = \cos i \frac{\cos i + \sqrt{\cos^2 i - \cos^2 \phi}}{\cos i - \sqrt{\cos^2 i - \cos^2 \phi}} \tag{6.2}$$

ここに，P_A および P_P：主働および受働土圧合力(kN/m)，K_A および K_P：主働および受働土圧係数，i：地表面傾斜角，ϕ：土の内部摩擦角，γ_t：土の単位体積重量

(kN/m³),H:擁壁の高さ(m)である.

地表面が水平な場合は$i=0$として,ランキン土圧係数は,次のようになる.

$$K_A = \frac{1-\sin\phi}{1+\sin\phi} = \tan^2\left(45°-\frac{\phi}{2}\right), \quad K_P = \frac{1+\sin\phi}{1-\sin\phi} = \tan^2\left(45°+\frac{\phi}{2}\right) \quad (6.3)$$

地表面が水平な場合($i=0$)で,地表面に等分布荷重qが作用している場合の粘性土(c,ϕ)のランキン土圧合力は,次のように表される.

$$P_A = \frac{1}{2}(\gamma_t \cdot H + q)H \cdot K_A - 2c \cdot H\sqrt{K_A}, \quad P_P = \frac{1}{2}(\gamma_t \cdot H + q)H \cdot K_p + 2c \cdot H\sqrt{K_p} \quad (6.4)$$

主働土圧および受働土圧の分布は,それぞれ図6.3に示すとおりである.

(a)主働土圧　　(b)受働土圧

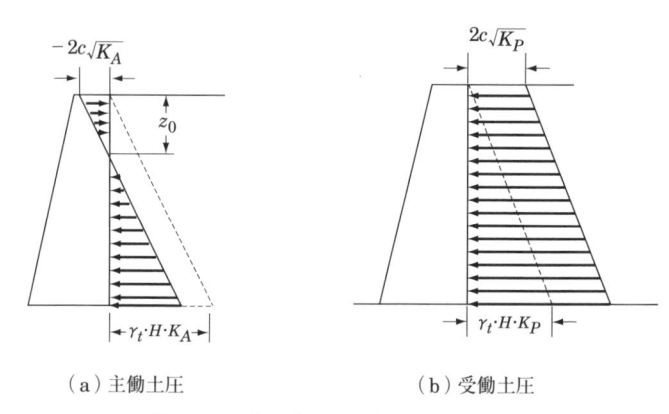

図6.3　地表面水平な場合のランキン土圧

これよりわかるように,主働土圧では深さz_0までは負の土圧が作用することになる.しかし,土の引張強度は無視でき,この部分に負圧は作用しないと考えてよいので,実際の計算では深さz_0までの土圧はゼロとする.

6.2.2　クーロン土圧の算定式

図6.4に示す擁壁に作用するクーロン(Coulomb)の主働土圧合力は,次の式で表される.

$$\left.\begin{aligned} P_A &= \frac{1}{2}\gamma_t \cdot H^2 \cdot K_A + q \cdot H \frac{\sin(90°+\phi)}{\sin(90°+\phi-i)}K_A \\ K_A &= \frac{\cos^2(\phi-\psi)}{\cos^2\psi \cdot \cos(\delta+\psi)\left[1+\sqrt{\frac{\sin(\phi+\delta)\sin(\phi-i)}{\cos(\delta+\psi)\cos(\psi-i)}}\right]^2} \end{aligned}\right\} \quad (6.5)$$

ここに,P_A:主働土圧合力(kN/m),H:擁壁の高さ(m),γ_t:土の単位体積重量(kN/m³),K_A:主働土圧係数,ϕ:土の内部摩擦角,δ:土と壁面との摩擦角,ψ:

6.2 ランキン土圧とクーロン土圧　**137**

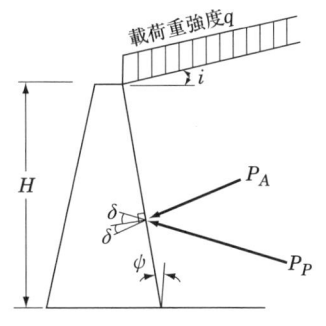

図 6.4　クーロン土圧

壁背面の傾斜角，i：地表面傾斜角，q：載荷重強度(kN/m^2)である．

δ の値はコンクリート壁の場合，内部摩擦角 ϕ の 2/3 の値をとることが多い．
また，受働土圧合力 P_P は次の式で表される．

$$\left. \begin{aligned} P_P &= \frac{1}{2}\gamma_t \cdot H^2 \cdot K_P + q \cdot H \frac{\sin(90°+\phi)}{\sin(90°+\phi-i)} K_P \\ K_P &= \frac{\cos^2(\phi+\psi)}{\cos^2\psi \cdot \cos(\delta+\psi)\left[1-\sqrt{\dfrac{\sin(\phi-\delta)\sin(\phi+i)}{\cos(\delta+\psi)\cos(\psi-i)}}\right]^2} \end{aligned} \right\} \quad (6.6)$$

ここに，P_P：受働土圧合力(kN/m)，K_P：受働土圧係数で，その他の記号は前述のとおりである．ただし，受働土圧の場合の合力の作用方向は主働土圧の場合と異なり，それぞれ図 6.4 のように δ だけ傾く．

例題 6.1　図 6.5 のような，滑らかで鉛直な壁が主働状態で受ける圧力を求めよ．

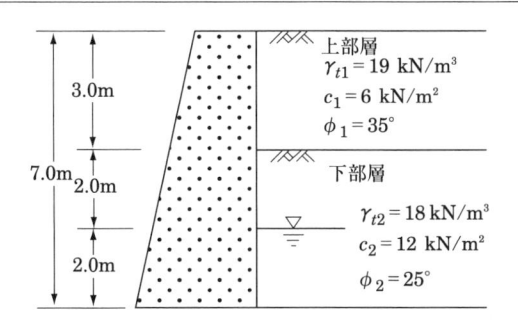

図 6.5　ランキン主働土圧の計算

解　壁背面が鉛直で滑らかであるので，ランキン土圧で解く．複雑な問題の場合には，まず，有効鉛直応力 σ_v' を求めるとよい．深さ 3.0 m，5.0 m，7.0 m における σ_v' は，それぞれ，$\sigma_v' = 19 \times 3.0 = 57\ kN/m^2$，$\sigma_v' = 57 + 18 \times 2.0 = 93\ kN/m^2$，$\sigma_v' = 93 + (18-9.8) \times 3.0 = 117.6$

kN/m² である．土圧係数 K_a は，上部層および下部層において，

$$K_{A1} = \tan^2\left(45° - \frac{35°}{2}\right) = 0.271, \quad K_{A2} = \tan^2\left(45° - \frac{25°}{2}\right) = 0.406$$

深さ 0 m における有効主働土圧 σ_h' は，

$$\sigma_{h1}' = \sigma_v' \cdot K_{A1} - 2c_1\sqrt{K_{A1}} = 0 \times 0.271 - 2 \times 6 \times 0.521 = -6.25 \text{ kN/m}^2$$

深さ 3.0 m における有効主働土圧は，上層部の下面と下層部の上面で不連続になる．

$$\sigma_{h1}' = \sigma_v' \cdot K_{A1} - 2c_1\sqrt{K_{A1}} = 57 \times 0.271 - 2 \times 6 \times 0.521 = 9.20 \text{ kN/m}^2$$

$$\sigma_{h2}' = \sigma_v' \cdot K_{A2} - 2c_2\sqrt{K_{A2}} = 57 \times 0.406 - 2 \times 12 \times 0.637 = 7.85 \text{ kN/m}^2$$

深さ 5.0 m における有効主働土圧は，

$$\sigma_{h2}' = \sigma_v' \cdot K_{A2} - 2c_2\sqrt{K_{A2}} = 93 \times 0.406 - 2 \times 12 \times 0.637 = 22.47 \text{ kN/m}^2$$

深さ 7.0 m における有効主働土圧は，

$$\sigma_{h2}' = \sigma_v' \cdot K_{A2} - 2c_2\sqrt{K_{A2}} = 117.6 \times 0.406 - 2 \times 12 \times 0.637 = 32.46 \text{ kN/m}^2$$

深さ 7.0 m における水圧 u および壁に作用する全圧力 σ_{h2} は，

$$u = \gamma_w \cdot H = 9.8 \times 2 = 19.6 \text{ kN/m}^2, \quad \sigma_{h2} = \sigma_{h2}' + u = 32.46 + 19.6 = 52.06 \text{ kN/m}^2$$

したがって，σ_v'，σ_h'，u および $(\sigma_h' + u)$ の分布は，それぞれ図 6.6 のようになる．なお，土の引張強度は無視できるので，

$$z_0 = \frac{2c_1}{\gamma_{t1}\sqrt{K_{A1}}} = 1.21 \text{ m}$$

までの土圧はゼロと考える．

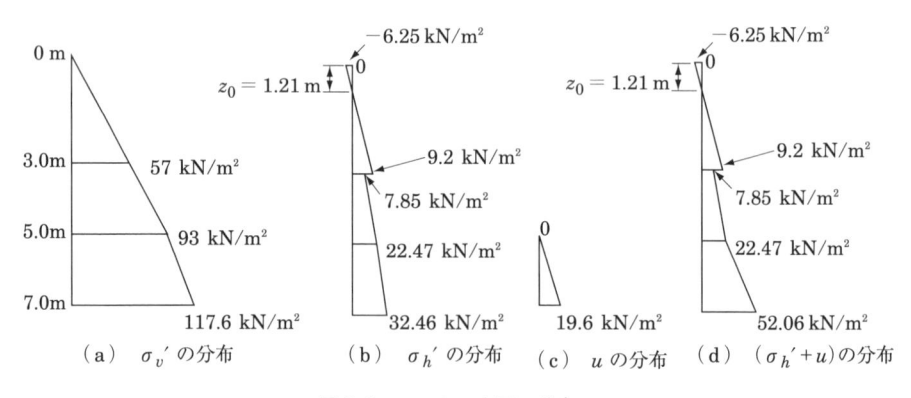

図 6.6 ランキン土圧の分布

例題 6.2 クーロン土圧において，壁面が鉛直 ($\psi = 0$)，壁面が滑らか ($\delta = 0$) および地表面が水平 ($i = 0$) の場合には，ランキン土圧と一致することを示せ．

解 クーロンの主働土圧係数 K_A および受働土圧係数 K_P は，

$$\left.\begin{array}{r}K_A \\ K_P\end{array}\right\} = \frac{\cos^2(\phi \mp \psi)}{\cos^2\psi \cdot \cos(\delta+\psi)\left[1 \pm \sqrt{\dfrac{\sin(\phi \pm \delta)\sin(\phi \mp i)}{\cos(\delta+\psi)\cos(\psi-i)}}\right]^2}$$

ここで，$\psi = 0$，$\delta = 0$，および $i = 0$ を代入すると，K_A および K_P は，

$$\left.\begin{array}{r}K_A \\ K_P\end{array}\right\} = \frac{\cos^2(\phi \mp 0)}{\cos^2 0 \cdot \cos(0+0)\left[1 \pm \sqrt{\dfrac{\sin(\phi \pm 0)\sin(\phi \mp 0)}{\cos(0+0)\cos(0-0)}}\right]^2}$$

$$= \frac{\cos^2\phi}{\left[1 \pm \sqrt{\dfrac{\sin^2\phi}{1}}\right]^2} = \frac{1-\sin^2\phi}{(1 \pm \sin\phi)^2} = \frac{(1-\sin\phi)(1+\sin\phi)}{(1 \pm \sin\phi)^2}$$

$$= \frac{1 \mp \sin\phi}{1 \pm \sin\phi} = \tan^2\left(45° \mp \frac{\phi}{2}\right)$$

となり，ランキンの主働および受働土圧係数と一致する．

例題 6.3 図 6.7 に示す高さ 4 m の擁壁がある．裏込め表面の傾斜角 $i = 20°$，裏込め土の単位体積重量 $\gamma_t = 15.7\,\text{kN/m}^3$，内部摩擦角 $\phi = 40°$，壁背面の傾斜角 $\psi = 20°$ である．また，地表面に等分布荷重 $q = 19.5\,\text{kN/m}^2$ が作用している．擁壁に作用する主働土圧合力を求めよ．

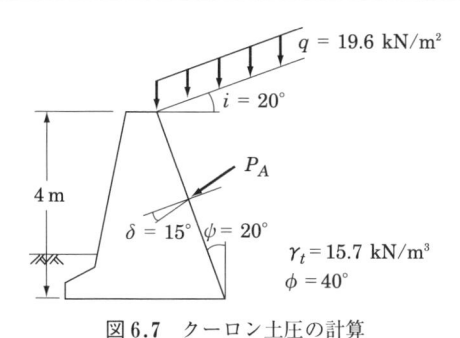

図 6.7 クーロン土圧の計算

解 題意により，$i = 20°$，$\psi = 20°$，$\phi = 40°$，$\delta = 15°$ とすると，

$$K_A = \frac{\cos^2(\phi - \psi)}{\cos^2\psi \cdot \cos(\delta+\psi)\left[1 + \sqrt{\dfrac{\sin(\phi+\delta)\sin(\phi-i)}{\cos(\delta+\psi)\cos(\psi-i)}}\right]^2}$$

$$= \frac{\cos^2(40° - 20°)}{\cos^2 20° \cdot \cos(15°+20°)\left[1 + \sqrt{\dfrac{\sin(40°+15°)\sin(40°-20°)}{\cos(15°+20°)\cos(20°-20°)}}\right]^2}$$

$$= \frac{0.883}{0.883 \times 0.819 \times \left[1 + \sqrt{\frac{0.819 \times 0.342}{0.819}}\right]^2}$$

$$= \frac{0.883}{0.883 \times 0.819 \times 2.512} = \frac{1}{2.057}$$

$$= 0.486$$

q によって生じる鉛直応力は $q/\cos i$ である．これを土柱高さに換算すると $h = q/(\gamma_t \cos i)$ であり，また，壁の高さに換算すると，

$$\Delta H = \frac{q}{\gamma_t} \frac{\sin(90°+\phi)}{\sin(90°+\phi-i)}$$

となる．この場合の土圧の合力は，

$$P_A = \frac{1}{2}\gamma_t(H+\Delta H)^2 K_A - \frac{1}{2}\gamma_t \cdot \Delta H^2 \cdot K_A$$

$$= \frac{1}{2}\gamma_t \cdot H^2 \cdot K_A + q \cdot H \frac{\sin(90°+\phi)}{\sin(90°+\phi-i)} K_A$$

$$= \frac{1}{2} \times 15.7 \times 4^2 \times 0.486 + 19.6 \times 4 \times 0.940 \times 0.486$$

$$= 61.0 + 53.8 = 96.8 \text{ kN/m}$$

6.2.3 クルマン図解法

クーロン土圧論の特徴は，図解法が適用できるということである．そのため，地形および擁壁の形などが複雑でも，図解法によって土圧を求めることができる．そのなかのクルマン法について，図 6.8 を用いて概略を説明する．

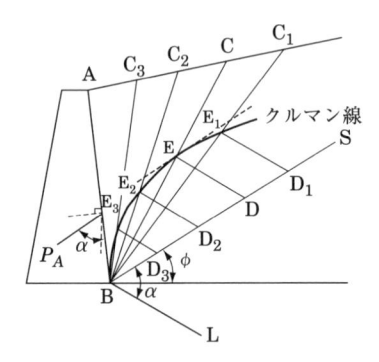

図 6.8 クルマン図解法（主働土圧）

① 擁壁の下端 B を通り，水平と内部摩擦角 ϕ をなす直線 BS を引く．
② BS 線と α の角をなす直線 BL を引く．図に示すように，α は主働土圧合力の作用方向と鉛直とのなす角である．
③ すべり面 BC_1 を仮定し，三角形 ABC_1 の土の部分の重量 W_1 を求め，それを適当な尺度（たとえば，100 kN/m を 10 cm にとる）で BS 線上に，BD_1 としてと

④ D_1 から BL に平行な線を引き，線 BC_1 との交点 E_1 をとる．△BDE_1 はすべり面を BC_1 と仮定したときの △ABC_1 の土塊に作用する力の三角形となり，DE_1 の長さはその際の主働土圧合力 P_A を表す．

⑤ 仮定したすべり面の傾斜を変え，それぞれの場合に対応する E_1 点，E_2 点，E_3 点，…を求め，これらの E_1 点，E_2 点，E_3 点，…を結ぶ曲線（クルマン線という）を引く．

⑥ クルマン線に接し，線 BS に平行な線を引き，接点 E を求める．DE の長さが，求める主働土圧合力 P_A を表し，すべり面は BC となる．

6.2.4 地震時土圧

地震時には，擁壁に常時より大きい地震時土圧が作用する．擁壁の地震時の安定を検討する場合には，この地震時土圧を求める必要がある．簡単な計算法として，物部・岡部の方法がある．

地震動を受けた場合，裏込め土は水平方向に $k_h g$，鉛直方向に $(1-k_v)g$ の加速度が作用すると考えると，合成加速度の作用方向は，図 6.9 に示すように鉛直線と θ だけ傾く．その値は式 (6.7) のとおりである．

$$\theta = \tan^{-1} \frac{k_h}{1-k_v} \tag{6.7}$$

ここに，k_h：水平震度，k_v：鉛直震度である．

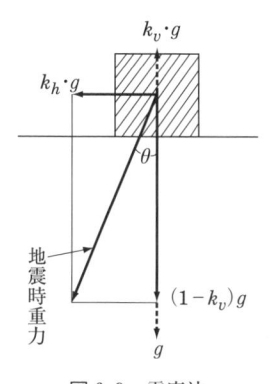

図 6.9 震度法

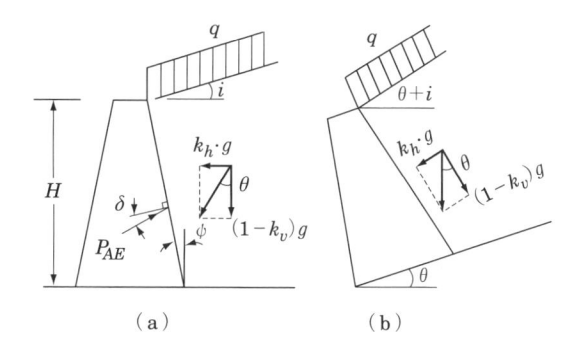

図 6.10 震度法による土圧計算

すなわち，物部・岡部の方法では，上記の合成加速度が θ 角だけ傾くということを考えて，図 6.10(a) に示す擁壁は，地震時には図 6.10(b) に示すように，擁壁全体が θ だけ危険側に回転したと仮定して主働土圧を計算する．

地震時主働土圧合力 P_{AE} は，式 (6.8) となる．

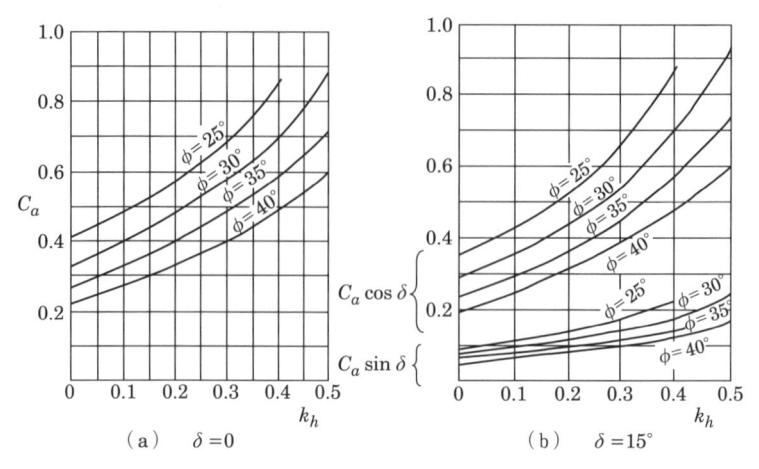

図 6.11　地震時主働土圧係数

$$P_{AE} = (1-k_v)\left[\frac{1}{2}\gamma_t \cdot H^2 + \frac{q \cdot H \cos\phi}{\cos(\phi-i)}\right]C_a \tag{6.8}$$

ここに，C_a：地震時主働土圧係数である．

図 6.11 は，$i=0$，$\phi=0$ の場合の C_a の値を示している．

6.3　擁壁の安定計算と施工

6.3.1　転倒，すべり，支持力に対する安定計算

擁壁を設計する場合には，まず地形や目的に合わせて擁壁の概略断面を決定する．その際，擁壁各部の寸法は図 6.12 を標準とする．

次に，この擁壁に作用する土圧などの諸力および自重を求め，転倒，底面での滑動，

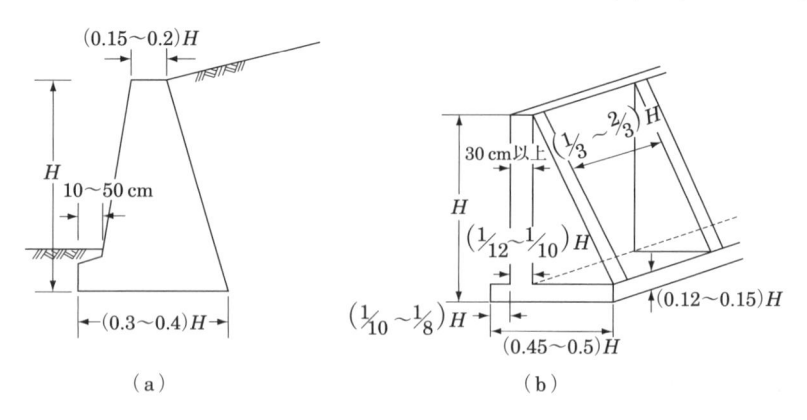

図 6.12　擁壁各部の寸法

底面の反力分布などを検討し，擁壁の安定性を検討する．

図 6.13 に示す擁壁の安定計算について述べる．土圧の計算では，鉛直線 ab を仮想背面と考えて計算する．そのため，ab 線と壁背面との間の土は，壁体の一部とみなす．

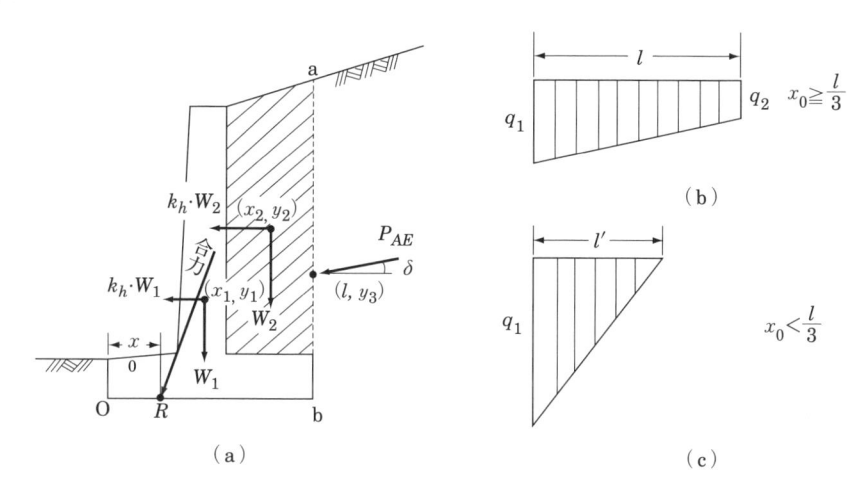

図 6.13 擁壁の安定計算

ここで，W_1 は擁壁の自重，W_2 は斜線を引いた部分の土の重量，P_{AE} は ab 面に作用する地震時主働土圧，k_h は設計水平震度とする．

前趾 O 点を原点として x 軸，y 軸を考え，W_1，W_2，P_{AE} の作用点の座標値を図 6.13 のなかの（　）内に示すように決める．

擁壁に働く合力 R の水平成分 H，鉛直成分 V を示すと，

$$\left. \begin{array}{l} H = k_h \cdot W_1 + k_h \cdot W_2 + P_{AE} \cos \delta \\ V = W_1 + W_2 + P_{AE} \sin \delta \end{array} \right\} \tag{6.9}$$

となり，合力 R の底面上での着力点と O 点との距離 x_0 は，

$$x_0 = \frac{1}{V}\{(x_1 \cdot W_1 + x_2 \cdot W_2 + l \cdot P_{AE} \sin \delta) - (y_1 \cdot k_h \cdot W_1 + y_2 \cdot k_h \cdot W_2 + y_3 \cdot P_{AE} \cos \delta)\} \tag{6.10}$$

となる．$x_0 > l/3$ となる場合には，底面反力分布は図 6.13（b）に示す台形分布となり，$x_0 > l/3$ の場合は後趾に近い側の反力は負となる．

しかし，地盤は張力に対しては抵抗力をもたないので，底面反力分布は図 6.13（c）に示す三角形分布になるとして計算しなおす．

いずれの場合も，合力の鉛直成分と底面反力の合力が等しく，合力の着力点と反力分布の重心は一致するという条件から q_1，q_2 を求める．すなわち，

$x_0 \geq \dfrac{l}{3}$ の場合,

$$q_1 = \dfrac{2V}{l}\left(2 - \dfrac{3x_0}{l}\right), \qquad q_2 = \dfrac{2V}{l}\left(\dfrac{3x_0}{l} - 1\right) \tag{6.11}$$

$x_0 < \dfrac{l}{3}$ の場合,

$$q_1 = \dfrac{2V}{3x_0} \quad (\text{ただし}, \ l' = 3x_0) \tag{6.12}$$

結局, q_1 が地盤の許容支持力を下まわれば安全である.

転倒に対しては, x_0 が負にならなければ擁壁の転倒は理論上起こりえないことになる. しかし, x_0 があまりに小さいと前趾の反力 q_1 がかなり大きくなるので, 転倒に対する安全条件としては, 通常, $l/6 \leq x_0$ を考えなければならない. また, 底面の滑動に対する安全は次の式で与えられる.

$$H < \mu \cdot V \tag{6.13}$$

ここで, μ は摩擦係数で, コンクリートと栗石の間では $0.6 \sim 1.0$ の値を考える. 滑動に対する安全率は, 常時 1.5 以上, 地震時 1.2 以上である.

例題 6.4 地表面が水平の地盤に図 6.14 に示す逆 T 型の土留め壁を設ける. 土の単位体積重量は 15.7 kN/m³, 内部摩擦角は 30°, 鉄筋コンクリートの単位体積重量は 23.5 kN/m³ とする. 水平震度 0.15 の地震時の底面反力分布を求めよ. また, 転倒, 底面での滑動に対する安全性を検討せよ. ただし, 仮想壁面と土の摩擦角は 15° として計算せよ.

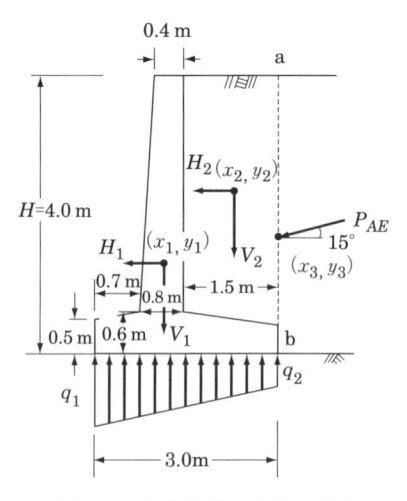

図 6.14 逆 T 型擁壁の安定計算

解 ① 擁壁の自重 G を求める.

$$G = 2.35\left(\frac{0.5+0.6}{2}\times 0.7 + 0.8\times 0.6 + \frac{0.5+0.6}{2}\times 1.5 + \frac{0.8+0.4}{2}\times 3.4\right)$$
$$= 2.35(0.385 + 0.48 + 0.825 + 2.04) = 87.7 \text{ kN/m}$$

この作用点は重心 (x_1, y_1) である.その鉛直および水平成分を V_1 および H_1 とすると,

$$V_1 = G = 87.7 \text{ kN/m}, \quad H_1 = k_h \cdot G = 13.2 \text{ kN/m}$$

となる.

② 擁壁背面と鉛直線 ab との間の土塊の重量 W を求める.

$$W = \frac{3.4+3.5}{2} \times 1.5 \times 15.7 = 81.2 \text{ kN/m}$$

この作用点は土塊の重心 (x_2, y_2) である.その鉛直および水平成分を V_2 および H_2 とすると,

$$V_2 = 81.2 \text{ kN/m}, \quad H_2 = 0.15 \times 81.2 = 12.2 \text{ kN/m}$$

となる.

③ 鉛直線 ab に働く地震時土圧 P_{AE} の場合にも,同様にして,

$$P_{AE}\cos\delta = \frac{1}{2}\gamma_t \cdot H^2 \cdot C_a \cos\delta = \frac{1}{2}\times 15.7 \times (4.0)^2 \times 0.41 = 51.5 \text{ kN/m} = H_3$$
$$P_{AE}\sin\delta = \frac{1}{2}\gamma_t \cdot H^2 \cdot C_a \sin\delta = \frac{1}{2}\times 15.7 \times (4.0)^2 \times 0.11 = 13.8 \text{ kN/m} = V_3$$

ただし,地震時主働土圧係数は,図 6.11(b) より求めた.この作用点の高さは鉛直線 ab の 1/3 点である.水平合力 H および鉛直合力 V は,次のようになる.

$$H = H_1 + H_2 + H_3 = 13.2 + 12.2 + 51.5 = 76.9 \text{ kN/m}$$
$$V = V_1 + V_2 + V_3 = 87.7 + 81.2 + 13.8 = 182.7 \text{ kN/m}$$

合力の作用線と擁壁底面との交点 O からの距離 x_0 は,次の式から求められる.

$$x_0 = \frac{1}{V}\{(x_1\cdot V_1 + x_2\cdot V_2 + x_3\cdot V_3) - (y_1\cdot H_1 + y_2\cdot H_2 + y_3\cdot H_3)\}$$
$$= \frac{1}{182.7}\{(1.3\times 87.7 + 2.3\times 81.2 + 3\times 13.8) - (1.3\times 13.2 + 2.2\times 12.2 + 1.3\times 51.5)\}$$
$$= \frac{1}{182.7}\{(114.0 + 186.8 + 41.4) - (17.2 + 26.8 + 66.9)\}$$
$$= \frac{1}{182.7}\times 231.3 = 1.27 \text{ m} > \frac{l}{3} = 1.0 \text{ m}$$

ゆえに反力分布は台形となる.すなわち,

$$q_1 = \frac{2V}{l}\left(2 - \frac{3x_0}{l}\right) = 121.8\times(2-1.27) = 88.9 \text{ kN/m}^2$$
$$q_2 = \frac{2V}{l}\left(\frac{3x_0}{l} - 1\right) = 121.8\times(1.27-1) = 32.9 \text{ kN/m}^2$$

したがって,転倒はない.滑動に対しては,

$$\mu\cdot V = 0.8 \times 182.7 = 146.2 \text{ kN/m} > H = 76.9 \text{ kN/m}$$

となり,そのときの安全率は,

$$\frac{\mu\cdot V}{H} = \frac{146.2}{76.9} = 1.9$$

となり,安全である.

6.3.2 円弧すべりに対する安定計算

安定計算で安定が確認された場合でも，擁壁が軟弱地盤上にある場合や傾斜地にある場合などでは，図 6.15 に示すように，擁壁および基礎地盤全体を含むすべり破壊に対する安定性を検討する必要がある．

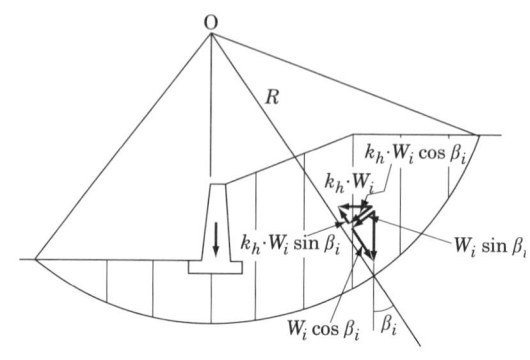

図 6.15 円弧すべり安定計算

図 6.15 において，すべり円弧を仮定し，円弧と地盤とにはさまれる滑動部分を適当な n 個のスライスに分割し，その自重 W_i を計算する．地震時には，$k_h \cdot W_i$ という水平地震力が各スライス(分割片)に作用する．ただし，k_h は水平震度である．

W_i と $k_h \cdot W_i$ の各スライスの底面(すべり面)に対する垂直分力と平行分力とを求め，O 点に対する滑動モーメントとすべり面に作用する抵抗モーメントとを求めれば，すべりに対する安全率 F_S は，次の式で表される．

$$F_S = \frac{\sum_{i=1}^{n} \{c \cdot l_i + (W_i \cos\beta_i - k_h \cdot W_i \sin\beta_i)\tan\phi\}}{\sum_{i=1}^{n} W_i \sin\beta_i + \sum_{i=1}^{n} k_h \cdot W_i \cos\beta_i} \quad (6.14)$$

ここに，c：粘着力，l_i：各スライスのすべり円弧の長さ，β_i：各スライスのすべり面の法線と鉛直線とのなす角，ϕ：土の内部摩擦角である．ただし，すべり円弧の半径 R は，分子と分母で相殺されている．通常，安全率は常時で 1.5 以上，地震時で 1.2 以上とする．

6.3.3 壁体の応力度の算定

土圧，擁壁の自重，地震力などの擁壁に作用する力によって生じるせん断応力，曲げモーメントなどが許容値を超えないように設計する．鉄筋の許容応力度は，その使用材料によって決まるが，コンクリートの許容応力度は 28 日の圧縮強度 σ_{28} から決められる．通常，23.5 MN/m^2 以上とする場合が多い．

（1） 重力式擁壁

壁体内部に引張応力が生じないようにする．また，躯体内の適当な水平断面を考えた場合，合力の作用点が断面の 1/3 点以内におさまっているかどうかを検討する．

（2） 逆 T 型擁壁

前壁および底版を片持版として設計する．

（3） 扶壁式擁壁

扶壁式擁壁では，控え壁を T 型梁と考え，壁およびフーチングは控え壁を支点とする連続版として設計すればよい．

6.3.4 擁壁の施工

（1） 基礎工

擁壁の基礎工には，通常，直接基礎が用いられる．軟弱地盤に対しては杭基礎が用いられる．根入れは，通常，1 m 以上とされるので，溝状の掘削が行われるが，この際，地下水面下での掘削となるときは排水工を用意し，周囲の地盤を緩めないように注意する．基礎が岩盤の場合には表面を水平にし，十分に清掃する．岩盤以外では栗石などを敷き詰めた上に底版を置く．

（2） コンクリート工

擁壁は，通常，延長の長いものであるので，無筋コンクリートでは約 10 m の間隔で突合せ式の伸縮継目を設ける必要がある．また，鉄筋コンクリートの場合は，間隔 10 m 以内に表面に V 形溝状の切れ目をつけるが，その際，鉄筋は切断しない．間隔 30 m 以内には伸縮継目を設ける．この継目では鉄筋は切断される．

（3） 裏込めおよび排水工

裏込め材料は，なるべく排水が良好な材料を用いる．通常，栗石や割栗石などをある幅で，壁背面に接した状態で入れるが，栗石層が目詰まりを生じないように，裏込めと栗石との間に適当な粒径のフィルター材を置く．壁には，容易に排水できる高さに直径 5 cm 以上の排水孔を 5 m 間隔以内に設ける．扶壁式擁壁の場合には，各パネルは少なくとも 1 箇所に排水孔を設ける必要がある．

6.4 補強土壁の安定検討と施工

6.4.1 補強土壁の特徴と適用例

補強土壁工は，用地制限などから通常の盛土よりも急勾配の盛土を築造する必要がある場合に採用することが多い．補強材には，メタルストリップやジオテキスタイル (geotextile) などの帯状や面状補強材を用いる．また，壁面工には，緑化が可能なジ

オテキスタイルの巻込み形式のほか，鋼製枠形式やコンクリートブロックなどを使用する．補強土壁工は，壁面の勾配を幅広く選択できること，盛土材料として種々の土質を使用できることなどを特徴としている．補強土壁の適用例を図6.16に示す．

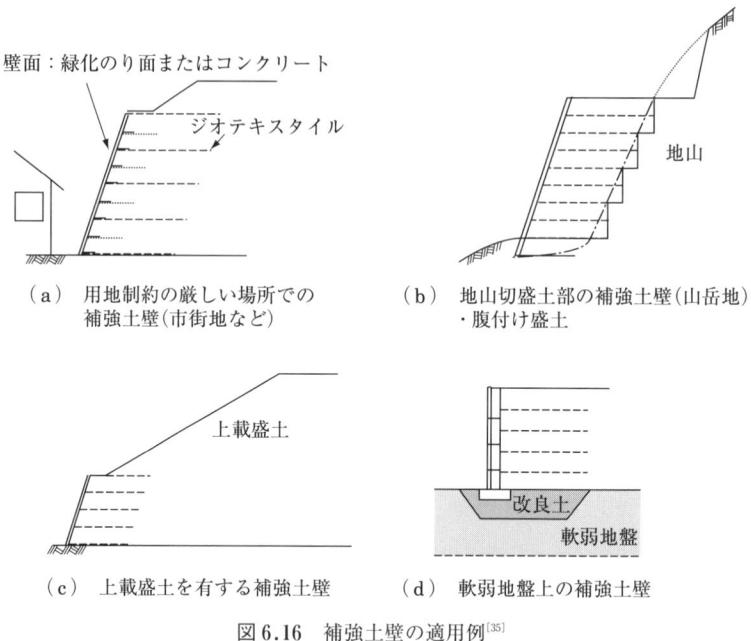

図6.16 補強土壁の適用例[35]

6.4.2 安定検討

ジオテキスタイルを用いた補強土壁の設計について簡単に述べる．ジオテキスタイルには，織布や不織布，ジオグリッド，ジオネットなどがある．設計においては，図6.17に示す内的安定，外的安定，全体安定，および部分安定の検討を行う．内的安定では，補強領域の内部を通るすべりに対するジオテキスタイルの破断や引抜けなどの計算を行う．外的安定では，補強領域を一体の擁壁とみなし，補強領域の滑動，転倒，支持力に対する計算を行う．

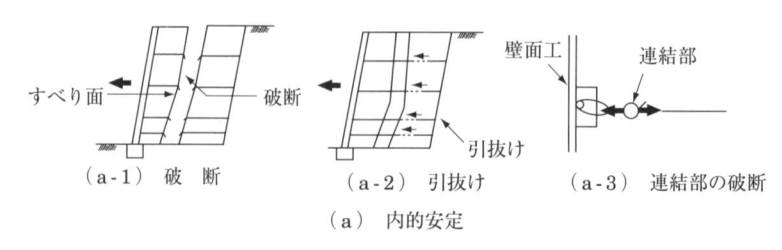

図6.17 補強土壁における破壊形態と検討項目[36]

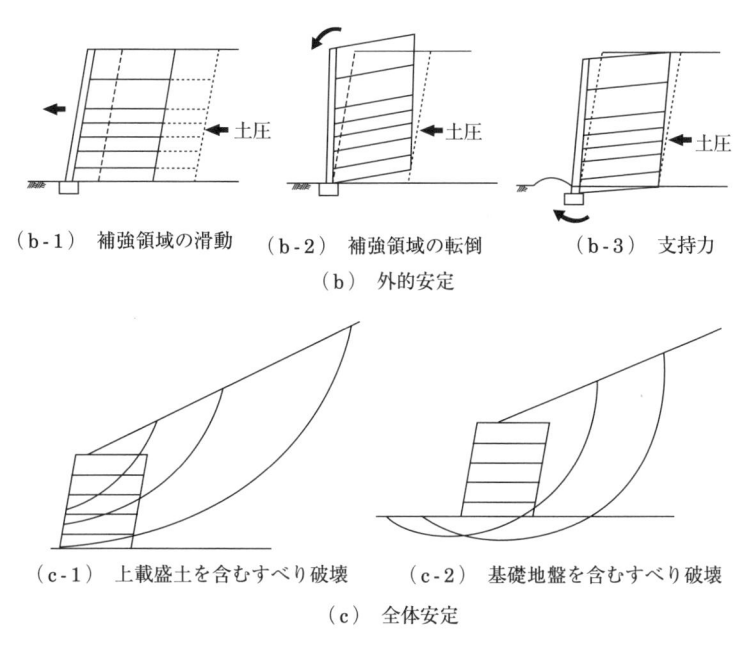

(b-1) 補強領域の滑動　(b-2) 補強領域の転倒　(b-3) 支持力

(b) 外的安定

(c-1) 上載盛土を含むすべり破壊　(c-2) 基礎地盤を含むすべり破壊

(c) 全体安定

図 6.17　補強土壁における破壊形態と検討項目（つづき）[36]

また，全体安定は，基礎地盤や背面の地山など補強領域外についての安定検討をいう．さらに部分安定は，のり面浸食や締固め時の抜け出し，壁面工における補強材の連結部および巻込み部の定着長などの検討を行うものである．それぞれに対して常時および地震時の安定性を確認し，これらの安定検討に基づいて，ジオテキスタイル（補強材）の敷設間隔と敷設長が決定される．

例題 6.5　円弧すべり法において，ジオテキスタイルの引張力 T による補強効果を考慮した安全率の式が，次式で表されることを示せ．

$$F_S = \frac{M_R + \Delta M_R}{M_D} = \frac{\sum_{i=1}^{n}\{c \cdot l_i + (W_i \cos\beta_i + T \sin\theta_i)\tan\phi + T\cos\theta_i\}}{\sum_{i=1}^{n} W_i \sin\beta_i} \quad (6.15)$$

ここに，M_R：抵抗モーメント $\left(R\sum_{i=1}^{n}(c \cdot l_i + W_i \cos\beta_i \tan\phi)\right)$ (kN·m/m)，M_D：滑動モーメント $(R\sum_{i=1}^{n} W \sin\beta_i)$ (kN·m/m)，ΔM_R：補強材力による抵抗モーメント(kN·m/m)，W_i：各スライスの重量(kN/m)，β_i：各スライスで切られたすべり線の中心とすべり円中心を結ぶ直線が鉛直線となす角度(°)，θ_i：ジオテキスタイルとすべり線の交点と，すべり線中心を結ぶ直線が鉛直線となす角度(°)，l_i：各スライ

スのすべり円弧の長さ(m), c：土の粘着力(kN/m^2), ϕ：土の内部摩擦角(°), T：補強材による引張力(kN/m)である．R：すべり円弧の半径(m)であるが，式(6.15)では分子と分母で相殺されている(図6.18)．

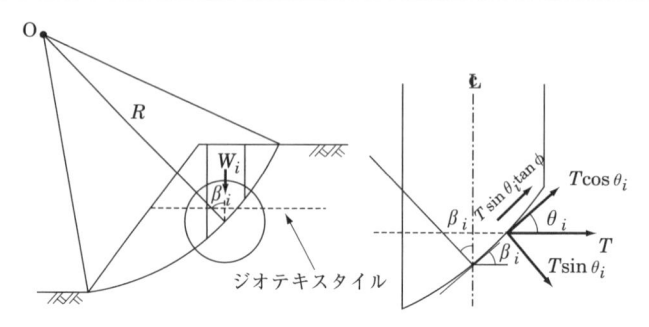

図6.18　ジオテキスタイルによる補強効果の算定

解　ジオテキスタイル(補強材)の引張力 T を，すべり線方向の成分 $T\cos\theta_i$ とすべり線に垂直な方向の成分 $T\sin\theta_i$ とに分けて考え，$T\cos\theta_i$ を土塊のすべりを引きとめる効果，$T\cos\theta_i$ をすべり線に作用する拘束圧の増加による締め付ける効果とみなし，両者で円弧すべりに抵抗するとしたものである．補強材とすべり線の交点がスライス(分割片)の中心にある場合は $\theta_i = \beta_i$ となる．なお，式(6.15)は，$T\cos\theta_i$ と $T\sin\theta_i$ の2成分がなければ，斜面の円弧すべりにおける簡便法に等しい．補強土壁の設計においては，式(6.15)を用いて所定の安全率を考えたときの必要な引張力 T の算出を行い，次にこの引張力 T を満足する補強材の敷設間隔と敷設長とを算出する方法をとる．

6.4.3　補強土壁の施工

　補強土壁工に先立ち，基礎地盤処理のための準備工，掘削・整地工，および基礎工・基礎排水工が実施される．補強土壁底面の基礎工は，水平となるように施工しなければならない．この仕上がりの良否が補強土壁全体の安定性に大きく影響する．一方，補強土壁工は，補強材の敷設，壁面工の施工，盛土材の巻出し・締固めなどの作業を繰り返しながら，壁面と盛土が同時に立ち上がっていく．

　壁面工の施工は，その構造形式によって異なる．図6.19にジオテキスタイルの巻込み形式の場合における施工手順を示す．巻き込んだジオテキスタイルに緩みがある場合には，壁面部に局所的な破壊が生じたり，はらみ出しが生じたりすることがある．したがって，ジオテキスタイルに適度な緊張を与え，土のう全体に対して拘束力を与えた状態にする必要がある．一方，コンクリートパネル形式の場合には，最下段のパネルの組立ての良否が壁面全体の施工精度を左右するので，直線性や高さの管理を十分に行う．また，パネルの組立て時には目地部に異物がないことを十分に確認し，盛

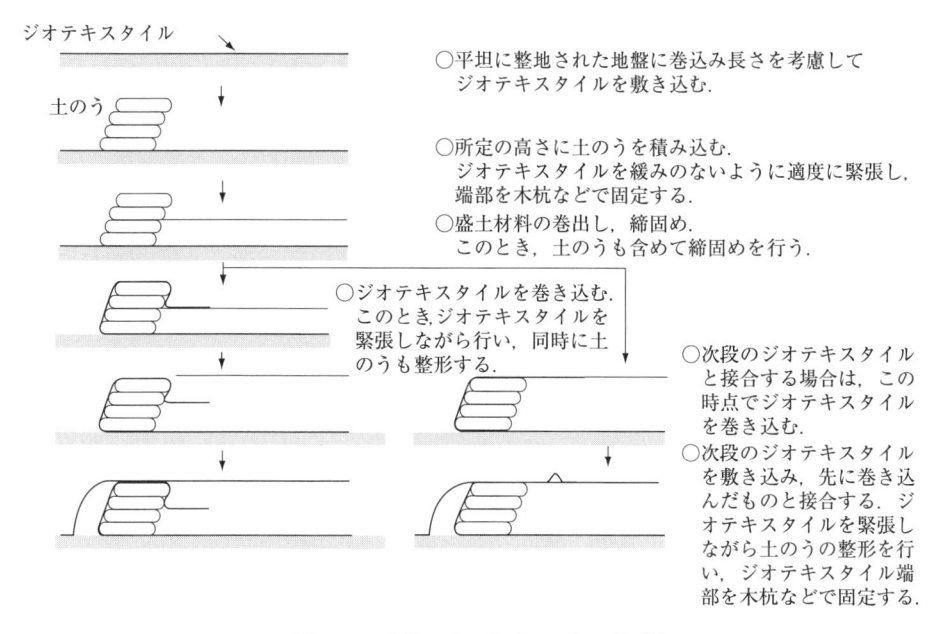

6.4 補強土壁の安定検討と施工　151

図6.19　巻込み式の壁面工の施工手順[37]

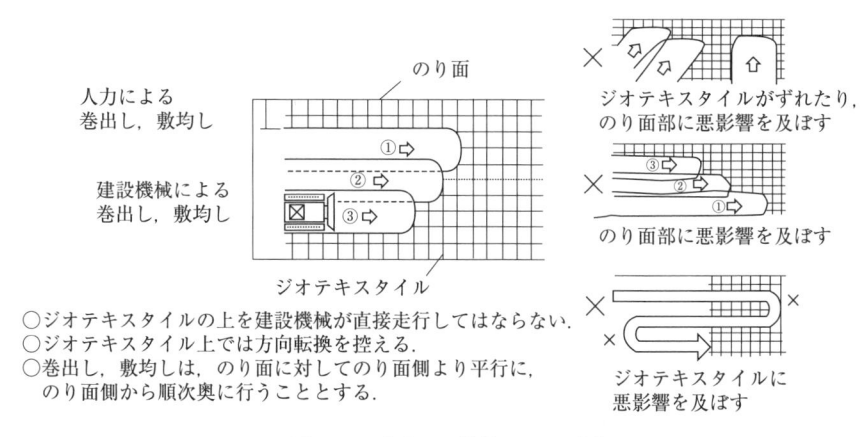

図6.20　巻出し・敷均しの原則[38]

土作業に先行して2段以上のパネルの組立てを行ってはならない．

　補強材の敷設や結合・連結にも，十分な注意を払うことが重要である．ジオテキスタイルは壁面に対して直角に全面敷設することが原則である．また，ジオテキスタイルと壁面材の連結においては，局部的に折り曲げることは避け，丸みを帯びさせて取り付ける．壁面工としてコンクリートパネルやコンクリートブロックを用いる場合には，背面盛土の圧縮沈下により連結部に過大な張力が生じるのを緩和させるために，

下方にスライド可能な連結方法を用いることも重要である．

　ジオテキスタイルを用いた場合の盛土材の巻出し・敷均しの原則を図 6.20 に示す．大型の建設機械は，壁面から 1.0 m 程度離れて壁面に平行に走行しなければならない．また，締固めにおいては，1 層当たりの仕上がり層厚が 20 cm 程度以下とする．壁面付近では，連結部との段差ができないように平滑に仕上げるとともに十分に締め固める．

　図 6.21 に盛土体内外の排水対策の例を示す．補強土壁は，補強材と盛土材との摩擦力によってその安定性を保持している．したがって，壁体内に雨水や地下水が流入することによる盛土材の強度低下を防止するために，十分な排水対策を施すことが重要である．

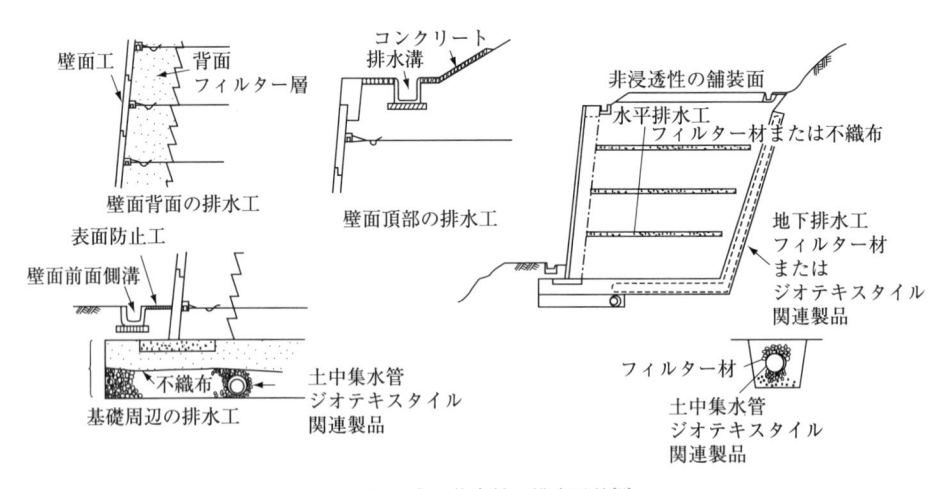

図 6.21　盛土体内外の排水対策[39]

6.5　橋台の名称・種類・安定計算

6.5.1　各部の名称

　橋台とは，橋桁の自重を基礎地盤に伝えるとともに，背後からの土圧，前面の水圧に抵抗するためにつくられた構造物である．背後から土圧を受けるので，コンクリート造か鉄筋コンクリート造の重い構造物となっている．一般的な形状を図 6.22 に示す．A の部分を橋座といい，橋桁の一端が置かれる．B を背壁または胸壁といい，築堤の上部の崩壊を防ぐ．C が橋台本体である．D はフーチング，E を翼壁といい，橋台に接して側方の土砂の崩壊を支える．

6.5 橋台の名称・種類・安定計算　153

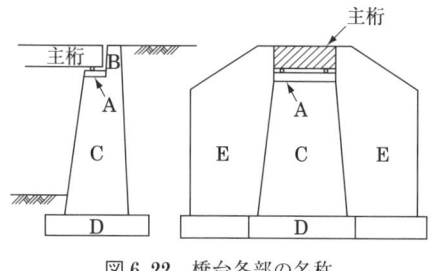

図 6.22　橋台各部の名称

6.5.2　橋台の種類

橋台をその形状から区別すると，次の 4 種類となる(図 6.23).

（1）　**直壁橋台**

両岸に沿って直面をもつもので，最も簡単な橋台である．流水による河岸の洗掘がない場所に用いる．

（2）　**U 型橋台**

翼壁が橋台に対して直角になっている形式で，道路が橋台上で交差している場合に用いられる．相当多量の材料を要するが，強度は大きい．しかし，洪水の際には洗掘が生じやすい欠点がある．

（3）　**翼付橋台**

直壁橋台の両側に翼状の壁を設けたもので，洗掘に対する抵抗は大きく，外観も美しい．翼壁の高さは終端にいくほど低くなる．

（4）　**翼なし橋台**

橋台を桟橋のようにして，橋台本体に土圧が作用しない構造のもので，河川堤防や

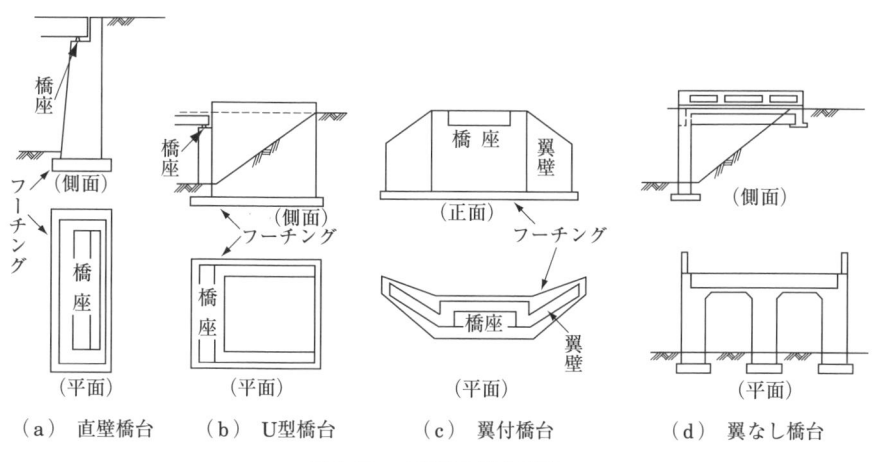

(a) 直壁橋台　　(b) U 型橋台　　(c) 翼付橋台　　(d) 翼なし橋台

図 6.23　4 種類の橋台形状

道路盛土に接するところに用いる．基礎に軟弱地盤があって沈下が予想される場合などにも用いる．

6.5.3 橋台の安定計算

橋台の安定計算は，一般的には擁壁のそれと同じである．擁壁などで考慮した外力以外では，頂部に作用する橋桁の自重および地震力である．

橋桁から働く地震力は，固定端では橋桁の自重に水平震度k_hを掛けた値，可動端には橋桁の自重に摩擦係数を掛けた値をとる（図6.24）．以上の力をあらたに考慮して，転倒，滑動，支持力について検討する．

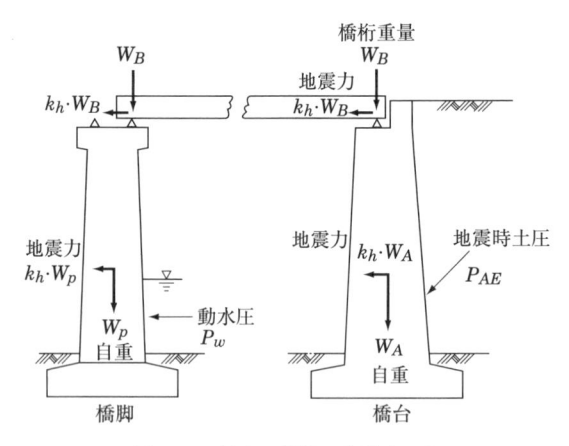

図6.24 橋台，橋脚に作用する力

6.6 橋脚の名称・種類・作用外力

6.6.1 橋脚の特徴と名称

橋脚は，橋桁を支えるために，橋台の中間につくられる構造物で，その頂部には，橋の上部構造の自重や走行荷重，地震力などが作用する．水中に設けられるので水流を妨げることの少ないよう，また，船の運行に支障のないように設計・施工する．

橋脚の底部は洗掘作用を受けるので，ある深さ以上の根入れをとり，できれば硬い地盤上に設置する．軟弱地盤では杭基礎やケーソン基礎などを考える．

桁高は，大河川の低水敷では約1.2～1.5m，高水敷では約1.0～1.3mとする．橋脚各部の名称を図6.25（a）（b）に示す．Aは橋座といい，支承板の上に橋桁が載る部分である．Bはかさ石で，橋脚本体より少し突出しており，雨水が橋脚側面を伝わって落ちるのを防ぎ，また外観を飾る．Cは本体で，Dがフーチングである．杭式橋脚

では，Aが橋座，Eが杭頭を連結する梁でまくら梁，Fが杭の剛性を増すためにつけられるもので水貫という．

6.6.2 橋脚の種類
橋脚をその構造上から分類すると，図6.25に示す5種類になる．

（1） 重力式橋脚
一般的な形式の橋脚で，重力式の場合は本体が大きくなり，無筋コンクリート造となる．そのため地震力には弱い．この欠点を補うために，本体を鉄筋コンクリート造にした半重力式が用いられることがある(図(a))．

（2） 杭式橋脚
RC，PC，または鋼管杭を群杭形式に打設した形式のもので，軟弱地盤などに用いられる．横抵抗が小さいのが欠点である(図(b))．

（3） 柱式橋脚
柱の頂部に張出しを設け，橋桁を受ける構造で，左右の張出しをつないだものもあるが，通常は左右が独立の柱からなるものが多い(図(c))．

（4） ラーメン式橋脚
門型ラーメン構造となっているものである(図(d))．

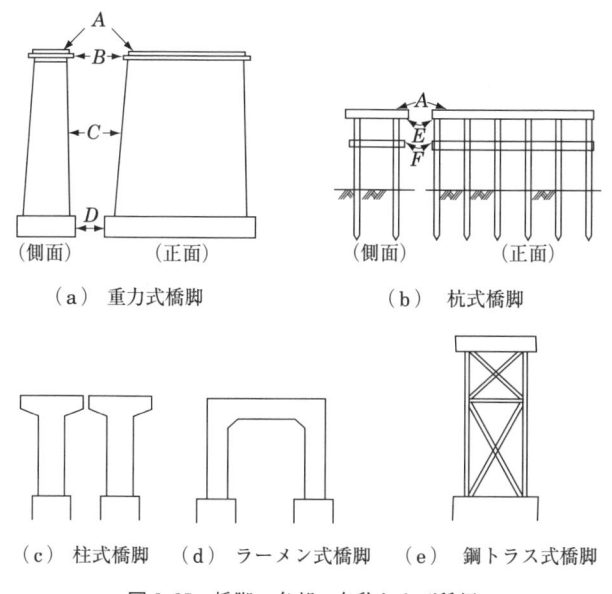

（a） 重力式橋脚　　　（b） 杭式橋脚

（c） 柱式橋脚　（d） ラーメン式橋脚　（e） 鋼トラス式橋脚

図6.25　橋脚の各部の名称および種類

(5) 鋼トラス式橋脚

高橋脚に用いる構造で，鋼トラスを組んだものをいう(図(e))．

6.6.3 水平断面形状と流水圧

橋脚は，水流を妨げないような断面形状をとる必要がある．したがって，長方形断面に三角形または半円形の水切りを，上流側だけか，上・下流両側につけた断面が用いられる．水切りの形によって，橋脚に作用する流水圧が異なり，それは式(6.16)で計算される．ただし，P_{water}(kN)は流水圧合力で，その作用点は水底から水深の0.6倍の高さである．

$$P_{water} = K_{water} \cdot A \cdot V^2 \tag{6.16}$$

ここに，K_{water}：橋脚の断面形状による係数で，表6.1に示す．V：表面流速(m/s)，A：水流に直角な面への橋脚の投影面積(m^2)である．

表6.1 K_{water} 値

橋脚の流水方向と端部の形状	係数
→ □ / → ▭	0.7
→ ○ / → ▭ / → ⬡	0.4
→ ⬭	0.2

表6.2 K_{wind} の値

断面形状	K_{wind} の値
○	6.7
▭	6.7
▭	10.0

6.6.4 橋脚に作用するその他の外力

橋の上を走る交通機関の活荷重や衝撃荷重，前述の流水圧のほかに，風圧，流木圧，および場所によっては流氷圧といったものが作用する．

(1) 風圧力

風圧力の作用する面は，橋脚の水面以上の部分(低水位以上をとれば安全である)および上部構造物の面である．作用点はこれらの面の重心位置とする．一般に，風圧力P_{wind}(N)は，式(6.17)から求められる．

$$P_{wind} = K_{wind} \cdot A \frac{V^2}{8} \tag{6.17}$$

ここに，K_{wind}：形状による係数(表6.2参照)，A：風圧を受ける部分の面積(m^2)，V：風速(m/s)である．

(2) 流木圧

河床勾配が1/300以上のときは29.4 kN，1/300以下のときは19.6 kNを水面と同一

の高さの点に水平に作用させる.

（3）波　力

波の影響を受ける橋脚については，砕け波を考えなければならない．橋脚の単位面積当たりの波力 $p_{\text{wave}}\,(\text{kN/m}^2)$ は，次の式で算出する.

$$p_{\text{wave}} = 3\gamma_w \cdot h \tag{6.18}$$

ここに，γ_w：水の単位体積重量 (kN/m^3)，h：沖波の振幅 (m) である．

6.6.5　橋脚の安定計算

図 6.24 で示すように，橋脚に作用する外力としては，その頂部に橋桁の自重およびその地震力，橋脚の重心位置にその自重と地震力，そのほか流水圧や波圧などを考えて，橋台と同様な検討を行う．ただし，橋脚の場合には，橋軸に平行方向と直角方向の，それぞれについて検討する必要がある．

6.6.6　洗掘および根固め工

橋脚周囲の地盤は洗掘されることが多い．その規模や深さなどは水流の大きさとその方向，水深，水底土質，水底勾配，橋脚の形状などによって決まるが，要因が多くて明確にはできない．

洗掘防止工としては，橋脚の周辺，とくに前面と側面とでは，かなり広範囲に捨石，水底石張，沈床，蛇かごなどを置いて，水底地盤を押さえる方法がとられる．

演習問題 [6]

1. ランキン土圧とクローン土圧の違いについて述べ，それぞれの適用上の注意について説明せよ．
2. 土圧には，主働土圧，受働土圧，および静止土圧がある．それぞれについてどのような場合に作用するかを説明せよ．
3. 図 6.26 に示すような，タイロッドを有する矢板の根入れ深さ d およびタイロッドの張力 T を求めよ．ただし，矢板の前面および背面には，図のようなランキン土圧が作用しているものとする．タイロッド支点におけるモーメントの均衡を考えて計算せよ．
4. 図 6.27 に示すような，高さ 5 m の土留め壁がある．裏込め表面は水平，裏込め土の単位体積重量 $17.6\,\text{kN/m}^3$，内部摩擦角 $30°$ である．水平震度 0.12，鉛直震度 0 とする．土留め壁に作用する地震時土圧を求めよ．
5. 水平な地盤に，図 6.28 に示すような土留め壁を設置しようと思う．土の単位体積重量は $17.6\,\text{kN/m}^3$，内部摩擦角 $30°$，鉄筋コンクリートの単位体積重量は $23.5\,\text{kN/m}^3$，土

図 6.26　矢板壁に作用する土圧

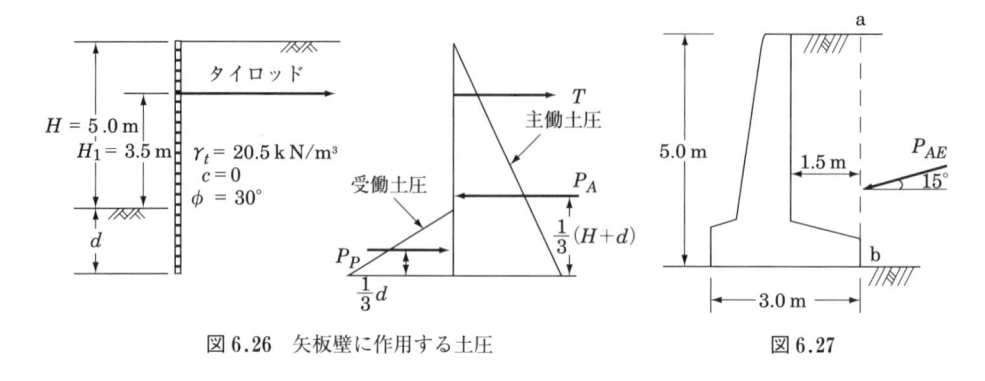

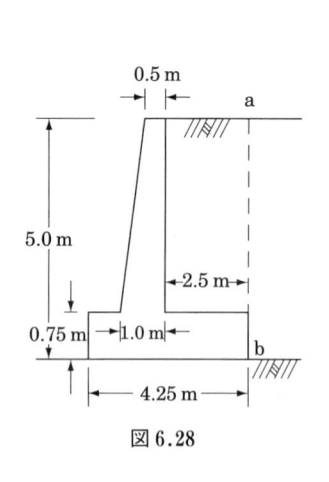

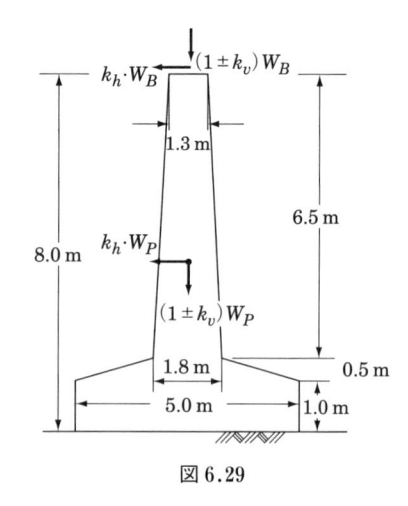

図 6.27

図 6.28

図 6.29

と仮想背面の摩擦角は 0° と仮定する．水平震度 0.2 の地震動を受けたときの底面反力分布を求めよ．この土留め壁の転倒および底面のすべり出しに対する安定を検討せよ．

6．硬い地盤の上に，図 6.29 に示すようなフーチング基礎の橋脚を設置しようと思う．フーチング底面から頂部までの高さは 8.0 m である．頂部に加わる橋桁の重量は 1470 kN，フーチングおよび橋脚の断面寸法は図のとおりである．橋脚部の奥行は 9.0 m，鉄筋コンクリートの単位体積重量は 23.5 kN/m³ とする．水平震度 0.2，鉛直震度 0.1 の地震時における底面反力分布を計算せよ．なお，橋脚の地震時底面反力を求める場合は，鉛直荷重としては橋桁・橋脚の自重に $(1+k_v)$ を乗じた荷重を考える（参考文献[14]，p.132 参照）．

7．補強土壁とコンクリート重力式擁壁との違いを述べよ．
8．補強土壁の安定計算における内的安定と外的安定について説明せよ．
9．橋脚の種類と，それぞれの特徴について説明せよ．
10．橋脚の洗掘現象はどのような場合に発生するか，またその防止工について説明せよ．

第7章　埋設管・カルバート・オイルタンク

7.1　埋設管の基礎と形式

埋設管類は長い延長にわたって埋設されるので，種々の硬さをもつ地盤について，それぞれに適応する基礎工を用いることが要求される．

7.1.1　埋設管の基礎

地耐力が $98\,\mathrm{kN/m^2}$ 以上（N 値 $>12\sim15$）の地盤であれば，地盤と埋設管との間にすきまを生じないように施工し，埋戻しの際にも管の下半分，とくに継手箇所を十分に締固めれば基礎工は必要としない．

下水管幹線などの埋設地域は，平野部で地盤はよくない場合が多い．このような場所では，不同沈下を生じるおそれがある．これを避けるには，埋設管の大きさ，道路荷重，埋戻し深さなどを考慮した基礎工を採用する必要がある．

7.1.2　基礎の形式

（1）　砂利基礎

よい地盤だが多少の湧水などがあって，埋設管を地盤上に直接載せるのでは施工基面が決めにくい場所に用いられる．砂利のほかに，切込み砂利，クラッシャーランなどでもよい．砂利層の厚さは $20\sim30\,\mathrm{cm}$ とする．

（2）　まくら土台基礎（図 7.1）

普通の地盤で，ヒューム管などカラー継手の下水道管の埋設に用いられる簡単な基礎工である．管1本に対して2～3箇所のまくらをすえ，その上に管を置いてくさびで管を安定させる．まくらには，硬い木材や，コンクリートブロックを用いる．

まくら土台が沈下しないように突き固めてすえ，埋設管に一様に接するように高さを調節する必要がある．

（3）　はしご胴木基礎（図 7.2）

地盤が軟弱で湧水があるなど，沈下のおそれがあるときに用いる．胴木，まくら

図 7.1　まくら土台基礎

図 7.2　はしご胴木基礎

図 7.3　鳥居形基礎

図 7.4　コンクリート基礎とサンドクッション基礎
（a）コンクリート基礎　　（b）サンドクッション基礎

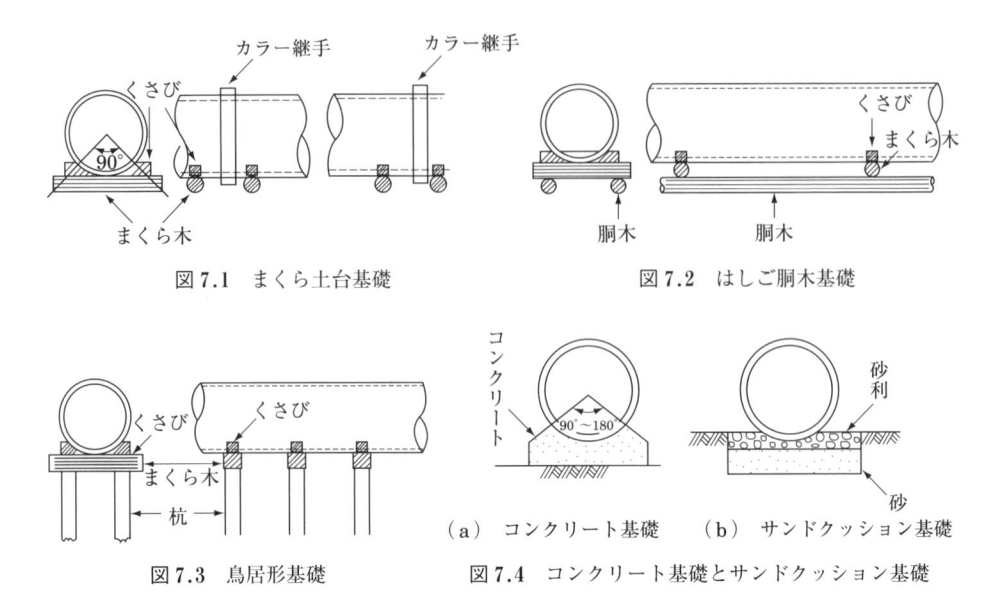

木とも生松丸太を用い，胴木の両端は相欠きとしてボルト締めで連結し，地盤上にすえ付けた上にまくら木を載せ，胴木の間に切込み砂利を入れて基礎とする．

　胴木を連続するのは不同沈下を防ぐためである．したがって，胴木の連結に十分に注意し，胴木を突き固めた地盤によく密着させ，まくら横木を一定の高さに固定する．管と胴木の密着を確実に行う．

（4）　鳥居形基礎(図7.3)

　非常に軟弱な地盤や，交通荷重などの大きい外力で管が沈下するおそれがある場合に用いる．まくら土台基礎を杭で支持した形である．

（5）　コンクリート基礎(図7.4(a))

　軟弱地盤上に不同沈下が許されない幹線部を施工する場合などに用いる．地盤上に砂利または栗石層を置き，その上に定められた厚さのコンクリートまたは鉄筋コンクリートを打設するものである．コンクリートは埋設管の下部を中心角 $90°\sim180°$ まで抱き込む形で打設される．

（6）　杭基礎

　大口径管または場所打コンクリート暗渠のように，自重がかなり大きく，地耐力がそれを支えるのに不十分とか，または不同沈下のおそれがある場合に，杭を打ち込み沈下を防ぐ基礎である．

（7）　サンドクッション基礎(図7.4(b))

　低湿地で，栗石や砂利などを入れても踏み込んでしまい，杭を打っても支持力が得

られない場合に，軟弱土を厚さ約 30 cm 程度を砂で置換する．その上に砂利基礎を置く．

7.2 開削工法と推進工法による埋設管の施工

7.2.1 開削工法

埋設管を施工するには，まず溝状の掘削を行う．地盤が堅固でなければ，溝を掘削したときに地盤が崩れ落ちないように，土留め矢板を打設してから掘削する．

掘削には，人力掘削とバックホーやトラクターショベルなどによる機械掘削とを併用する．既設の埋設管や土留め工に障害を招かないように十分注意する．埋設管の敷設後の埋戻しについては，掘削土が良質であればそれを使用する．

7.2.2 推進工法

交通量の多い道路や建物の下に埋設管を敷設する場合には，開削工法を用いることはできない．このような場合には，推進工法やシールド工法といった一種のトンネル工が応用される．

推進工法(図 7.5)は，パイププッシング(pipe pushing)工法ともいい，刃口部で掘削を行いながら埋設管を水平方向に推し進める工法である．推進管の呼び径により，800～3000 mm は中・大口径管，150～700 mm は小口径管に分類される．

埋設管の搬入や掘削土の搬出などのため，始点および終点には立坑が必要である．推進にはジャッキを用いるが，その反力を受けるため，発進立坑には強固な支圧壁(図7.6)や推進台などが必要である．

埋設管は，推力に耐えるように肉厚のものを用い，管の周囲には摩擦抵抗を小さくするために潤滑材を注入するための穴がある．推進長を長くするためには，シールド機械を切羽部に取り付けて施工するセミシールド工法が用いられる．内径 1.8～3.0 m

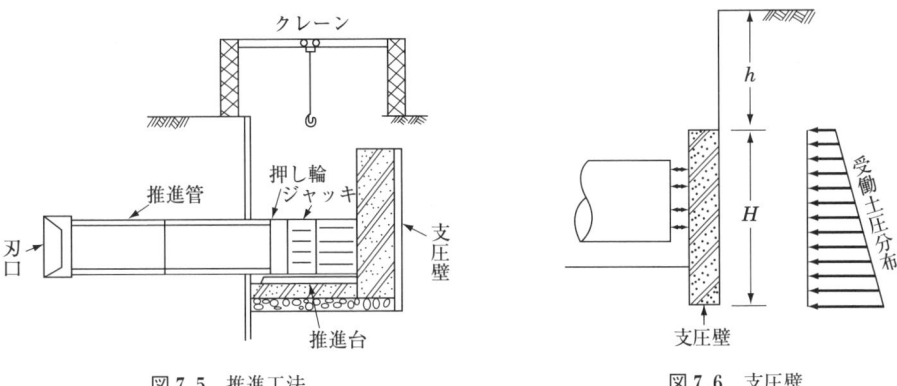

図 7.5　推進工法

図 7.6　支圧壁

で延長約150mの推進ができる．セミシールドではヒューム管を使用するので，セグメントの組立や二次覆工などの手間が省け，シールド工法より簡便な工法である．

推進力は，次の式で計算できる．

$$P = s \cdot q_r + (R \cdot F + W \cdot f)L \tag{7.1}$$

ここに，P：推進力(kN)，s：刃口の外周長(管の外周長にほぼ等しい)(m)，q_r：推進先端抵抗力(kN/m)，R：土と管との摩擦抵抗(kN/m^2)，F：管の外周長(m)，W：管の単位長さ当たりの自重(kN/m)，f：管と土との摩擦係数，L：推進延長(m) である．

q_r，R，fの値は土質によって異なるが，おおよそ表7.1のとおりである．

表7.1 q_r，R，fの値

土質	q_r (kN/m)	R (kN/m^2)	f
軟弱土	30〜100	4〜10	0.2
普通土	50〜150	8〜14	0.3
硬質土	100〜300	12〜25	0.4

支圧壁の耐力は，壁そのものより背後の地盤の耐力が問題となる．理論的には背後の地盤の受働土圧が耐力ということになるが，経験上，受働土圧の2倍程度が実際とよく一致するといわれている．すなわち，次の式を用いて求める．

$$P_R = 2B \left(\gamma_t \cdot H^2 \frac{K_P}{2} + 2c \cdot H \sqrt{K_P} + \gamma_t \cdot h \cdot H \cdot K_p \right) \tag{7.2}$$

ここに，P_R：反力(kN)，B：支圧壁の幅(m)，γ_t：土の単位体積重量(kN/m^3)，H：

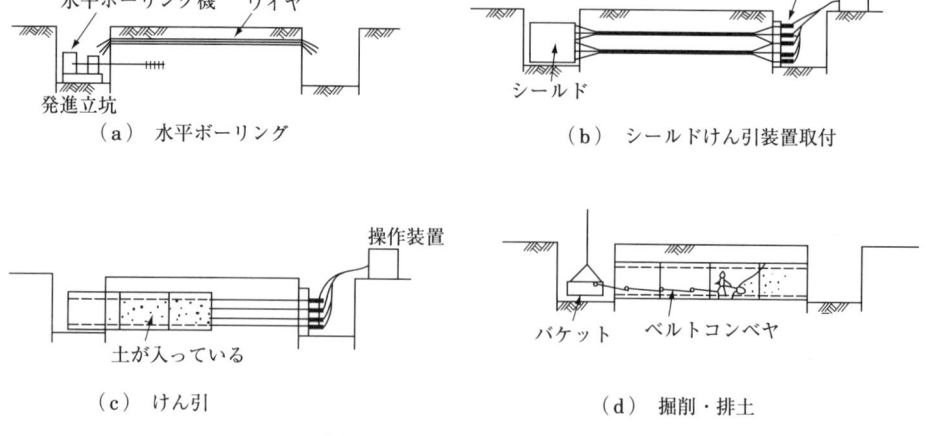

(a) 水平ボーリング

(b) シールドけん引装置取付

(c) けん引

(d) 掘削・排土

図7.7 けん引式シールド工法

支圧壁の高さ(m)，K_p：受働土圧係数，c：粘着力(kN/m^2)，h：地表から支圧壁天端までの深さ(m)である．

管を推進するかわりに到着立坑のほうからワイヤで管をけん引するけん引式シールド工法(図7.7)がある．地質調査を兼ねた水平ボーリングを行って施工の可能性を確認するとともに，ボーリング孔にけん引用のワイヤを束ねて通す．次に管の切羽部にワイヤの一端を止め，他端をジャッキに留めてけん引する．そして，管内に入った土砂を取り除くといった手順を繰り返すのである．大規模な支圧壁が不要という利点がある．

例題 7.1 砂質粘土地盤($c = 20\,kN/m^2$，$\phi = 30°$，$\gamma_t = 17\,kN/m^3$)に，高さ3m，幅2mの支圧壁が地表から1m深さに設置されている．支圧壁の反力を求めよ．この地盤に外周1mの推進管を長さ10m圧入することができるか．

解 式(6.3)より，
$$K_p = \frac{1+\sin 30°}{1-\sin 30°} = 3.73, \quad \sqrt{K_p} = 1.93$$

式(7.2)において $B = 2\,m$，$\gamma_t = 17\,kN/m^3$，$H = 3\,m$，$c = 20\,kN/m^2$，$h = 1\,m$ とおく．
$$P_R = 2 \times 2 \left(17 \times 9 \times \frac{3.73}{2} + 2 \times 20 \times 3 \times 1.93 + 17 \times 1 \times 3 \times 3.73\right)$$
$$= 4(285.3 + 231.6 + 190.2) = 2828\,kN$$

刃口および推進管の直径は1m，肉厚0.15mとすると，推進管の単位長さ当たりの自重 W は，コンクリートの単位体積重量を $25\,kN/m^3$ として，
$$W = 0.40 \times 25 = 10\,kN/m$$

$q_r = 10\,kN/m$，$R = 20\,kN/m^2$，$f = 3.0$ とすると，式(7.1)より，
$$P = 3.14 \times 10 + (20 \times 3.14 + 10 \times 0.3) \times 10 = 31.4 + (62.8 + 3.0) \times 10$$
$$= 689.4\,kN < 2829\,kN$$

よって，支圧壁は推進管の圧入に十分耐える．

7.3 埋設管に作用する土圧

埋設管に作用する鉛直荷重は，マーストン(Marston)の式で計算できる．この方法は，理論と実験に基づいて提案されており(例題7.2参照)，各種の埋設工法に適用できる．ここでは，開削工法によって埋設された管に作用する荷重について述べる．

図7.8を参照すると，管にかかる荷重は埋設管上の土柱(埋戻し土)の重量に，この土柱と隣接する土柱の間の摩擦力を加えたり，引いたりしたものとして計算される．この摩擦力の大きさと方向は，土柱相互間の相対沈下によって決まる．マーストン式には，次の仮定がある．

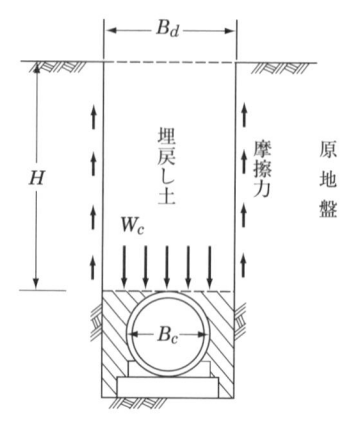

図7.8 開削時に管にかかる荷重

① 求められる荷重は沈下が終了した状態のものである．
② 土柱相互間の摩擦力を引き起こす水平土圧は，ランキン土圧である．
③ 粘着力はトンネル工法を除いて無視する．

マーストン式の一般形は，

$$W = C \cdot \gamma_t \cdot B^2 \tag{7.3}$$

である．ここに，W：鉛直荷重(kN/m)，γ_t：土の単位体積重量(kN/m³)，B：掘削幅または管径(m)，C：荷重係数である．

この荷重係数に影響を及ぼすのは，次の要因である．

① 掘削幅または管径と埋戻し深さとの比．
② 埋戻し土柱と隣接土柱との間の摩擦力．

埋戻し土の場合は，図7.8に示すように，埋戻し土と溝の両側の地盤との間には上向きの摩擦力が働き，この摩擦力によって埋戻し土の重量の一部が支えられる．この結果，管上端の深さの水平面に作用する荷重は，埋戻し土の重量から上向き摩擦力を差し引いたものとなる．このことを考慮に入れて，剛性管に対する鉛直荷重 W_c は次式となる．

$$W_c = C_d \cdot \gamma_t \cdot B_d^2 \tag{7.4}$$

ここに，W_c：鉛直荷重(kN/m)，C_d：荷重係数，γ_t：埋戻し土の単位体積重量(kN/m³)，B_d：管の上端における掘削幅(m) である．

C_d は掘削幅と埋戻し高との比および埋戻し土と現地盤土との摩擦係数の関数であり，式(7.5)で表される．

$$C_d = \frac{1 - \exp^{-2k \cdot \mu'(H/B_d)}}{2k \cdot \mu'} \tag{7.5}$$

ここに，e：自然対数の底，$k\left(=\tan^2\left(45°-\dfrac{\phi}{2}\right)\right)$：主働土圧係数，$\mu'(=\tan\delta)$：埋戻し土と現地盤土との摩擦係数，$H$：管の上端から上の埋戻し土の高さ(m)である．

摩擦係数については，埋戻し土に砂を用いる場合は，μ' は埋戻し土の内部摩擦係数 $\mu=\tan\phi$ より小さい値をとる．設計上適切な資料がない場合は $k\cdot\mu$ と $k\cdot\mu'$ は等しいと考える．埋戻し土が粘土の場合には $k\cdot\mu=k\cdot\mu'=0.11$ を用いるとよい．

式(7.4)は，管上端水平面上に働く全垂直荷重を与える．剛性管であれば，その荷重はすべてその管上に働く．

しかし，たわみ性管であれば，管側面がよく締固められている場合は管側面の埋戻し土は全荷重の一部を受けもつと考えられる．この場合のマーストン式は，次のようになる．

$$W_c = C_d \cdot \gamma_t \cdot B_c \cdot B_d \tag{7.6}$$

ここに，B_c：管の外径(m)である．

結局，埋戻し土の剛性が管の剛性より小さい場合は，荷重の大部分は管にかかり，両者の剛性が等しい場合は，全荷重の一部が管両側の埋戻し土にかかることになる．このことは管の両側の埋戻し土の締固めが大切なことを示している．とくにたわみ性管では締固めは重要である．

式(7.4)でわかるように，荷重は掘削幅の2乗に比例して大きくなる．これは広範囲な経験からも実証されており，また，このときの掘削幅というのは，図7.9に示すように，管の上端での掘削幅であることも経験的に知られている．

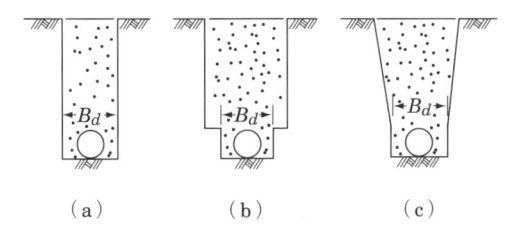

図 7.9 掘削幅 B_d

掘削幅は，継手の充てん，型枠の組立，取り外し，埋戻しなどのために最小の作業空間を残してできる限り小さくする必要がある．

開削工法のトレンチ幅が大きくなると，式(7.4)は適用できなくなる．

> **例題 7.2** 埋設管に作用する鉛直荷重の式(7.4)～(7.6)を導びけ．

解 図7.10に示すように，幅 B_d の溝を掘って外径 B_c の管を埋めた場合，鉛直方向の力の釣り合い式は，次のようになる．

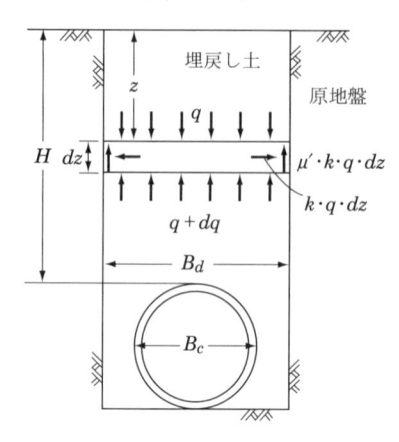

図 7.10 埋設管に作用する応力

$$B_d \cdot (q+dq) + 2\mu' \cdot k \cdot q \cdot dz = q \cdot B_d + \gamma_t \cdot B_d \cdot dz$$

ここに，q は深さ z における鉛直応力 $(=\gamma_t \cdot z)$，γ_t は埋戻し土の単位体積重量，dq は厚さ dz の土の鉛直応力，k はランキン主働土圧係数，μ' は埋戻し土と原地盤との間の摩擦係数である．式を整理すると，

$$\frac{dq}{dz} + 2\mu' \cdot k \frac{q}{B_d} = \gamma_t$$

となる．積分定数を C とすると，この線形微分方程式の解は，

$$q \exp\left(\int 2\mu' \cdot k \frac{1}{B_d} dz\right) = \int \exp\left(\int 2\mu' \cdot k \frac{1}{B_d} dz\right) \gamma_t dz + C$$

$$\therefore \quad q \exp\left(2\mu' \cdot k \frac{z}{B_d}\right) = \frac{\gamma_t \cdot B_d}{2\mu' \cdot k} \exp\left(2\mu' \cdot k \frac{z}{B_d}\right) + C \tag{7.7a}$$

ここで，$z=0$ のとき $q=0$ であるから，

$$C = \frac{-\gamma_t \cdot B_d}{2\mu' \cdot k}$$

これを式(7.7a)に代入して整理すると，

$$q = \frac{\gamma_t \cdot B_d}{2\mu' \cdot k}\left[1 - \exp\left(-2\mu' \cdot k \frac{z}{B_d}\right)\right]$$

管の頂部を通る水平面上での鉛直応力 q_c は，上式の z に H を代入して得られる．

$$q_c = C_d \cdot \gamma_t \cdot B_d \tag{7.7b}$$

したがって，鉛直荷重は式(7.4)となる．

$$W_c = q_c \cdot B_d = C_d \cdot \gamma_t \cdot B_d{}^2 \tag{7.4}$$

ただし，

$$C_d = \frac{1 - \exp\left(-2\mu' \cdot k \dfrac{H}{B_d}\right)}{2\mu' \cdot k} \tag{7.5}$$

しかし，埋設管が受ける鉛直土圧の割合は，管の相対的な剛性によって変化する．剛性管であれば，埋戻し土は比較的圧縮されやすく，式(7.7b)による鉛直土圧の全部を受けるが，

たわみ性管で埋戻し土がそれに近い性質のものであれば，埋戻し土が受ける鉛直土圧だけ管の受ける鉛直土圧は軽減される．たわみ性が同じ程度の場合，管にかかる鉛直応力 q_c は，式(7.7 b)に B_c/B_d を乗じた次の式で表される．

$$q_c = C_d \cdot \gamma_t \cdot B_c \tag{7.7 c}$$

したがって，この場合の鉛直荷重 W_c は，式(7.6)となる．

$$W_c = q_c \cdot B_d = C_d \cdot \gamma_t \cdot B_c \cdot B_d \tag{7.6}$$

例題 7.3 開削工法で，内径 0.6 m の埋設管を管の上端までの深さ 4.2 m の状態で埋設した．埋設管に作用する荷重を求めよ．ただし，管は剛性管とする．埋戻し土の単位体積重量は $\gamma_t = 15.7$ kN/m³ であり，埋戻し土の内部摩擦角は $\phi = 24°$ とする．また，埋戻し土と原地盤との間の摩擦角は $\delta = \phi$ とする．

解 管の肉厚を 5 cm と仮定すると，

$$B_c = 0.6 + 0.1 = 0.7 \text{ m},$$

掘削幅は，管の両側に 0.3 m ずつの余裕をみて，

$$B_d = 0.7 + 0.6 = 1.3 \text{ m}, \quad \frac{H}{B_d} = \frac{4.2}{1.3} = 3.23$$

$$\mu' = \tan \delta = \tan 24° = 0.445$$

$$k = \tan^2 \left(45° - \frac{24°}{2} \right) = 0.422$$

式(7.5)より，

$$C_d = \frac{1 - \exp(-2 \times 0.445 \times 0.422 \times 3.23)}{2 \times 0.445 \times 0.422}$$

$$= \frac{1 - 0.281}{0.376} = 1.91$$

したがって，式(7.4)より，

$$W_c = 1.91 \times 15.7 \times (1.3)^2 = 50.7 \text{ kN/m}$$

7.4 カルバートの種類と作用荷重

7.4.1 カルバートの種類

カルバートとは，道路下に水路を設けたり，盛土下に道路空間を設けるための構造物である．図 7.11 に示すような種類がある．

ここでは，代表的な図(a)の剛性ボックスカルバートについて述べる．そのなかで水路用カルバートでは，次の①〜③などが求められる．

① 計画流量を安全に通水できる断面であること．
② 内空高さは保守点検の人が入る場合は 1.8 m 以上であること．
③ 軟弱地盤上に施工し沈下が予測される場合には，上げ越し施工を行うこと．

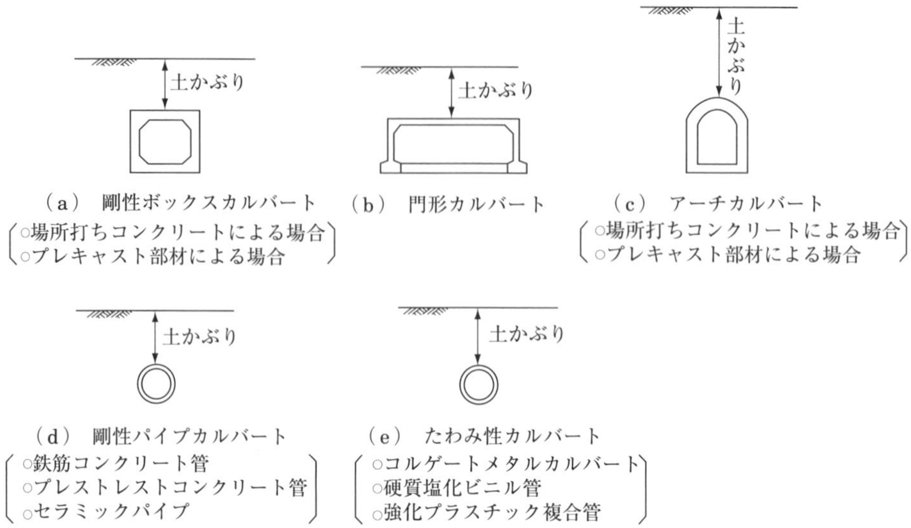

図 7.11 カルバートの種類[40]

(a) 剛性ボックスカルバート
  ○場所打ちコンクリートによる場合
  ○プレキャスト部材による場合

(b) 門形カルバート

(c) アーチカルバート
  ○場所打ちコンクリートによる場合
  ○プレキャスト部材による場合

(d) 剛性パイプカルバート
  ○鉄筋コンクリート管
  ○プレストレストコンクリート管
  ○セラミックパイプ

(e) たわみ性カルバート
  ○コルゲートメタルカルバート
  ○硬質塩化ビニル管
  ○強化プラスチック複合管

7.4.2 カルバートに作用する荷重

鉛直土圧，水平土圧，活荷重の3種類を考慮する．

(1) 鉛直土圧

カルバート上面に作用する鉛直土圧は，土かぶり h，土の単位体積重量 γ_t，鉛直土圧係数 α の積で表す．α は通常は1であるが，直接基礎に $h=10\,\mathrm{m}$，内空高3m以上の場合には，土かぶり/幅，の値によって1.0〜1.6の値とする．

(2) 水平土圧

側面に作用する水平土圧は，$\gamma_t \cdot z \cdot K_0$ で計算する．z は深さ，K_0 は静止土圧係数で普通は0.5をとる．

(3) 活荷重

土かぶりが4m未満の場合には，表面の活荷重が45°に分散するとして計算する．4mより深い場合には，鉛直方向の活荷重はカルバートの頂版上面に一様に $10\,\mathrm{kN/m^2}$ が作用するものとする．

7.5 剛性ボックスカルバートの施工

7.5.1 施工の流れ

カルバートの施工は，準備工(仮設道路，仮設水路，軟弱地盤対策工)，床掘り，基礎工，本体工(基礎材，転圧)，裏込め工(排水処理，材料選択と転圧機選定，締固め

管理)の順序で行う．

　地形が水みちを形成している場所や凹部に施工する場合は，地下排水溝などで仮排水を十分に行うことが肝要である．段階施工の場合，とくに軟弱地盤上の剛性ボックスカルバートでは，はじめに施工したものと後で施工したボックスカルバートの間とで，不同沈下を生じやすい．これを防ぐために，段落ち防止用まくらや段差継手を用いる(図7.12)．

(a) 段落ち防止用まくら

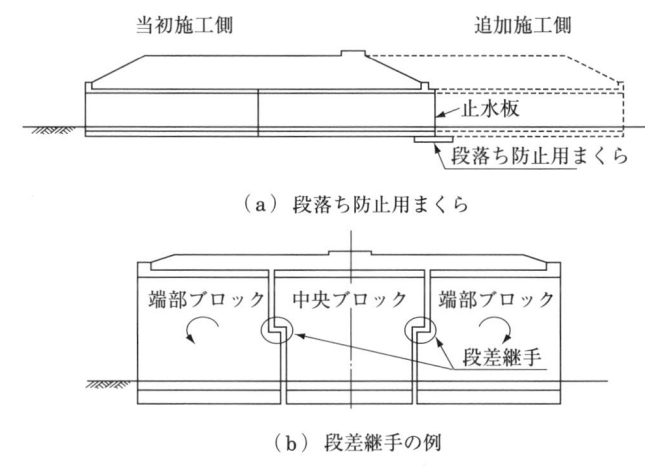

(b) 段差継手の例

図 7.12　不同沈下対策の例[41,42]

7.5.2　直接基礎上の施工

　カルバート工指針では，ボックスカルバートの基礎形式としては直接基礎とすることを前提としている．厚い軟弱粘土層上に施工する場合には，7.5.3項で述べるような工夫が必要となる．

(1)　場所打ちボックスカルバート

　基礎工に要求される重要なことは，均等な許容支持力である．基礎が切土・盛土の境界や局部的な軟弱土の上にかかる場合には，図7.13に示すような対策が必要である．

　コンクリートの打設では，打継目の位置に留意する．とくにハンチ(haunch，偶角部の応力集中を緩和するための断面拡幅部)にはクラックが生じやすいので，底版と同時に打設する．

　裏込め工は，路面沈下を避けるために入念に行う．図7.14に示すように，三つのパターンが考えられるが，いずれにおいても両側を同時に施工することが大切である．

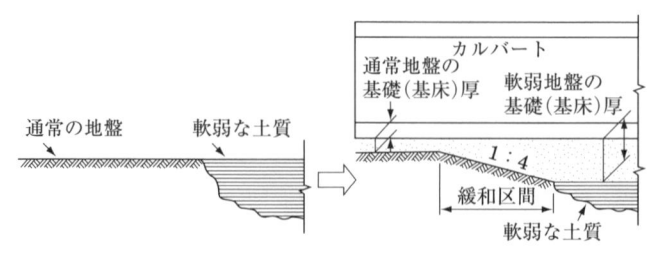

170 第 7 章　埋設管・カルバート・オイルタンク

（a）緩和区間を設置する場合

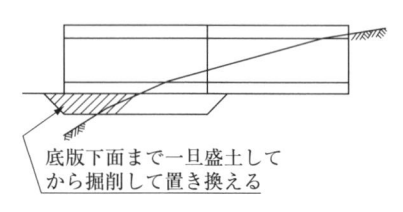

（b）置き換え基礎の場合

図 7.13　縦断方向に地盤が変化している場合の対策例[43]

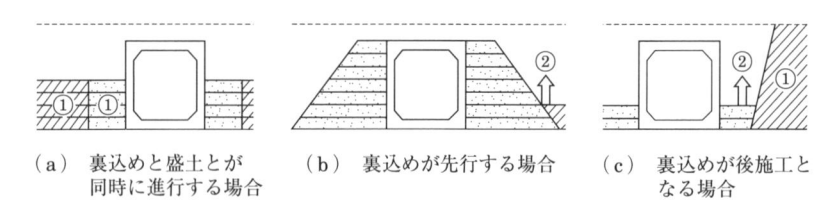

（a）裏込めと盛土とが同時に進行する場合　　（b）裏込めが先行する場合　　（c）裏込めが後施工となる場合

図 7.14　裏込め工の施工方法[44]

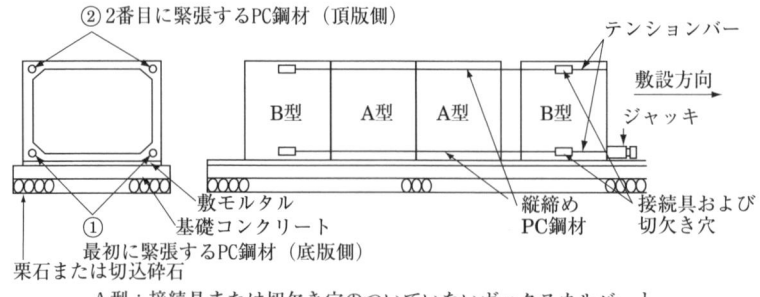

A型：接続具または切欠き穴のついていないボックスカルバート
B型：接続具または切欠き穴のついているボックスカルバート

図 7.15　縦締めの緊張順序[45]

（2）　プレキャストボックスカルバート

　基礎工についての注意は，前項(1)の場合と同じである．敷設にあたっては，基礎面を清掃し，空練りした敷きモルタルを平らに敷詰め，基礎の低いほうから高いほう

に向かって敷設する．通常，敷設の場合は，継手面（受口および差口）の清掃，パッキン材点検，接合の確認が大切である．これに対して，縦方向連結の場合は，図7.15の順序で行い，連結後はすみやかにグラウト材を注入する．

7.5.3 軟弱地盤上の施工

沖積平野の厚い軟弱地盤上に施工するボックスカルバートなどでは，直接基礎とすると，圧密沈下や不同沈下による障害が発生しがちである．このような場合，カルバート工指針では，プレローディング工法（2.2節参照）を推奨している．このほかに，次のような工法が採用される場合もある．

（1） 杭支持基礎

プレローディング工法を採用した場合に，圧密沈下促進のために載せた盛土荷重によって，周辺地盤に引き込み沈下を生じることがある．道路を横断する水路用ボックスカルバートでは，引き込み沈下を避け，水路断面を確保するために杭支持基礎とすることがある．

杭支持基礎とした場合の問題は，軟弱層が厚いと基礎工事費が高くなること，構造物と周辺道路との間に段差を発生することなどである．段差が2cmを超えるたびに，アスファルトによるオーバーレイで修復する必要がある．この補修費は予想外に高くつくことから，踏掛け版を施工したり，段差緩和工法を取り入れることがある．後者として，深層混合処理工法による改良体の長さを漸減する工法などがある．

（2） フローティング基礎

水路用ボックスカルバートの基礎工として，フローティング基礎がある．この工法の特徴は，周辺地盤が沈下するのに伴って，ボックスカルバートも許容範囲で沈下を許すように設計し，段差発生を緩和することである．ボックスカルバートの沈下に伴い水路断面は減少するので，あらかじめ余裕をもたせておく．構造物の底面がつねに地盤面に接しているため，地盤反力を支持力として計算に入れることができるのもこの工法の特徴である．

フローティング基礎の一つとして，古くから使われてきた木杭－底盤系基礎がある．まず，底盤の支持力を計算し，不足分を木杭で支持するという考え方で設計する．木杭は，地下水より下位に位置するよう施工する．木杭のかわりに，深層混合処理工法によるソイルセメントコラムで支持させることもある．

7.6 オイルタンク基礎の安定解析と基礎形式

近年，オイルタンクの大型化が急速に進み，原油の備蓄用タンクは10万〜15万

キロリットル単位のものが一般化してきた．その設置場所は臨海埋立地で，比較的軟弱な地盤となることが多い．したがって，オイルタンクの建設では，その基礎に対する条件は非常に厳しいものになっている．

オイルタンクは，直径100m，高さ20mという大型の構造物で，板構造で非常にたわみ性に富んだ構造物である．そのため，不同沈下などについてよく配慮したうえでの基礎が選ばれる．

オイルタンクの底板は，フラットな円形の薄い鋼板でつくられており，液圧によって基礎表面に圧着される．基礎が剛な場合は，広い鋼板が圧着される際に，ある場所に"しわ"が集中するおそれがある．そのため，サンドクッションを敷いた基礎が用いられ，接地圧がなるべく均等になるように，タンクの底板を薄い鋼板にしてたわみ性をもたしてある．

7.6.1 オイルタンク基礎の安定解析

支持力，すべり出し，および沈下について検討する．とくに，わが国では耐震性が問題となることが多い．

（1） 支持力

支持力式（2.2節参照）のなかで，円形載荷の場合の式を用いて極限支持力を求め，接地圧に対して安全かどうかを検討する．

（2） すべり出し

図7.16に示すように，オイルタンクが岸壁や護岸近くに設置される場合も多くあるので，タンクと護岸を含めた領域に対して円弧すべり面法，複合すべり面法によって安定性の検討を行うことが必要となる．

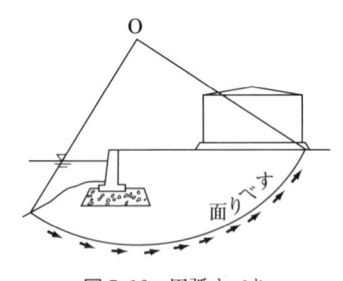

図7.16 円弧すべり

（3） 沈下の検討

通常の圧密沈下の計算法によって，最終沈下量，およびその時間的割合について計算を行う．不同沈下については，綿密な沈下量の算定を行って不同沈下が生じるかどうかを検討する．経験的には，総沈下量をタンク径の1/100程度にとどめることが，

不同沈下を許容限度以下とするための指針となる．

オイルタンク中心部の接地圧が最大となるので，沈下量は周辺部より中心部のほうが大きくなる．この結果，デッドストック(dead stock)が多くなるので好ましくない．対策としては，中心部と周辺部との沈下量の差を見越して，中心部に余盛りを行っておくことなどである．

地盤が軟弱な場合には，圧密沈下のほかに弾性沈下とクリープによる沈下も生じる．弾性沈下は周辺部のほうが大きい．不同沈下量の算定には，これらの沈下量についても配慮する必要がある．

（4） 耐震設計

大地震多発地域に設置されるオイルタンクについては，耐震設計を行わなければならない．設計では，基礎地盤の安定性，タンク本体の地震時応力，液面揺動の影響などを検討することになっているので，通常の構造物と同様に，地盤反力，転倒，すべり出しなどについての検討が必要である．

過去の震害例としては，油の揺動によるタンクのロッキング現象がみられ，そのために振動方向の周辺のめり込みと浮上がりが生じた．そこで，基礎をつくるときには周辺部を十分に改良し，地盤の強度を増大する．

7.6.2 オイルタンク基礎の形式

基礎形式は，原地盤の状況によって決められる．図7.17にそれらを示す．図(a)はサンドクッションの形式である．これは比較的良好な地盤に用いられる．タンク周辺部では，シェル直下に作用する線荷重の分散やサンドクッションの転圧施工の際のふち押さえの便のためからも，リング工やロックフィルを設けるのが望ましい．サンドクッションの表面の勾配は，中心部と周辺部との沈下量の差によって決定されるが，普通約 $1/120 \sim 1/60$ にする．

オイルタンクの底板と接するサンドクッションの表層には，最小限度10cm程度の厚さのオイルサンド層を鋼板の防食のために散布する．表層地盤が悪い場合には，図(b)のように砂置換を行う．その際，サンドマットの外線に沿ってコンクリートリングや矢板囲みを置いて，置換砂が外方へ移動するのを防ぐ．地盤がかなりの深さまで軟弱な場合は，図(c)のように地盤面にコンクリートスラブやサンドマットを直接支える形で杭が打設される．

地盤が広範囲にわたって軟弱な場合には，地盤改良工を施工する．これには種々の方法があるが，通常，バーチカルドレーン工法，コンポーザー工法，バイブロフローテーション工法などが用いられる．

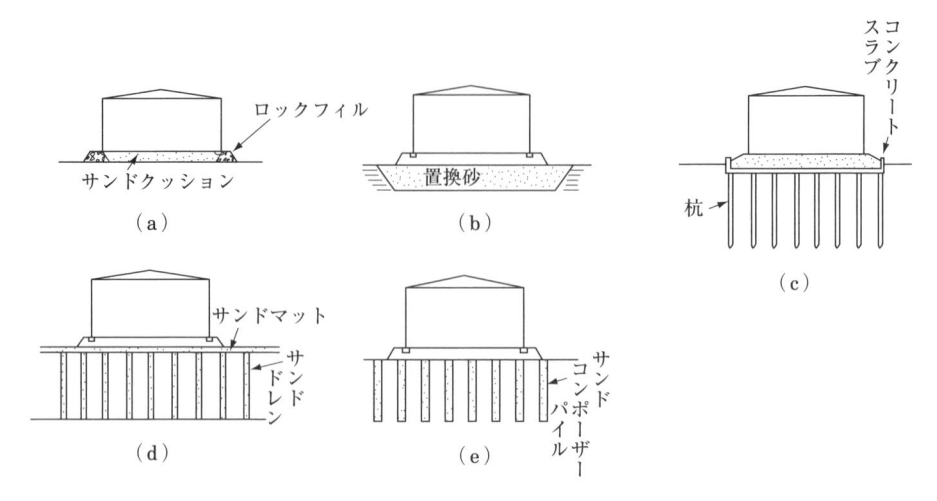

図7.17 オイルタンク基礎の形式

演習問題 [7]

1. 推進工法の補助工法として，注入工法，地下水低下工法，圧気式工法などが用いられる．その必要性について考慮し，各工法の原理について説明せよ．
2. 幅1.15m，深さ2.3mの溝を掘削し，外径0.8mのコンクリートヒューム管（剛な管）を設置し，単位体積重量 $\gamma_t = 15.7\,\mathrm{kN/m^3}$ の土で埋め戻した．埋設管にかかる鉛直土圧を求めよ．ただし，埋戻し土の内部摩擦角 $\phi = 30°$ であり，埋戻し土と原地盤との間の摩擦角は $\delta = 0.8\phi$ とする．
3. 問題2において，管がたわみ性の場合の鉛直土圧を求めよ．そして，埋設管上の埋戻し土の総重量と問題2および問題3の解の大きさを比較せよ．
4. 埋設管工法のうち，推進工法について知るところを述べよ．
5. カルバートの種類および使用される材料について述べよ．
6. カルバートの裏込め工の施工における注意事項について述べよ．
7. 剛性カルバートを地盤支持力が変化する上に施工する場合の施工上の注意事項について述べよ．
8. オイルタンク基礎の形式をあげ，その特徴を述べよ．
9. オイルタンクを沿岸の軟弱地盤上に建設する場合，基礎設計において注意すべき事項をあげよ．

第8章 工事管理

8.1 PDCA サイクル

　土木工事をより安全に，より良く，より速く，より安く施工するためには，その工事は正しく管理されていなければならない．とくに規模が大きく工期が長期間にわたる場合には，工事の成否は管理の良し悪しにかかってくる．このような場合の工事管理は，科学的手法に頼る必要がある．

　管理とは，計画，実施，統制，改善という4種類の活動を循環的に継続することとされている．国際標準化機構の ISO 9000 シリーズ「品質管理及び品質保証に関する規格」では，4種類の活動循環を PDCA サイクルとよび，その実行によって品質の安定と不良率の低減，および顧客の満足が得やすいとしている．PDCA サイクルをまわしながら活動内容をより向上させていくことをスパイラルアップとよぶ．

　建設工事では，次の手順で実施される．

① 計画と達成方法の決定(Plan)．
② 計画の実施(Do)．

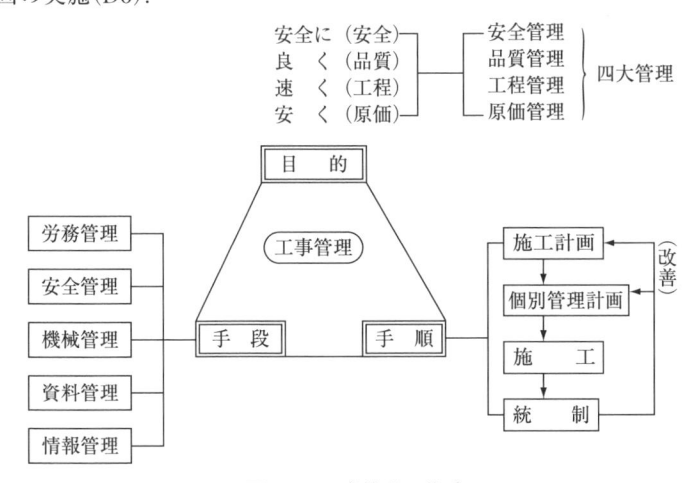

図 8.1　工事管理の体系

③ チェック(Check).
④ 改善と計画へのフィードバック(Action).
このサイクルをデミングサークルとよぶことがある.

工事管理の体系は，図8.1に示すとおりである．本章では，施工計画，原価管理，安全管理，工程管理，および品質管理について述べる．

8.2 施工計画と原価管理

施工は，工事の安全，品質，工期，および経済性を確保することを目標にして行うが，これを達成するための施工計画では，施工方法，労力，機械，材料，資金などの生産手段を選定し，これらを活用するための最適条件を見いだす．施工計画の内容は，事前調査，基本計画，詳細計画，管理計画などである．

8.2.1 事前調査

土木工事では，個々の工事で条件が異なるうえに，工期中の経済変動や気象変化などの不確定要素も多いので，施工計画を立てるのに先立って，工事の規模や内容に適した事前調査が必要である．調査には，次の事項が含まれる．

(1) 設計図書

設計図，仕様書，契約書について，それらの内容，仮定条件，現地条件への適応性などについて検討し，必要に応じて修正を行う．

(2) 現地状況の調査

立地条件，地質・気象・海象・水文，用地補償・利権，輸送条件，電力・燃料・水，仮設建物・修理設備・労働力・物価，関連工事，監督官庁などについて調査する．

(3) 環境アセスメント(環境影響評価)

大規模工業地の造成や都市開発などを行う場合に，自然環境に与える影響を事前に調査することを環境アセスメントという．たとえば，工事現場や輸送路と学校・病院・民家の関係，騒音・振動・地盤沈下・大気汚染・井戸枯れなどの調査を行う．

8.2.2 基本計画

基本計画では，施工法の概要，施工順序，経済性などを調査して，施工の基本方針を決定する．まず，事前調査に基づいて複数の施工方法を選び，それらの施工手順，機械の組合せについて検討し，工程や工費の面から最適な施工方法を選定する．

施工手順の検討においては，次のことを考慮する．
① 工費や工期に及ぼす影響の大きいものを優先する．

② 機械，資材，労働力などの円滑な回転をはかる．
③ 作業の過度の集中を避ける．
④ 繰り返し作業により効率を高める．

また，組合せ機械の選択にあたっては，故障による工事への支障が生じないように，また主要な機械の稼働率を高めるように注意する．

8.2.3 詳細計画

基本計画に基づき，機械の選定，人員配置，サイクルタイム（cycle time），1日の作業量の決定，各工種の作業順序などを決める．また，仮設備の規模や配置の決定，工種別詳細工程の立案，労働・資材・機械の調達，および使用計画の策定，工事費積算などを行う．

詳細計画の立案には，作業可能日数と1日当たり施工量が必要となる．

（1）作業可能日数

暦日日数から休日と作業不可能日数を差し引いて求める．作業不可能日数は，気象，海象，水文，土質などを考慮して推定する．その際，土工では降雨時だけでなく，降雨後のある日数は作業できないこと，使用機械の種類や性能によって施工日数が異なることなどに留意する．

（2）1日当たりの施工量

次のような関係式に基づいて求める．
① 稼動1日当たり施工量＝施工速度×稼動1日当たり作業時間
② 施工速度＝1時間当たり標準作業量×作業効率
③ 作業効率＝作業時間率×作業能率
④ 作業時間率＝主目的の作業を行った実作業時間÷運転時間
⑤ 運転時間率＝1日当たり運転時間÷1日当たり拘束時間

8.2.4 管理計画

施工を計画どおりに進めるための管理組織としては，次の3方式がある．
① 縦割方式は，工区別に下部組織を設けてそれらを統括する．道路工事のように，長い現場や広大な埋立て現場などに向いている．
② 横割方式は，工種別に下部組織を設ける．構造物主体の工事に適する．
③ 縦横折衷方式は，大規模な工事において構造物別に組織をおくものである．

どのような管理体制を組むにしても，業務分担，責任と権限，異常時の処置方法などを明確にしておくことが重要である．

8.2.5 原価管理

原価管理(コスト管理)とは，原価の低減という目標を通して経営管理の効率化と業績の向上をはかることである．これを実現するために，土木工事においては PDCA サイクルに従って次のように行うのがよい．

① 計画(Plan)段階で実行予算を立てる．
② 実施(Do)段階で実施予算を統制する．
③ 検討(Check)段階では，実行予算と実施予算の差異を分析する．
④ 問題があれば処置(Act)段階で計画の見直しに反映させる．

原価管理には，請求伝票，日報・月報，就労状況表・機械稼動状況表，工種別・要素別の原価管理表などが必要である．これらの資料の収集分析は，コスト低減に重要な意味をもっている．コストの低減は，原価比率の高いものから，また，コスト低減の容易なものから順に検討していく．さらに，実施予算が実行予算を超過した場合には，原因を個別に調べておく．

8.3 安全管理と安全対策

8.3.1 労働安全衛生管理

労働安全衛生法(1972年)には，職場における労働者の安全と健康の確保，快適な作業環境の形成の促進をうたっている．このための国・業界団体・事業者などの責務として，労働災害防止のための危害防止基準の確立，責任体制の明確化，自主的活動の促進，総合的計画的対策の推進をあげている．

労働災害とは，労働者の就業にかかわる建設物，設備，原材料，ガス，粉じんや作業行動などに起因して，負傷，疾病，死亡が発生することをいう．建設工事では，年間千人程度の死傷者が出ており，全産業の 30 % を占めている．

労働者千人当たりの年間災害件数を，年千人率(＝(年間災害件数/年間平均労働者数)×1000)で表す．1 事故で 3 人以上の死傷者が出たときは重大災害といい，5 人被災したら 5 件として計算する．

8.3.2 現場の安全活動

元請け責任者，下請け現場監督などの責任と権限を明確にしておくことがまず重要である．施工計画の段階で，安全通路の確保，工程の適正化など，作業環境の整備を確認しておく．工事に入ったら，安全朝礼，ツールボックスミーティング，安全点検，安全委員会の設置などを行う．

事故発生に関しては，ハインリッヒ(Heinrich)の法則がある．1 件の重大災害は，

同じ原因で29件の軽傷災害を起こし，300件のヒヤリとかハッとしたできごとを伴う，というものである．この300件の事例をなくす行動が，ヒヤリハット活動である．これを実行する場合には，早期の報告，報告者の保護，早期の改善，情報の早期流通が重要となる．

8.3.3 作業の安全対策
（1）足　場

足場は，風，雪，および上載荷重に耐える構造とする．足場板は，幅20 cm，厚さ3.5 cm，長さ3.6 m以上と決められ，組立作業時には安全帯を着用させる．種類として，本足場，枠組足場，吊足場がある．本足場は単管足場ともよばれ，図8.2（a）に

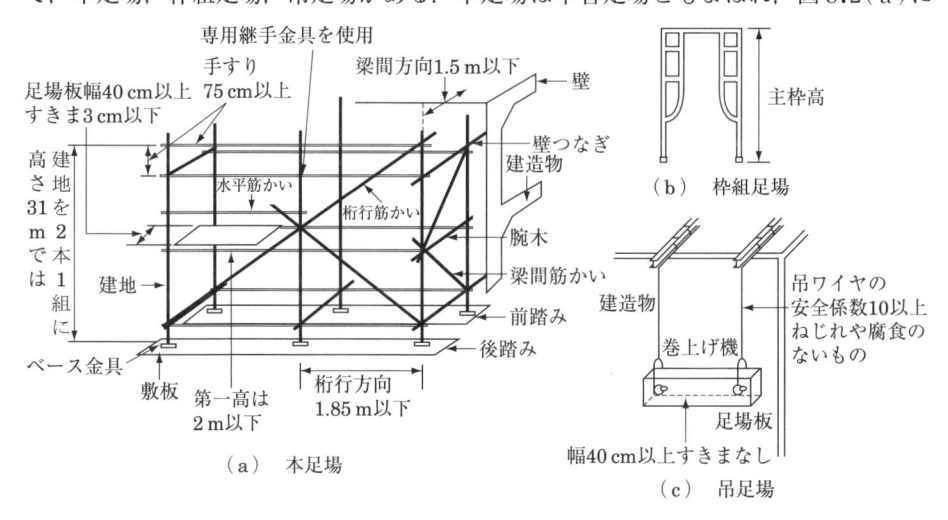

図8.2　足　場

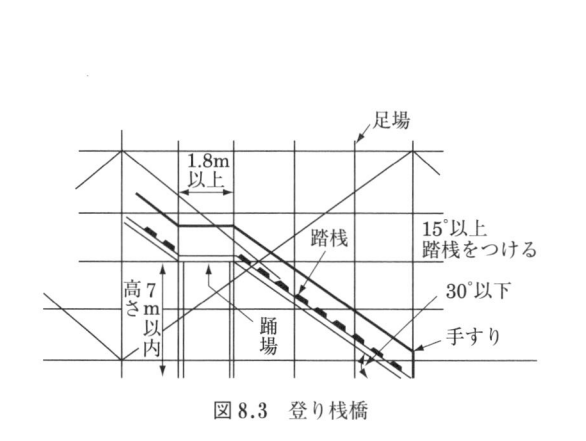

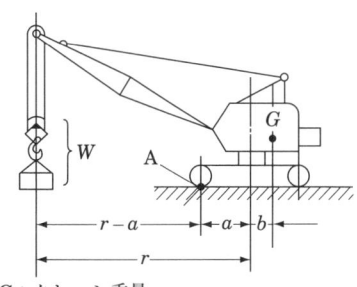

図8.3　登り桟橋

図8.4　吊り上げ最大荷重の計算

G：クレーン重量
r：作業半径
a：旋回中心より転倒支持点Aまでの距離（最小値）
b：旋回中心より機体重心までの距離

構造を示す.

枠組足場は，図 8.2(b)を組み上げていくもので，最上層および 5 枠以内に水平材を取り付ける．吊足場(図 8.2(c))では，手すり高さは 75 cm 以上とする．

（2） 登り桟橋

仮設通路として利用する登り桟橋は，図 8.3 の構造をもっている．傾斜が 15°以上のときは踏桟をつけ，30°を超えると階段にする．

例題 8.1 図 8.4 に示す移動式クレーンの安全管理において，クレーンが転倒しない理論上の吊り上げ最大荷重 W を求めよ．

解 A 点を支点として，クレーン側モーメントと荷重側モーメントの平衡を考える．

$$W(r-a) = G(a+b), \qquad W = \frac{G(a+b)}{r-a}$$

となる.

8.4 工程管理と作業量管理

8.4.1 工程管理の目的

工程管理は，工事の施工活動を時間で評価し，労働力，機械設備，資材などを最も効果的に活用することを目的としている．管理の内容は，統制機能と改善機能とに大別することができる．

① 統制機能は，工事計画に沿って施工を実行させる機能であり，進度管理と作業量管理の二つに分けられる．

② 改善機能は，施工中に工程計画を再評価し，もし改善すべきところが見いだされたならば，これを基本計画の段階にまでフィードバック(feed back)させて工程計画を再調整し，そのレベルアップをはかろうとするものである．

8.4.2 進度管理

工事の進捗状況を把握し，計画と実際の間のずれを早く発見して，適切な処置をとることを進度管理という．その方法として，工程表による方法，工程管理曲線による方法，ネットワーク手法による方法などがある．ここでは，前二者について説明し，ネットワーク手法による方法については，次の節で述べる．

（1） 工程表による進度管理

単純な工事では，ガントチャートまたは横線式工程表(バーチャート，barchart)が使われる(図 8.5)．工程表には，定期的に施工実績を記入し，計画とのずれが見いだ

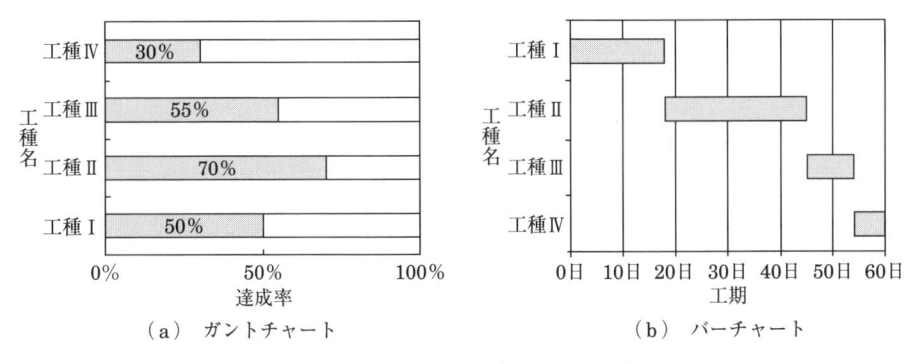

図8.5　ガントチャートとバーチャート

されたらただちに是正措置をとる．

(2) **工程管理曲線による進度管理**

小規模で短期間の工事について進捗状況などを管理するためには，出来高累計曲線あるいは工程管理曲線が使われる．

出来高累計曲線は，各工種について工期を横軸に，工事費（または全工事費に対する割合）を縦軸にとって横線式工程表を作成し，工事費を累計して予定工程曲線を描く（図8.6の実線）．これと実施工程曲線（同図の破線）とを比較して進度管理を行う．この曲線は，一般にS字型となるところから，S字カーブともよばれる．

工程管理曲線は，図8.7に示すように，実施工程と予定工程の上方許容限界と下方許容限界を示したもので，バナナ曲線とよばれる．実施工程が限界を超えるのは，工

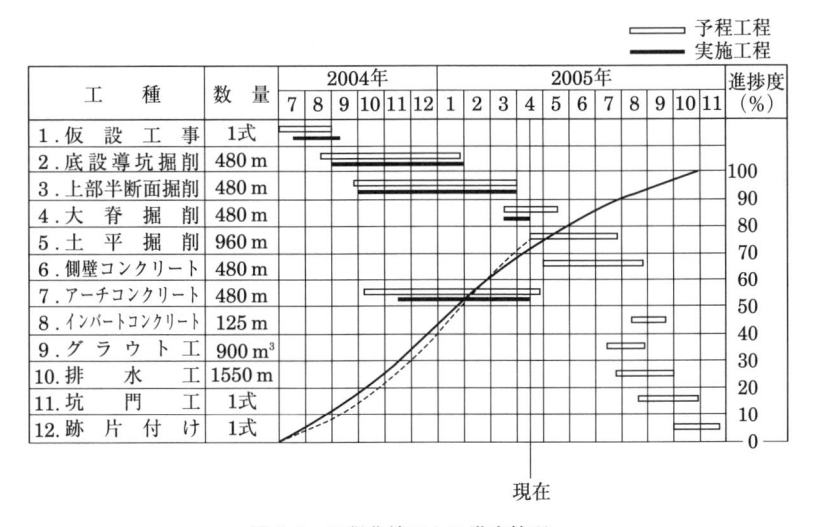

図8.6　工程曲線による進度管理

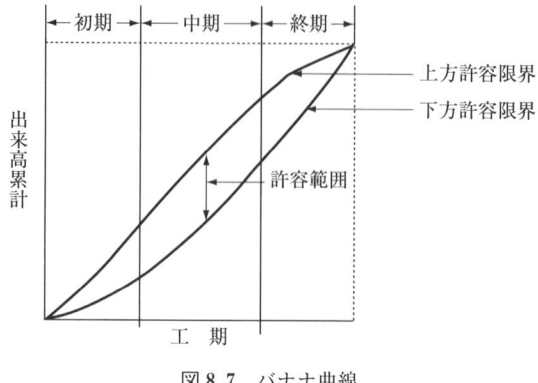

図 8.7 バナナ曲線

程管理に問題があることを意味し，とくに下限許容限界に近づくときは突貫工事の準備を行う．

8.4.3 作業量管理

工事中は，作業員 1 人(作業班 1 班)当たりの，あるいは機械 1 台(1 組)当たりの 1 時間(1 日)の標準作業量を維持していくことが大切である．これを作業量管理という．

管理を行ううえで注意しなければならない項目に，稼動率，作業時間効率，および作業能率がある．これらは，次の関係で表される．

① 稼働率＝(稼動作業員数/総作業員数)
② 作業時間効率＝(実作業延時間/作業延時間)
③ 作業能率＝(総作業量/総標準作業量)

実作業に直接影響を及ぼすこれら三つの能率を低下させる要因として，次のようなものがある．

（1） 稼動率の低下要因

設計変更による待機，悪天候，悪地質，作業および材料の段取り待ち，災害事故，作業員の疾病，機械の故障，労働争議など．

（2） 作業時間効率の低下要因

機械の故障・組合せ不均衡，段取り不適による作業中断，誤指示，災害事故・材料供給の遅延，工事手直しなど．

（3） 作業能率の低下要因

作業員の未熟練，地質などへの機械不適合，機械の配置・組合せ・維持修理の不良，労働意欲の減退，段取りの不適など．

8.5 ネットワーク手法による管理と日程短縮

8.5.1 ネットワーク手法の特徴

ネットワーク(network)手法は，施工に必要な人，資材，機械，資金，および時間を含めた総合的な最適計画・管理の手法であり，とくに大規模で多様な土木工事の施工計画と工程管理に，大きな威力を発揮する．土木工事において広く実用されているネットワーク手法として，PERT(Program Evaluation and Review Technique)とCPM(Critical Path Method)があるが，これら二つの手法において用いられる記号や計算方法は共通である．

ネットワーク手法では，まず工事全体を独立した作業(activity)に分解し，各作業を実施の順に矢線(arrow)で結合して，全作業の連続的な関係を矢線図(arrow diagram)で表す．このような矢線図をネットワークとよぶ．

8.5.2 ネットワークによる表示

ある工事は七つの独立した作業からなっていて，各作業間の関係は，図8.8のようである．ここで，7本の矢線はそれぞれの作業を意味し，丸印は作業間の結合点(event)を示す．各結合点には適当に番号をつけ，二つの結合点，たとえば，①と②の間の作業は，作業(1, 2)のように表す．

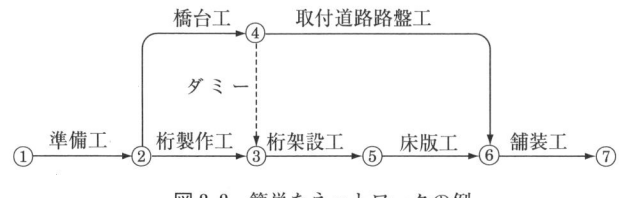

図8.8 簡単なネットワークの例

破線に矢印をつけたものはダミー(dummy)といい，所要時間ゼロの擬似作業であって，作業の相互関係を示すのに使われる．図8.8において，作業(2, 3)の桁製作工について考える場合には，準備工は先行作業，桁架設工は後続作業，橋台工は平行作業の関係にあるという．

ネットワークは，以下のような基本ルールの下で描かれる．作業は矢印の方向(普通は右方向)に進み，矢線の上に作業の内容，その下に所要時間(duration)を記す．矢線の長さは時間の長短とは無関係である．また，矢線の尾端と先端は，それぞれ作業の開始と終了を意味する．

一つの結合点に複数の矢線が入る場合は，それら全部の作業が完了しないと後続作業は開始できない．また，ネットワークにはサイクル(cycle)を入れてはならず(図8.9

184 第8章 工事管理

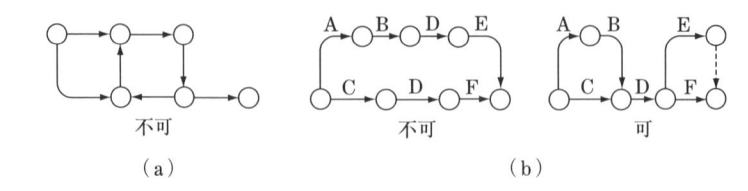

図8.9 矢線図作成上の注意

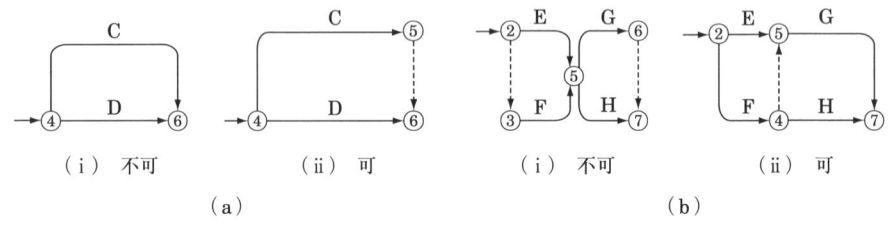

条件：平行作業のEとFが完了すればGは開始できる．
作業Fが完了するとEに無関係にHは開始できる．

図8.10 ダミーの使い方

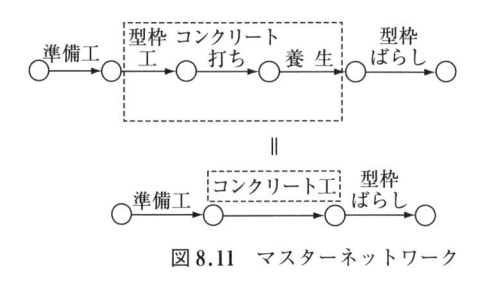

図8.11 マスターネットワーク

(a))，同一時刻に同一場所で行う一つの作業を，ネットワーク上で二つに描いてはならない(図8.9(b))．

ダミーの使い方は，図8.10に説明されている．図(a)の例では，(ⅰ)のように描くと，作業(4, 6)が作業CとDのいずれをさすのか不明である．図(b)では(ⅰ)のように描くと，作業Hの先行作業は作業Eと作業Fの二つになるので，図中に示した条件に反する．

ネットワークを作成する場合に，ある作業群(矢線群)を一つの作業(集約作業)とみなして1本の矢線で表すと便利なことがある．このようにして描いた図を，マスターネットワーク(master network)という(図8.11)．

次に，図8.12(a)において，作業Bと作業Cを実施するのに材料調達などで，それぞれ15日間の時間を要し，しかも作業Aの終了後，ただちに作業Bと作業Cを実施する必要があるとする．このような場合には，作業Bおよびcのための材料調達を作業B′およびC′とし，待機時間を用いて図(b)のように表す．

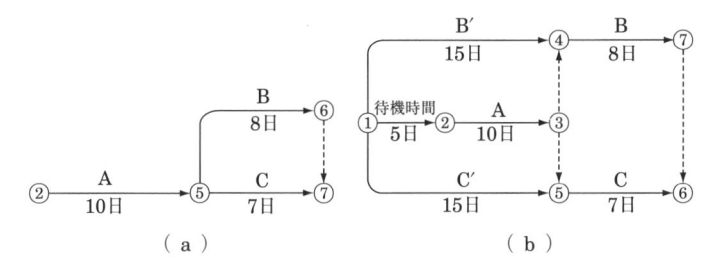

図 8.12 待機時間

表 8.1 作業リスト

作業名	先行作業	後続作業
A	なし	B, C, D
B	A	E, F
C	A	F
D	A	G, H
E	B	G, H
F	B, C	G, H
G	D, E, F	I
H	D, E, F	I
I	G, H	なし

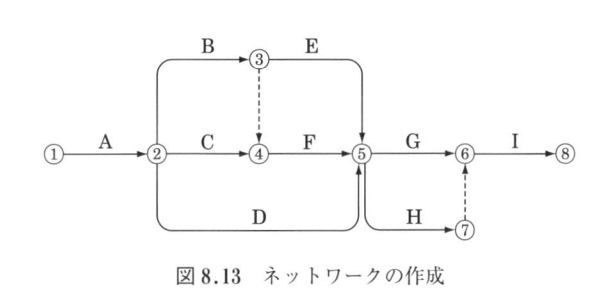

図 8.13 ネットワークの作成

ネットワーク作成にあたっては，まず先行作業，後続作業，平行作業のすべてをリストアップし，たとえば，表 8.1 のように表す．これに基づいて各作業量を矢線で結合すると，図 8.13 のネットワークが得られる．

8.5.3 工程計画の計算

全体工期を見積もるためには，個々の作業の所要時間を知らなければならない．ある作業の所要時間を見積もる場合は，ほかの作業との関係は考えずに，その作業を実情に即して，経済速度で施工した場合の標準状態における作業時間を考える．所要時間には，休日や不確定要因による予備日数は含めない．

全作業の所要時間がわかったならば，これらをネットワーク上に記入する．そうすると，ネットワーク上で工事着手から完了までに最も多くの時間を要する経路が見いだされる．これをクリティカルパス(critical path)とよび，この経路に沿う所要時間の合計が，その工事を標準状態で遂行した場合の全体工期を与える．

全体工期が所定工期(納期)内におさまらない場合には，次の結合点時刻および作業時刻を計算したうえで，時間短縮をはかる．

(1) **結合点時刻**

結合点時刻(event time)には，最早結合点時刻と最遅結合点時刻の二つがある．

186 第8章 工事管理

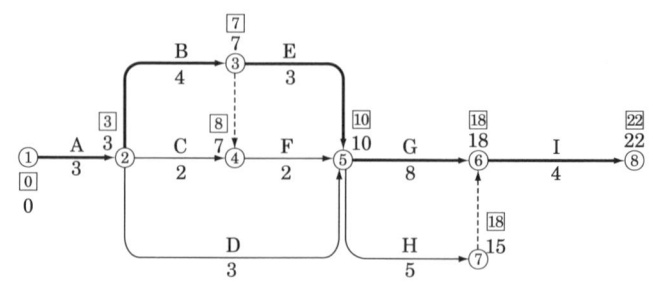

図 8.14 結合点時刻の計算例

　最早結合点時刻とは，工事の開始結合点から任意の結合点に最も早く到達して，次の作業を開始できる時刻をいう．図 8.14 において，0 日に作業を開始すると（結合点①に 0 と記す），作業 A は 0＋3＝3 日に終了するので，結合点②の最早結合点時刻は 3 日となる（②に 3 と記す）．

　結合点④については，作業 C の経路では 3＋2＝5 日，作業 B とダミーを通る経路では 7＋0＝7 日となる．このように，矢線が複数集まる結合点では，それらのうちの最大値が最早結合点時刻となる．すなわち，結合点④では，最大値の 7 日が最早結合点時刻となる．同様にして，最終結合点⑧の最早結合点時刻を求めると 22 日となり，これがこの工事の工期を与えることになる．

　最遅結合点時刻は，工期から逆算して，任意の結合点で完了する作業のすべてが，遅くとも完了していなければならない時刻である．図 8.14 において，まず最終結合点⑧のところに㉒と記す．結合点⑥では 22－4＝18 日（結合点⑥に⑱と記す），結合点⑦では 18－0＝18 日が，それぞれの最遅結合点時刻となる．また，結合点⑤では，18－8＝10 日と 18－5＝13 日のうちの最小値をとって，最遅結合点時刻は 10 日となる．同様にして，各結合点における最遅結合点時刻を求め，□のなかに記入する．

（2） 作業時刻

　作業時刻（activity time）には，最早開始時刻，最早完了時刻，最遅開始時刻，およ

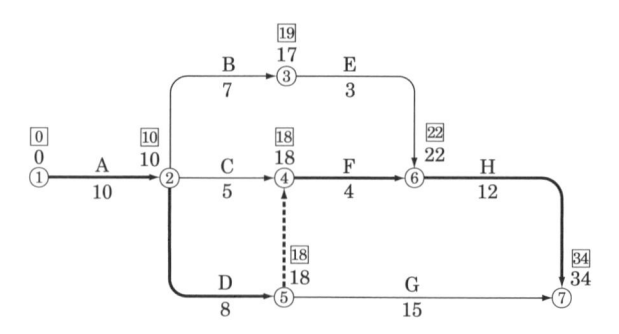

図 8.15 作業時刻の計算例

び最遅完了時刻がある．図 8.15 で説明する．

最早開始時刻は，ある作業が最も早く開始できる時刻である．したがって，結合点①からはじまる作業の最早の開始時刻は，結合点①の最早結合点時刻とまったく同じである．図 8.15 は，工事は 0 日に開始されるので，作業 A の最早開始時刻は 0 日，結合点②からはじまる三つの作業 B，C，および D の最早開始時刻は，いずれも $0 + 10 = 10$ 日である．また，複数の矢線(作業)が入る結合点を出発点とする作業については，その最早開始時刻は，最早結合点時刻を求めたのと同じ方法で求める．

最早完了時刻とは，任意の作業を最早開始時刻ではじめた場合に，その作業が完了する時刻をいう．すなわち，作業 (i, j) の最早開始時刻にその作業の所要時間を加えた時刻が，その作業の最早完了時刻となる．

最遅完了時刻は，工事を所定の工期で完了するために，任意の作業が遅くとも完了していなければならない時刻をいう．したがって，結合点⑦で完了する作業の最遅完了時刻は，結合点⑦の最遅結合点時刻と同じである．図 8.15 において，工期を 34 日とすると，結合点⑦で完了する H と G の 2 作業の最遅完了時刻は，いずれも 34 日である．また，結合点⑥で完了する E と F の二つの作業は，作業 H が開始するまでに完了していなければならないので，これらの 2 作業の最遅完了時刻は 22 日となる．

以下，各結合点の最遅結合点時刻がわかっていれば，その結合点で完了する作業の最遅完了時刻も同時に与えられたことになる．

最遅開始時刻は，任意の作業を最遅完了時刻で完了するために，その作業が開始しなければならない時刻である．つまり，作業 (i, j) の最遅完了時刻からその作業の所要時間を差し引いた時刻がその作業の最遅開始時刻となる．

(3) **余裕時間**

余裕時間のなかで重要なものは，全余裕(total float)と自由余裕(free float)である．

全余裕は，作業を最早開始時刻にはじめて最遅完了時刻に終了した場合の余裕をいう．全余裕は，一つの作業に固有のものではなく，ネットワーク上の一つの経路に共有されるものである．全余裕を式で表すと，次のようになる．

$$[作業 (i, j) の全余裕] = [結合点 j の最遅結合点時刻] - [(結合点 i の最早結合点時刻) + (仕事 i, j の所要時間)] \tag{8.1}$$

図 8.16 において，最遅結合点時刻(□中の数字)および最早結合点時刻(枠なし数字)が与えられているとして全余裕を求めると，作業 (1, 2) では $4 - (0 + 4) = 0$ 日，作業 (1, 3) では $5 - (0 + 2) = 3$ 日．同様に計算して，図中の [ ] 内に示されている全余裕の数値が得られる．

次に，自由余裕とは，任意の作業 (i, j) が，その後続作業 (j, k) の最早開始時刻に影響を及ぼさない範囲で使用できる余裕時間をいう．

図 8.16 余裕時間の計算例とクリティカルパス

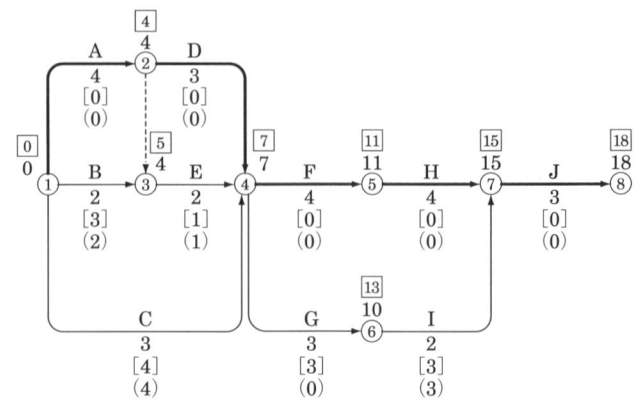

[ ] 内は全余裕，( ) 内は自由余裕

[作業(i, j)の自由余裕] = [結合点jの最早結合点時刻] - [(結合点iの最早結合点時刻)
　　　　　　　　　　　　+ (仕事i, jの所要時間)]　　　　　　　　　　(8.2)

図 8.16 において，作業の自由余裕を求めると，作業(1, 2)では $4-(0+4)=0$ 日，作業(1, 3)では $4-(0+2)=2$ 日となる．同じ方法で自由余裕を求めて，図中の( )に示す数値が得られる．

（4） クリティカルパス

以上に述べた方法で，日程計算および余裕時間の計算を行うと，全余裕が 0 となる作業が出てくる．開始結合点から出発して全余裕が 0 の作業を通り，最終結合点に至る経路（図 8.16 の太線）がクリティカルパスである．クリティカルパス上の各作業の所要時間を加えたものは，時間的に最も長い経路となり，工事の全体工期を与える．この経路上のいずれかの作業が遅れると，それだけ全体工期も遅れることになる．また，工期を短縮するためには，クリティカルパス上の作業の所要時間を短縮しなければならない．このように，クリティカルパスは工程管理上重要な意味をもっている．クリティカルパスは 1 本であるとは限らない．

8.5.4 日程短縮

前項までに述べた手順によって作成されたネットワークは，オリジナルプランであって，そこでは工期が納期内に完成するかどうかは考慮されていない．

オリジナルプランが納期を超えるなら，次の事項についてネットワークを見なおす．まず，直列工程となっているところは平行工程に組み替えられないか，余裕のある作業の人員・人機材をクリティカルパスにまわして時間短縮がはかれないかなどを検討する．このような修正によっても所定の工期におさまらない場合は，次の例題に

8.5 ネットワーク手法による管理と日程短縮　*189*

示すような方法によって日程短縮をはかる．これをフォローアップ(follow up)という．

例題 8.2 ある工事のネットワークのオリジナルプランは，図 8.15 に示すようであるとして，工期を 4 日間短縮することを考えよ．

解 費用の面を考えずに日程だけを短縮する場合は，次の順序で計算を進めるとよい．
① オリジナルプランの最終結合点の最遅結合点時刻を指定工期に合わせ，各作業の全余裕を求める．

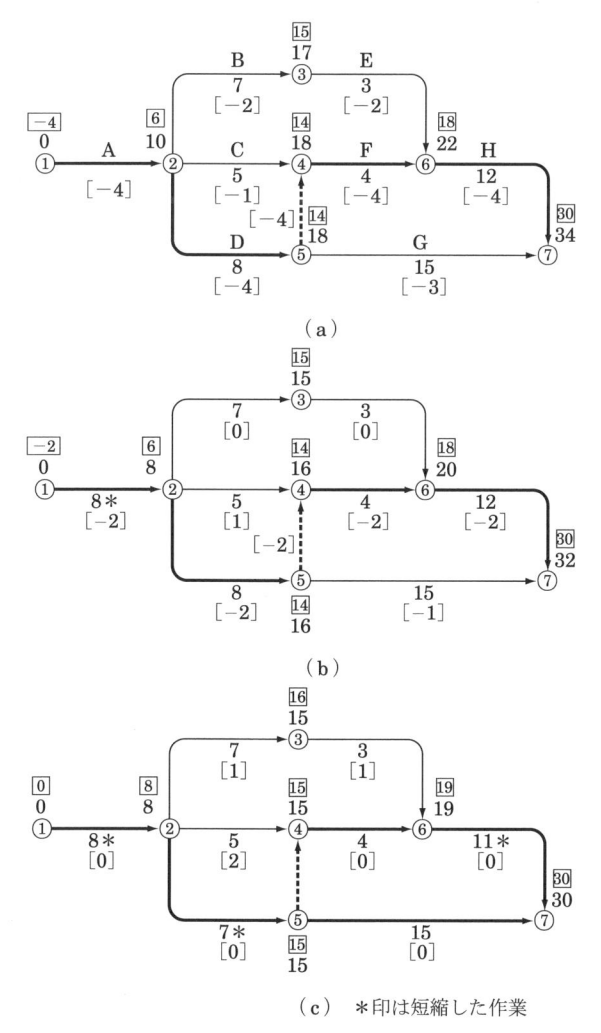

図 8.17 日程短縮の計算例
（c）＊印は短縮した作業

② それによって負の全余裕をもった経路がいくつかできるが，これらの複数の経路に共通する部分において，負の全余裕のなかの絶対値の小さいほうの日数を短縮し，残りの日数をそのほかの部分において短縮する．

上記①に従って全余裕を求めると，図8.17(a)となる．この図で試みに作業(1, 2)を2日短縮し，全余裕を計算しなおしてみると，図8.17(b)となることがわかる．そこで，短縮すべき4日のうち，残りの2日を作業(2, 5)で1日，作業(6, 7)で1日それぞれ短縮してやれば，図8.17(c)となって負の経路はなくなる．同図に示すように，短縮の方法によっては，クリティカルパスの本数は増減することがある．

8.5.5 進度管理

工事中は，進捗状況をたえずチェックし，遅れがあればネットワークを修正し，その後は修正ネットワークに従って施工を進めていく．これが進度管理であり，その手法を図8.18によって説明する．

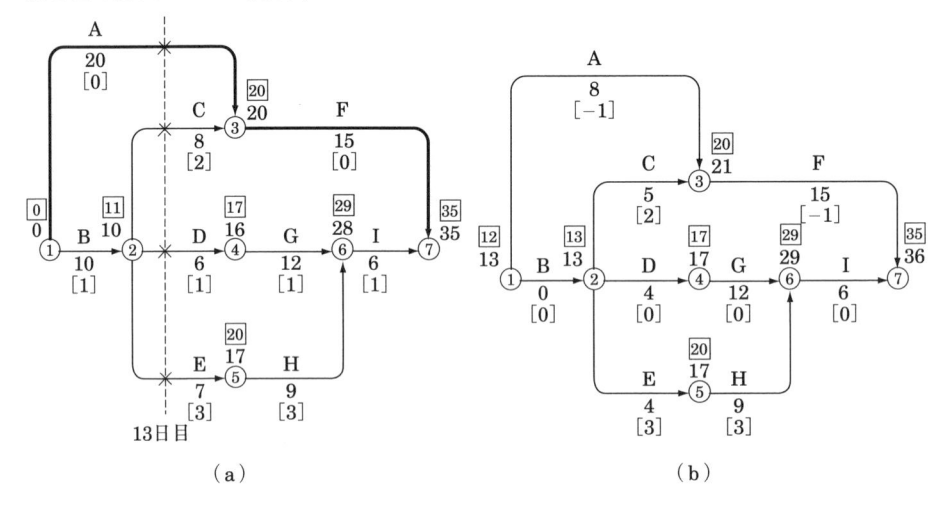

図 8.18　進度管理

工事開始後13日目に進捗状況をチェックしたところ，A，C，D，およびEの4作業の残所要日数は，それぞれ8日，5日，4日，および4日であったとする．

ここで，すでに完了した作業Bについては所要時間0とし，現在，工事中の作業については，残所要日数を用いて図8.18(b)のようにネットワークを描いてみる．その結果，このまま進めば工事は予定より1日だけ遅れて完成することがわかる．よって前項に述べた方法によって1日だけ日程短縮をはかる．

8.5.6 山崩しによる配員計画

ネットワークは，時間配分のうえで所定工期を満足していなければならないが，加

8.5 ネットワーク手法による管理と日程短縮　**191**

えて，作業員，資機材についても合理的な配置・割付けが求められる．工期のうえで満足なネットワークが作成できたら，各作業ごとに人員や資機材を割り付けて山積み表をつくり，それができるだけ凹凸の少ないものになるように山崩しを行う．図8.19(a)の工事について説明する．各作業を最早時刻と最遅時刻の2通りの場合について考え，それぞれの山積み図をタイムスケール(time scale)を用いて描く(図8.19(b)，(c))．ここで，斜線部は，クリティカルアクティビティ(critical activity)といい，クリティカルパス上の作業人員であり，動かせないので固定して考える．各作業は最早時刻と最遅時刻の間で行うようにし，人員割付けの凹凸ができるだけ小さくなるよう

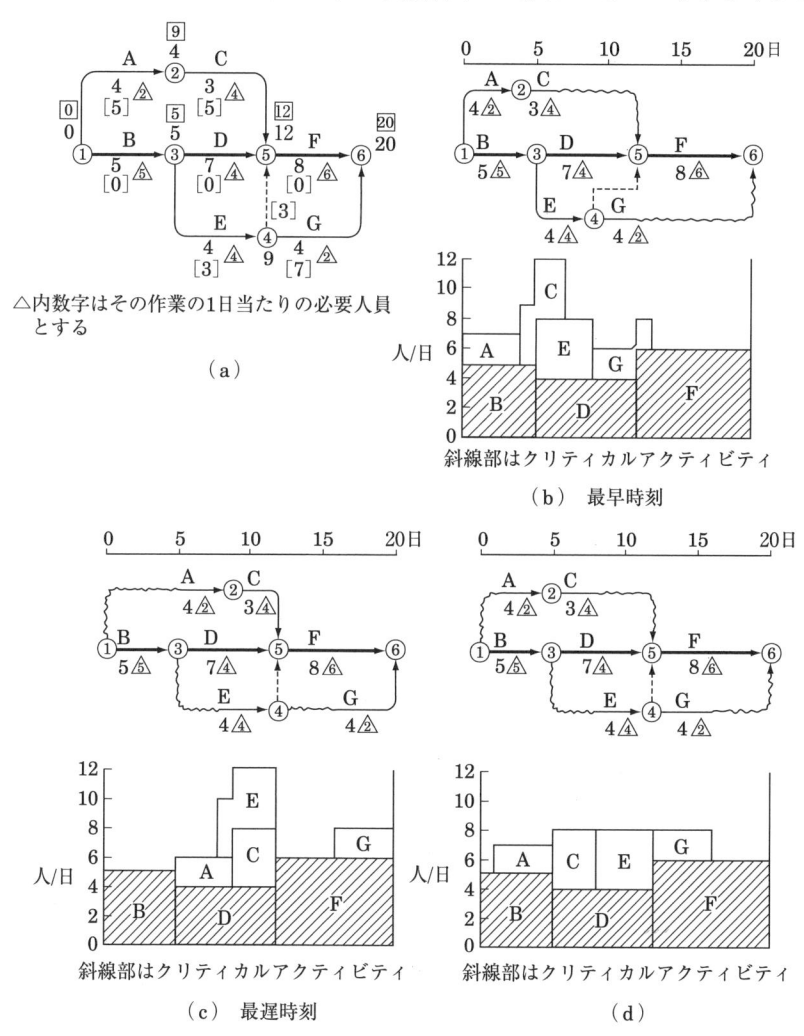

図8.19　山崩しの例

にする．山崩しを行うと，たとえば，図8.19(d)のようになる．この場合，作業員は8人を確保しておけばよいことになる．

図8.19の例は，作業員の合理的配置について説明したものであるが，同じような方法で建設資材や仮設資材の転用計画を作成することができる．

8.6 CPMによる費用を考慮した日程短縮

8.6.1 CPM

CPMは，日程短縮に際して時間だけでなく，費用の面をも考慮して最小費用で工期短縮をはかろうとするものである．

工事に要する費用は，直接費，間接費，機会損失費(納期遅れによる延滞金など)に大別される．各費用と工期との関係は，図8.20のようであり，総費用が最低となる工期 T_0 は，理論上の最適工期である．実際の工事では，最適工期を無視して工期を指定することが少なくないが，その場合にも，理論的に求めた最適工期は重要な基礎資料の一つとなる．

8.6.2 費用勾配

CPMでは，普通は直接費だけを対象にして最適工期を検討する．その際，次のような諸量を求める必要がある．

① 標準時間(ノーマルタイム)NT＝標準状態で作業した場合の所要時間．
② 標準費用(ノーマルコスト)NC＝NTに要する直接費．
③ 特急時間(クラッシュタイム)CT＝費用にかまわず最短で作業終了できる時間．
④ 特急費用(クラッシュコスト)CC＝CTに要する直接費．

図8.21に示す費用勾配の関係を参照して，1日短縮するのに要する費用(コストス

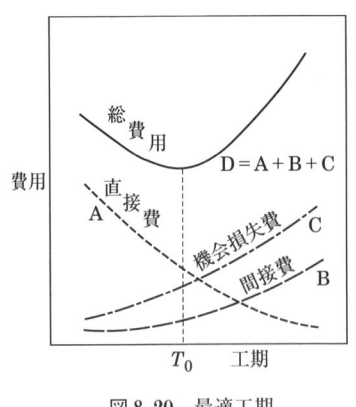

図8.20 最適工期

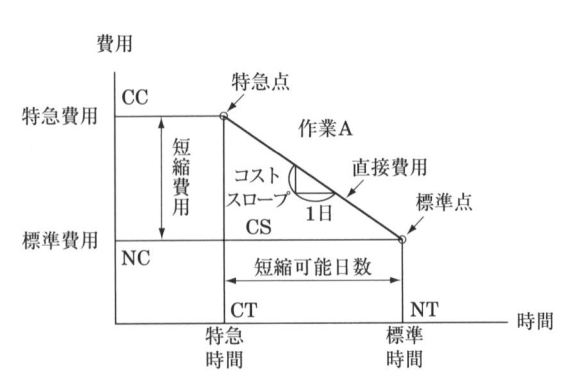

図8.21 費用勾配

ロープ，CS)は次式となる．

$$\text{コストスロープ} = \frac{\text{短縮費用}}{\text{短縮可能日数}} \quad (\text{万円/日}) \tag{8.3}$$

クリティカルパス上の複数の作業について，それぞれ CS を求め，最小費用となる組合せを見いだすと，それが最小短縮費用(エクストラコスト)となる．

例題 8.3 図 8.22 に示すネットワークにおいて，最小の費用で工期を 5 日間短縮させたい．各作業の短縮日数と最小必要金額を求めよ．ただし，各作業の短縮可能日数および短縮に必要な費用は，表 8.2 のとおりとする．

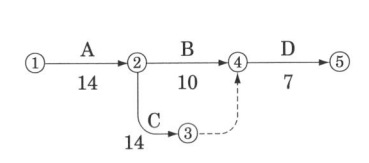

([ ]内数字：全余裕，＊印：短縮した作業)
図 8.22

表 8.2

作業名	短縮可能日数	短縮するのに必要な費用
A	3 日	3 万円/日
B	3 日	4 万円/日
C	2 日	2 万円/日
D	1 日	1 万円/日

解 結合点時刻を計算すると図 8.23(a)のようになり，工期が 35 日となる．また，現在の工期 35 日を短縮された工期 30 日に置き換えて，最適完了時刻および全余裕を計算したものを図 8.23(a)に記入する．

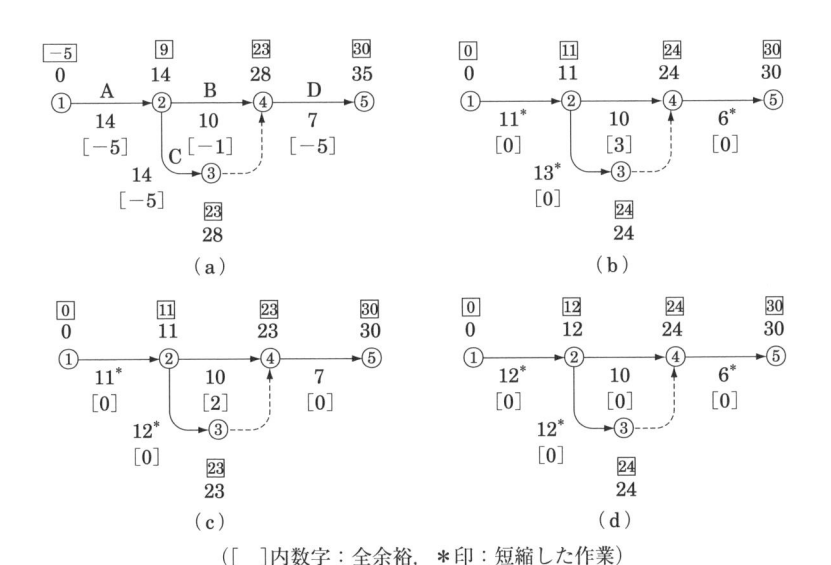

([ ]内数字：全余裕，＊印：短縮した作業)
図 8.23

負の全余裕の大きい径路 A-C-D を，短縮可能日数を考慮して合計で5日間短縮することを考えると，図8.23(b)〜(d)のような3通りが考えられる．

5日短縮するために必要な費用は，図(b)の場合には，3万×3+2万×1+1万×1＝12万円，図(c)の場合には，3万×3+2万×2＝13万円，図(d)の場合には，3万×2+2万×2+1万×1＝11万円である．

以上の3通りの方法で，費用が最小となるものを採用すると，短縮日数，A：2日，C：2日，D：1日で最小必要金額は，11万円である．

8.7 品質管理と品質変動

8.7.1 品質管理の方法

一般に品質管理とは，買手の要求に適合した品質の製品，またはサービスを経済的につくり出すための手段の体系をいう．日本で戦後に導入された統計的品質管理(SQC)は，全社的品質管理(Total Quality Control, TQC)へと発展し，さらに90年代からは，TQM(Total Quality Management)(邦訳はTQCと同じく，全社的品質管理)として広く用いられるようになった．品質管理では，品質方針に基づいた品質計画，品質管理，品質保証，品質改善というステップがあり，サイクルとして運用することが求められる．

土木工事では，規格を満足する土木構造物を経済的に施工するためには，次の二つの条件が独立に満足されていなければならない．

① 構造物が許容範囲で規格を満足していること．
② 工程が安定していること．

①の条件はヒストグラム(histogram)により，②の条件は管理図によって調べる．

品質管理の一般的な手順は，次のとおりである．

① 管理しようとする品質特性を決める．
② その特性について品質標準を決める．
③ その品質標準を実現するための作業標準を決める．
④ 作業標準に従って実施する．
⑤ ヒストグラムと管理図をつくり，許容範囲で規格を満足し，工程が安定していれば，この管理限界線を延長してこれを管理図として作業を続行する．
⑥ 作業続行中に特性値が管理限界線よりはずれたら，工程に異常があったものとして原因を追求し，適当な処置をとり再発しないようにする．
⑦ 必要に応じて管理線の見なおし，引きなおしを行って管理を行う．

表 8.3 品質特性の例

種別	対象	品質特性	試験	サンプリング
土工	堤防盛土	粒度 現場含水比 液性限界	粒度試験 含水量試験 コンシステンシー試験	1日1〜2個 1日1〜2個
	路床盛土	最大乾燥密度 締固め度 貫入指数	突固め試験 乾燥密度 コーン貫入試験	厚1.5m, 長20mごとに中央および路肩の3箇所
		水浸支持力比 現場支持力比値 現場含水比	CBR試験 CBR試験 含水量試験	厚0.5m, 長20mごとに中央および路肩の3箇所
路盤工	路盤材料	粒度 現場含水比	粒度試験 含水量試験	1日1〜2個
	路盤支持力	支持力係数 現場支持力比値 衝撃式地耐力値 平坦性	平板載荷試験 CBR試験 同左試験 平坦性試験	中央, 端から1mの3箇所, 20mごと
コンクリート工	骨材	骨材粒度 細骨材表面水量 すり減り減量	粒度試験 表面水量試験 ロサンゼルス試験	1日1個 1日2個
	セメント	貯蔵期間		
	コンクリート	スランプ 空気量 圧縮強さ 曲げ強さ 単位容積重量 強さ 厚さ	スランプ試験 空気量試験 圧縮試験 曲げ試験 洗い分析試験 テストハンマー試験 コア採取	1日2個(テストピース) 1日2個 必要ある場合 1日1個
	ミキサー	練混ぜ性能	モルタル単位重量	
	各材料計量器	計量誤差	同左試験	
アスファルト舗装工	アスファルト	針入度 軟化点	針入度試験 軟化点試験	
	プラントにおけるアスファルトコンクリート	アスファルト温度 骨材温度 合材温度	温度測定	1日午前1回 午後1回以上
		粒度 アスファルト混合率	合材抽出試験	
	舗装アスファルトコンクリート	安定度 現場到着温度 厚さ	マーシャル試験 温度測定 コア採取で決定	面積225 m^2 ごと3個 1日午前1回 午後1回以上

8.7.2 品質特性

管理対象となる品質特性としては，最終品質に重要な影響を及ぼすもののうちで，できるだけ工程初期に結果が判明するような特性を選ぶことが大切である．

また，品質特性は容易に測定できるものでなければならない．表 8.3 は，いろいろな土木工事において採用されている品質特性の例である．

8.7.3 品質標準と作業標準

施工にあたっては，品質の目標，すなわち品質標準を決める必要がある．品質標準は，設計品質にある程度のばらつきを考慮して決めるが，一般には妥当な標準値を定めることは困難である．そこで，コンクリートの試験練りや試験盛土のように，予備試験を行って概略の標準をつくっておき，施工過程において結果をフィードバックしながら標準を修正していく方法がとられる．

8.7.4 度数分布曲線

品質管理を実施するには，品質特性値を 100 個以上（少なくとも 60 個以上）測定して度数表を作成し，ヒストグラムを描く．その各柱の中心値を結んだ線は，データ数が増えると曲線に近づく．これが度数分布曲線である．

よく管理された工程の品質特性値の度数分布曲線は，正規分布曲線（図 8.24）に近いものとなる．この曲線の高さが高く幅が狭いほど，品質の変動が少なく，工程はよく管理されていることを意味する．

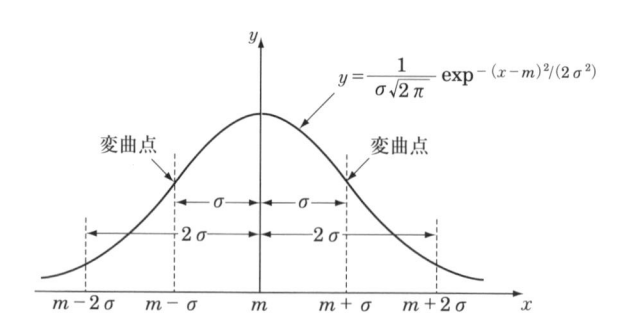

図 8.24 正規分布曲線

正規分布曲線と x 軸で囲まれる面積を 1 になるようにすると，次式を得る．

$$y = f(x) = \frac{1}{\sigma\sqrt{2\pi}} \exp\left[\frac{-(x-m)^2}{2\sigma^2}\right] \tag{8.4}$$

$$全面積 = \int_{-\infty}^{\infty} y\,dx = 1 \tag{8.5}$$

ここに，m：平均値，σ：標準偏差である．

この曲線と $x = m \pm \sigma$ で囲まれる面積，すなわち，この範囲内に測定値が入る確率は 0.683，同じく，$x = m \pm 2\sigma$ および $x = m \pm 3\sigma$ の範囲に入る確率は，それぞれ 0.955 および 0.997 である．

上述のような正規分布曲線の性質を利用して，品質管理の良否を判定する．その場合に，以下のような諸量が必要となる．

$$\text{平均値}：\overline{x} = \frac{x_1 + x_2 + \cdots + x_n}{n} = \frac{\sum x_i}{n} \tag{8.6}$$

データが級分けされている場合には，級の中心値を x_i，その級の度数を f_i とすると，$\overline{x}$ は次の式で求めることができる．

$$\overline{x} = \frac{\sum_{i=1}^{n} f_i \cdot x_i}{\sum_{i=1}^{n} f_i} = \frac{\sum x_i \cdot f_i}{n} \tag{8.7}$$

ここに，x_1, x_2, $\cdots$, x_n：品質の測定値，n：測定数である．

$$\text{偏差平方和}：S = \sum (x_i - \overline{x})^2 \tag{8.8}$$

$$\text{分散}：\sigma^2 = \frac{\sum (x_i - \overline{x})^2}{n} = \frac{S}{n} \tag{8.9}$$

$$\text{標準偏差}：\sigma = \sqrt{\frac{\sum (x_i - \overline{x})^2}{n}} = \sqrt{\frac{S}{n}} \tag{8.10}$$

$$\text{不偏分散}：V = \frac{\sum (x_i - \overline{x})^2}{n-1} = \frac{S}{n-1} \tag{8.11}$$

$$\text{不偏分散の平方根}：\hat{\sigma} = \sqrt{V} = \sqrt{\frac{S}{n-1}} \tag{8.12}$$

$$\text{範囲}：R = x_{\max} - x_{\min} \quad (x_{\max}：\text{最大値}, \ x_{\min}：\text{最小値}) \tag{8.13}$$

$$\text{変動係数}：CV\,(\%) = \frac{\sigma}{\overline{x}} \times 100\,\% \tag{8.14}$$

8.7.5 品質変動の判定

品質特性が規格を満足しているかどうかの判定は，次のような手順による．

① データの最大値と最小値の差を 10 等分程度に分割し，各区分に属するデータの数を調べてヒストグラムを作成する．

② これに規格線を記入し，測定値が規格限界を超えていないか，山が二つ以上あったり離れ島があるなど異常な傾向はないかを調べる．

③ 異常が認められた場合には，データを群に区分して異常の原因を探し出す．群の例として，試験日，試験者，起点からの距離などがあげられる．

④ データについて，平均値 $\overline{x}$，標準偏差 σ，不偏分散 V，範囲 R などを求め，規格に対する品質の良否，品質のばらつきなどを測定する．次の条件を満足する

場合には，そのヒストグラムは余裕をもって規格を満足している．

両側規格：$\dfrac{S_U - S_L}{\hat{\sigma}} \geqq 6$　（できれば8）　　　　　　　　(8.15)

片側規格：$\dfrac{|S - \overline{x}|}{\hat{\sigma}} \geqq 3$　（できれば4）　　　　　　　　(8.16)

ここに，S_U，S_L，S：それぞれ上部，下部，片側の限界規格値である．

例題 8.4　コンクリートの 28 日圧縮強度を測定して，表 8.4 の結果を得た．ヒストグラムを作成し，平均値 $\overline{x}$ および不偏分散の平方根 σ を求めよ．

表 8.4　測定値　　　（単位：N/mm²）

33.8	29.9	33.0	31.9	30.7	27.0	30.2	29.7	33.3	30.9
29.4	31.3	28.5	31.8	29.8	29.6	30.4	31.0	31.4	28.5
30.4	33.7	30.6	30.9	32.4	28.1	35.8	32.6	30.9	30.4
30.2	32.1	30.0	30.6	32.1	31.2	33.2	28.5	31.5	31.0
29.2	30.2	32.3	29.9	31.8	33.7	29.8	30.5	29.3	31.4
33.0	31.0	27.9	32.1	29.3	29.8	27.6	28.8	31.4	31.9
31.8	28.5	29.2	32.8	31.0	31.6	30.9	29.4	29.9	33.4
32.9	32.6	31.2	30.4	34.8	28.5	30.5	32.1	32.3	29.0
30.9	30.4	29.6	31.2	28.8	34.3	32.1	31.9	31.0	32.5
31.1	29.6	31.9	28.4	28.3	31.5	33.1	32.2	32.1	34.4

解　表 8.4 より，最大値 $x_{\max} = 358$，最小値 $x_{\min} = 27.0$，範囲 $R = x_{\max} - x_{\min} = 8.8$，$R/10 = 0.88$ であるから，データを分類するクラスの幅を 10 とする．度数分布表を表 8.5 のように作成しヒストグラムを描くと，図 8.25 を得る．平均値 $\overline{x}$ の値は，

$$\overline{x} = \dfrac{27.4 \times 2 \cdots + 35.4 \times 1}{100} = 31.0$$

不偏分散の平方根 $\hat{\sigma}$ を求めるために，偏差平方和 S は式 (8.8) より，

$$S = \sum (x_i - \overline{x})^2 = (27.4 - 31.0)^2 \times 2 \cdots + (35.4 - 31.0)^2 \times 1 = 263.2$$

表 8.5　度数分布表

No.	クラスの限界	代表値	度数
1	27.00～27.88	27.4	2
2	27.88～28.76	28.3	8
3	28.76～29.65	29.2	13
4	29.65～30.53	30.1	18
5	30.53～31.41	31.0	21
6	31.41～32.29	31.9	17
7	32.29～33.17	32.7	11
8	33.17～34.06	33.6	6
9	34.06～34.94	34.5	3
10	34.94～35.82	35.4	1

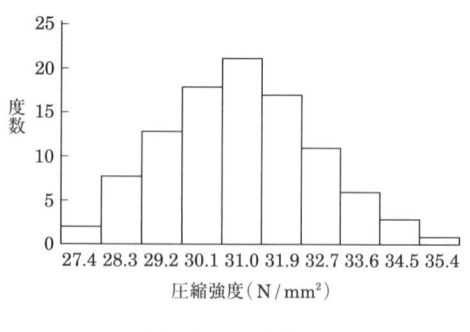

図 8.25　ヒストグラム

この値を式(8.12)に代入して，
$$\hat{\sigma} = \sqrt{\frac{S}{n-1}} = \sqrt{\frac{263.2}{99}} = 1.63$$
圧縮強度の上部および下部限界規格値が，それぞれ $S_U = 36.8$ MN/m² および $S_L = 26.0$ MN/m² に定められていたとすると，
$$\frac{S_U - S_L}{\hat{\sigma}} = \frac{36.8 - 26.0}{1.63} = 6.6$$
よって，このヒストグラムは規格を一応満足している．

8.7.6 工程の安定状態

工程の安定性は管理図を用いて判定する．種々の管理図があるが，ここでは $\bar{x}$-R 管理図(図 8.26)について説明する．この管理図は，ある一組の平均値 $\bar{x}$ の変化とその組の範囲 R によって，ばらつきの変化を同時に管理するものである．

（1） 管理図の作成

管理図の作成に先立って次の作業を行う．

① 一定期間のデータを 100 個程度とって予備データとする．
② データを測定の時間順，ロット順などにより k 個に群分けをする(群の大きさ

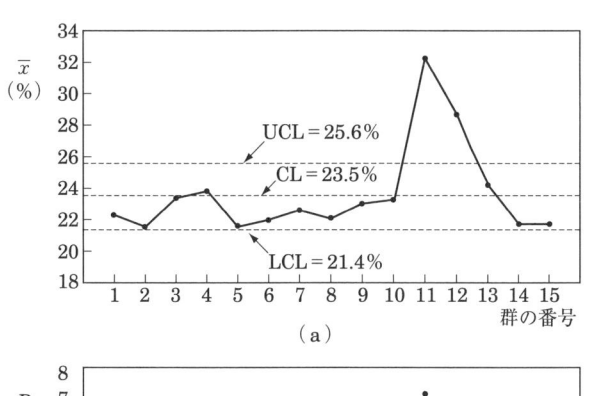

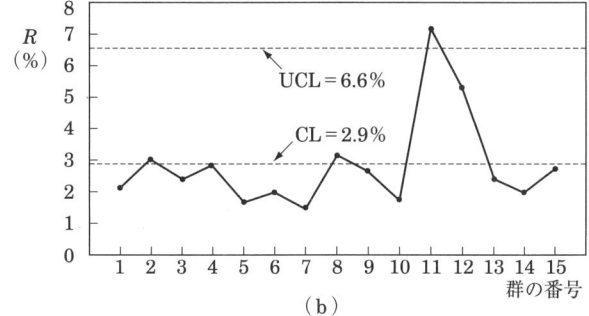

図 8.26 $\bar{x}$-R 管理図

$n = 3〜5$).

③ 各群の平均値 $\overline{x}$ および範囲 R を計算する．

$\overline{x}$ および R を縦軸に，群番号を横軸にとった管理図を用意し，先に求めた $\overline{x}$ および R の値を 20〜30 個プロットする．これを予備データとして管理線，中心線，上・下方管理限界を以下に示す式によって計算する．

$\overline{x}$ 管理図の場合

中心線： $\mathrm{CL} = \overline{\overline{x}} = \dfrac{\sum_{i=1}^{k} \overline{x}_i}{k}$ (8.17)

上方管理限界： $\mathrm{UCL} = \overline{\overline{x}} + A_2 \cdot \overline{R}$ (8.18)

下方管理限界： $\mathrm{LCL} = \overline{\overline{x}} - A_2 \cdot \overline{R}$ (8.19)

R 管理図の場合

中心線： $\mathrm{CL} = \overline{R} = \dfrac{\sum_{i=1}^{k} R_i}{k}$ (8.20)

上方管理限界： $\mathrm{UCL} = D_4 \cdot \overline{R}$ (8.21)

下方管理限界： $\mathrm{LCL} = D_3 \cdot \overline{R}$ (8.22)

A_2, D_3, D_4 は群の大きさ n によって変わる定数で，表 8.6 に示している．

表 8.6 $\overline{x}$-R 管理図の係数

n	2	3	4	5	6	7	8	9	10
A_2	1.88	1.02	0.73	0.58	0.48	0.42	0.37	0.34	0.31
D_3	0	0	0	0	0	0.08	0.14	0.18	0.22
D_4	3.27	2.57	2.28	2.11	2.00	1.92	1.86	1.82	1.78

(2) 管理図の見方

点群が管理限界内にあれば，工程はよく管理されている．管理限界に接近して現れても，次の場合には，工程は一応管理状態にあるとみなす．

① 連続して 25 点以上管理限界内にある．

② 連続する 35 点のうち，管理限界外に出るものが 1 点以内．

③ 連続する 100 点のうち，管理限界外に出るものが 2 点以内．

④ 点の並び方に特別な傾向がない．

一方，点群が管理限界内にあっても，次の場合は工程に異常があると考える．

① 連続 3 点のうち 2 点，連続 7 点のうち 3 点，連続 10 点のうち 4 点が管理限界線に接近して現れる．

② 点が連続して 7 点以上中心線の片側に現れる．

③ 連続して片側に現れないときでも，点が中心線の一方に多く出る場合のうち，連続する 11 点のうち 10 点，14 点のうち 12 点，17 点のうち 14 点，20 点のうち

16 点が中心線の一方側に現れる．

④ 点が連続的に上昇または下降する，あるいは点が周期的に変動する．

（3） 管理線の引きなおし

工程が進むと，最初に引いた管理線は基準として適当でなくなることがある．その場合には，新しい測定データに基づいて管理線を引きなおす．工程が変わったり，試料採取方法が変わった場合にも，管理線の引きなおしを行う．工程に変化がなくても，ときどき管理線の引きなおしを行うのが望ましい．

例題 8.5 路盤材料の含水比を管理するために，毎日 4 地点の試料を採取し，含水比測定を行って，表 8.7 の結果を得た．$\bar{x}\text{-}R$ 管理図を作成して，管理上の問題点を指摘せよ．

表 8.7 $\bar{x}\text{-}R$ 管理図のデータシート

群の番号	測定月日	測定値(%) x_1	x_2	x_3	x_4	計 $\sum x_i$	平均値 $\bar{x}$	範囲 R	摘要
1	5月25日	22.5	23.1	22.1	20.9	88.6	22.2	2.2	
2	26	20.8	20.0	22.1	23.0	85.9	21.5	3.0	
3	27	22.1	23.5	24.6	23.5	93.7	23.4	2.5	
4	28	22.1	25.0	23.5	24.1	94.7	23.7	2.9	
5	29	20.8	21.6	21.2	22.5	86.1	21.5	1.7	
6	30	22.5	20.8	22.8	21.6	87.7	21.9	2.0	
7	31	21.5	22.8	23.0	22.8	90.1	22.5	1.5	
8	6月1日	20.5	21.8	23.7	22.5	88.5	22.1	3.2	
9	2	23.1	21.5	24.2	22.7	91.5	22.9	2.7	
10	3	23.6	22.1	22.9	23.8	92.4	23.1	1.7	
11	4	28.5	30.6	35.7	33.9	128.7	32.2	7.2	降雨15 mm
12	5	26.5	28.6	31.8	27.0	113.9	28.5	5.3	
13	6	23.5	24.1	22.8	25.2	95.6	23.9	2.4	
14	7	22.5	21.0	20.5	22.0	86.0	21.5	2.0	
15	8	19.9	22.6	22.1	21.5	86.1	21.5	2.7	
計							$\sum \bar{x} = 352.4$	$\sum R = 43.0$	
平均							$\bar{\bar{x}} = \sum \bar{x}/k = 23.5$	$\bar{R} = \sum R/k = 2.9$	

解 各群ごとに $\sum x_i = x_1 + x_2 + x_3 + x_4$，$\bar{x} = \sum x_i / 4$，および $R = x_{\max} - x_{\min}$ を計算し，表 8.7 に示すような結果を得る．また，$\bar{x}$ 管理図および R 管理図の中心線である $\bar{\bar{x}}$ および $\bar{R}$ の値を，式(8.17)および式(8.20)で求めると，表 8.7 の最下行に示すようになる．

上方管理限界 UCL，および下方管理限界 LCL を求めると，次のようになる．

$\bar{x}$ 管理図の場合：$\text{UCL} = \bar{\bar{x}} + A_2 \cdot \bar{R} = 23.5 + 0.73 \times 2.9 = 25.6\%$

$\text{LCL} = \bar{\bar{x}} - A_2 \cdot \bar{R} = 23.5 - 0.73 \times 2.9 = 21.4\%$

R 管理図の場合：UCL $= D_4 \cdot \overline{R} = 2.28 \times 2.9 = 6.6\%$

LCL $= D_3 \cdot \overline{R} = 0$ （$n \leq 6$ のときは考えない）

以上の結果を用いて $\overline{x}$-R 管理図を描くと，図 8.26 のようになる．これによると，群番号 11（6月4日）において $\overline{x}$, R ともに管理はずれであることがわかる．その原因は，当日 15 mm の降雨（摘要欄参照）があって，路盤材料の含水比が最適含水比を大きく超えていたことにある．そこで翌日，暖気乾燥して再転圧した．しかし，$\overline{x}$ は群番号 12 においてもなお管理はずれとなっていて，暖気乾燥が不十分であったことを示している．

演習問題 [8]

1. 工事管理の意義について述べよ．
2. 全工期が 24 箇月，年間平均労働者数 300 人のある工事現場において，全工期中に発生した労働災害者が 14 人であった．年間災害件数および年千人率を求めよ．
3. 図 8.27 に示すように，吊り上げ荷重 5 t のクレーンが，目通し 2 本吊り（吊り角度：60°）で 3.5 t の建設資材を吊り上げている．巻上げ用ワイヤロープに働く張力 W，巻上げ用ワイヤロープの切断荷重 P，および目通し 2 本吊りワイヤロープ 1 本当たりの張力 T を求めよ．ただし，巻上げ用ワイヤロープの安全係数は 6 であり，ワイヤロープと吊り具の自重は無視する．

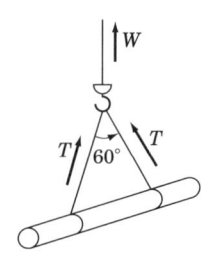

図 8.27　ワイヤロープに作用する張力および切断荷重

4. 進度管理にはどのような方法があるか．また，それぞれの方法の特徴について簡単に説明せよ．
5. 次の条件を満足するネットワークを描け．
最初に行う作業は A で，この作業が完了すると三つの作業 B, C, D は同時に開始できる．作業 D が完了すると作業 E は開始でき，作業 F は作業 C と E が完了してからでないと開始できない．作業 B と F の二つが完了したら作業 G に着手でき，作業 G が完了するとこの工事は終了する．
6. 図 8.28 に示すネットワークのクリティカルパスを見いだし，工期を求めよ．
7. 問題 6 において，工期を 6 日短縮せよ．

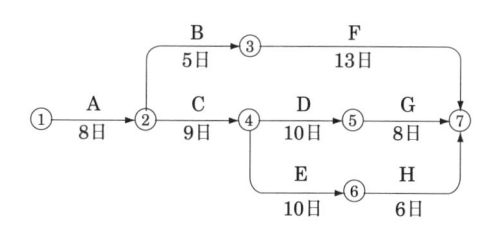

図 8.28

8. コンクリートの圧縮強度の測定結果は，表 8.8 のようであった．ヒストグラムを描け．

表 8.8　　　　　　　　　　（単位：N/mm²）

29.0	33.8	31.9	29.5	31.2	32.5	30.3	34.6	33.5	36.8
30.4	32.9	30.8	32.2	33.5	31.3	32.7	33.3	32.8	31.4
30.8	33.7	30.3	32.1	35.3	31.9	32.3	31.7	31.1	29.9
28.6	32.4	35.7	34.7	31.4	34.3	31.3	34.5	33.2	32.1
27.7	32.2	31.5	32.4	31.1	33.9	32.5	34.8	33.6	31.8
29.6	31.9	34.4	33.5	32.0	33.4	31.6	34.1	33.5	32.8

9. 品質管理のためのヒストグラム（図 8.29）に対する説明のなかで，誤っているのはどれか．
① （a）は，ばらつきが少なく規格に十分ゆとりがある．
② （b）は，規格にゆとりがない．
③ （c）は，山が二つあるが規格線内にあるので異常はない．
④ （d）は，規格下限を超えるものがあり，平均を大きいほうにずらさなければならない．
⑤ （e）は，ばらつきが大きい．

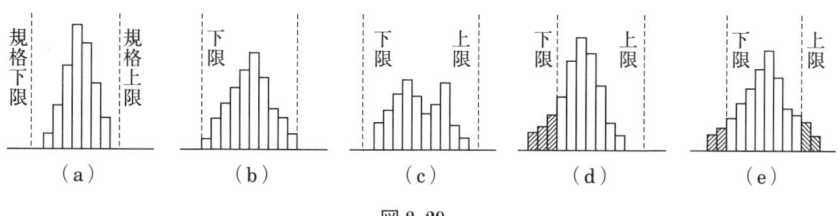

図 8.29

第9章　建設公害・環境対策・技術者倫理

9.1　建設工事と環境への配慮

　土木工事に伴って発生する騒音や振動などの公害を，総称して建設公害とよんでいる．建設公害は，地域住民や環境に及ぼす影響が大きいので，事前の調査と十分な対策を講じなければ，工事の円滑な進捗は望めない．

　ドロップハンマー(drop hammer)やディーゼルハンマー(diesel hammer)による杭の建込み工事には，かつて多くの苦情が寄せられたため，市街地の基礎工事を対象にした低騒音・低振動工法が数多く開発されてきた．また，そのような基礎工法のなかには，施工過程においてベントナイト(bentonite)液などの泥水を使用するものもあり，その結果，泥廃水の処理があらたな問題となった．さらに，地盤改良工法の開発に伴って，セメントなどの固化材による地下水や地盤環境への影響を，最小限にとどめるという配慮も求められるようになった．

　一方，建設資材リサイクル法(2000年)により，特定建設資材の分別解体と再資源化の促進などが義務づけられている．さらに，土壌汚染対策法(2003年)が施行され，地盤汚染対策や廃棄物処理場の遮水シート機能の改善など，環境対策への配慮が求められている．このように，土木工事においても環境対策は重要な事項の一つである．公共性の高い土木工事に携わる技術者は，人々の安全や福祉，環境保全などに直接かかわりをもつことが多いので，技術者倫理についても日常的に意識していることが求められる．

　この章では，建設公害のうち，騒音，振動，および汚濁水処理の問題と対策について説明し，環境対策と技術者倫理のことについても述べる．

9.2　関連法規と特定建設作業による公害

9.2.1　関連法規

　建設公害を含む公害一般に対する対策は，環境基本法(平成5年法律第91号)に従っ

て行われる．この法律の第2条に公害が定義されている．すなわち「環境の保全上の支障のうち，事業活動，その他の人の活動に伴って生ずる相当範囲にわたる①大気の汚染，②水質の汚濁(水質以外の水の状態または水底の底質が悪化することを含む)，③土壌の汚染，④騒音，⑤振動，⑥地盤の沈下(鉱物の採掘のための土地の掘削によるものを除く)，および⑦悪臭によって，人の健康または生活環境(人の生活に密接な関係のある財産ならびに人の生活に密接な関係のある動・植物およびその生育環境を含む)にかかわる被害が生ずることをいう」である．

土木工事に伴って発生する公害に対しては，環境基本法に沿って定められた各種の実施法によって規制される．表9.1は，土木工事と関連法規との関係を示したものである．

表9.1 土木工事と関連法規の関係

公害と規制法	土木工事との関連	
	作業または機械	被害と苦情
騒 音 (騒音規制法，昭和43年)	基礎工事，空気圧縮機，削岩機，コンクリートプラント，アスファルトプラント	家畜，家きん(禽) 人への精神的，心理的影響 睡眠妨害，休養妨害，勉強妨害など
	掘削作業，構造物解体，破壊作業 発破作業	
振 動 (振動規制法，昭和51年)	基礎工事，構造物解体，破壊作業	建築物，精密機械 人への精神的，心理的影響
	掘削作業，空気圧縮機，発破作業	
大気の汚染 (大気汚染防止法，昭和43年)	アスファルトプラント クラッシングプラント	ばい煙，粉じん 人への健康，農作物
水質の汚濁 (水質汚濁防止法・海洋汚染および海上災害の防止に関する法律，昭和45年)	生コン用バッチャープラント 砕石作業	公共用水域の水質汚濁および水温の変化
	トンネル工事，ダム工事，浚渫工事，基礎工事，基礎掘削工事	地下水の汚濁 人の健康，魚介類
地盤沈下 (工業用水法，昭和31年・建築物用地下水の採取の規制に関する法律，昭和37年)	トンネル工事，掘削のための排水工事	建築物，田畑
土壌の汚染 (農用地の土壌の汚染防止などに関する法律，昭和45年)	トンネル工事，場所打ち杭工事，薬液注入工事など	
悪 臭 (悪臭防止法，昭和46年)	塗装など	
水の枯渇 (悪臭防止法，昭和47年)	トンネル工事，掘削のための排水作業，ウェルポイント工法	飲料水，農業用水，営業用水

9.2.2 公害の内容

環境基本法に定義されている七つの公害のなかで，土木工事に関連が深いのは，表9.1に示された騒音，振動，大気，水質，地盤沈下である．とくに騒音と振動の問題は発生頻度が高く，地域住民からの苦情も多い．図9.1は，苦情の要因と内容を示したものである．苦情の要因としては，騒音と振動の合計が70％に近い．

騒音と振動は，一つの発生源から同時にでる場合が多い．基礎工事，構造物解体，掘削作業，空気圧縮機などがそれである．騒音と振動に関しては，それぞれに特定建設作業および規制基準が法律で定められている．

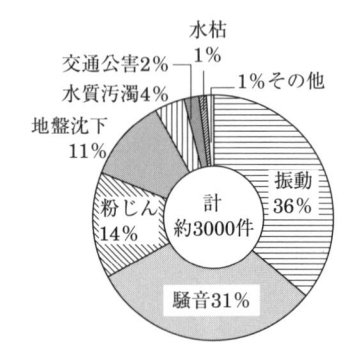

（a）苦情の要因

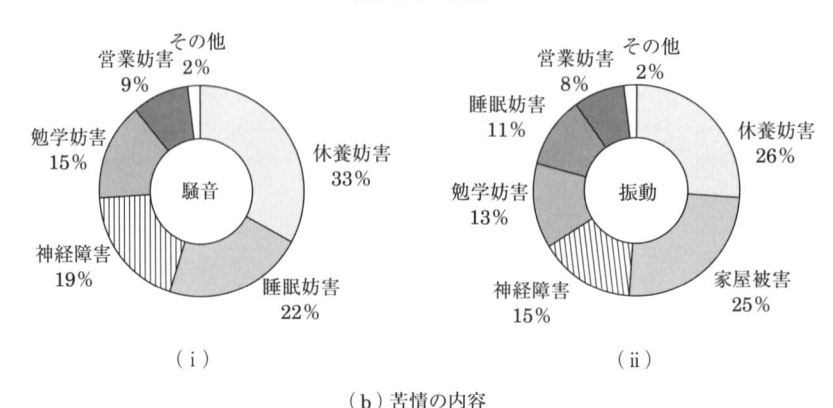

（i） （ii）

（b）苦情の内容

図9.1 苦情の要因と内容

9.2.3 特定建設作業

問題が起こりやすい騒音および振動については，それぞれ特定建設作業が定められている（表9.2および表9.3）．

この二つの作業に関する基準を表9.4に示す．騒音については85dB，振動につい

9.2 関連法規と特定建設作業による公害　207

表 9.2　騒音に関する特定建設作業

1. 杭打ち機（もんけんを除く），杭抜き機または杭打ち杭抜き機（圧入式杭打ち杭抜き機を除く）を使用する作業（杭打ち機をアースオーガーと併用する作業を除く）．
2. びょう打ち機を使用する作業．
3. さく岩機を使用する作業（作業地点が連続的に移動する作業にあっては，1日における当該作業にかかわる2地点間の最大距離が50 m を超えない作業に限る）．
4. 空気圧縮機（電動機以外の原動機を用いるものであって，その原動機の定格出力が，15 kW 以上のものに限る）を使用する作業（さく岩機の動力として使用する作業を除く）．
5. コンクリートプラント（混練機の混練容量が，0.45 m³ 以上のものに限る），またはアスファルトプラント（混練機の混練重量が，200 kg 以上のものに限る）を設けて行う作業（モルタルを製造するためにコンクリートプラントを設けて行う作業を除く）．
6. バックホー（一定の限度を超える大きさの騒音を発生しないものとして，環境大臣が指定するものを除き，原動機の定格出力が80 kW 以上のものに限る）を使用する作業．
7. トラクターショベル（一定の限度を超える大きさの騒音を発生しないものとして，環境大臣が指定するものを除き，原動機の定格出力が70 kW 以上のものに限る）を使用する作業．
8. ブルドーザー（一定の限度を超える大きさの騒音を発生しないものとして，環境大臣が指定するものを除き，原動機の定格出力が40 kW 以上のものに限る）を使用する作業．

（注）当該作業が，その作業を開始した日に終わるものを除く．

表 9.3　振動に関する特定建設作業

1. 杭打ち機（もんけんおよび圧入式杭打ち機を除く），杭抜き機（油圧式杭抜き機を除く），または杭打ち杭抜き機（圧入式杭打ち杭抜き機を除く）を使用する作業．
2. 鋼球を使用して，建築物，その他の工作物を破壊する作業．
3. 舗装版破砕機を使用する作業（作業地点が連続的に移動する作業にあっては，1日における当該作業にかかわる2地点間の最大距離が50 m を超えない作業に限る）．
4. ブレーカー（手持式のものを除く）を使用する作業（作業地点が連続的に移動する作業にあっては，1日における当該作業にかかわる2地点間の最大距離が，50 m を超えない作業に限る）．

（注）当該作業が，その作業を開始した日に終わるものを除く．

表 9.4　特定建設作業の騒音ならびに振動の規制に関する基準

騒音規制基準値		85 dB
振動規制基準値		75 dB
作業時間	1号区域	午後7時から午前7時までの間行われないこと
	2号区域	午後10時から午前6時までの間行われないこと
1日の作業時間長	1号区域	1日10時間を超えて行われないこと
	2号区域	1日14時間を超えて行われないこと
同一場所における作業時間		連続して6日を超えて行われないこと
作業日		日曜日その他の休日に行われないこと

（注）1）1号区域とは，静穏を必要とする区域および学校，病院などの周囲おおむね80 m の区域などをいう．
　　　2）2号区域とは，生活環境を保全すべき地域のうち，1号区域以外の区域とする．
　　　3）区域の区分のあてはめは，都道府県知事（指定都市，中核市および特例市にあっては市長）が行う（法第4条第1項）．以下省略．

ては 75 dB となっている．法律では，表 9.4 の備考欄の 1 〜 3 に加えて次のことが記載されている．騒音と振動の基準値は，特定建設作業の場所の境界での値であること．緊急および人命にかかわる作業の場合には，上記の基準が適用されないことがあること．また，騒音の測定法および振動レベルの決定法が示されている．

騒音規制法の及ぶ地域で特定建設作業を実施しようとする場合には，元請業者は，作業開始の 7 日前までに市町村長に対して所定の届出書を提出しなければならない．その作業から生じる騒音が基準に適合せず，かつ周辺の生活環境が著しく損なわれる場合には，市町村長から改善勧告および改善命令が出される．

9.2.4 条例による騒音・振動の規制

わが国の騒音・振動の規制は，法律制定に先立ち，地方公共団体の条例による規制が先行した．その結果，都道府県の条例では，法の規制に対して独自の規制として実施する規制，法律に定められていない規制などがある．

騒音に関する横出し（独自の規制）は，18 都府県で定められている．たとえば，東京都では，おおよそ 80 ％の地域に対してせん孔機，コンクリートカッター，ほか 10 種類以上の機械や工事に対して規制している．

振動に関する横出しは，9 都府県で条例が定められている．大阪府を例にあげると，すべての地域でブルドーザーやショベル系掘削機などを規制の対象としている．

建設作業を行う場合には，地域独自の条例についても注意する必要がある．

例題 9.1 環境保全計画に関して正しくないものはどれか．

（a） 騒音・振動については，法で定めている特定建設作業についても地方公共団体が条例で規制している場合がある．

（b） 杭打ち機を使用する作業は，騒音・振動防止対策を施し，周辺環境を考慮して作業時間を調整する必要がある．

（c） 工事用車両による交通障害を低減するために，車両の投入台数，運搬資材量，走行速度などを事前に十分調査する．

（d） アースオーガー併用の杭打ち機は，騒音振動が少なく，これを使用する作業は，騒音・振動に関する特定建設作業からは除外されている．

解 アースオーガー併用の杭打ち機は，振動規制法の適用を受ける．（d）が正しくない．

9.2.5 汚濁水の法規制

水質および廃棄物に関する法令などは，図 9.2 のようである．これらのほかに，関連法令として下水道法や河川法などがある．汚濁水の処理，処理水の放流，スラッジ

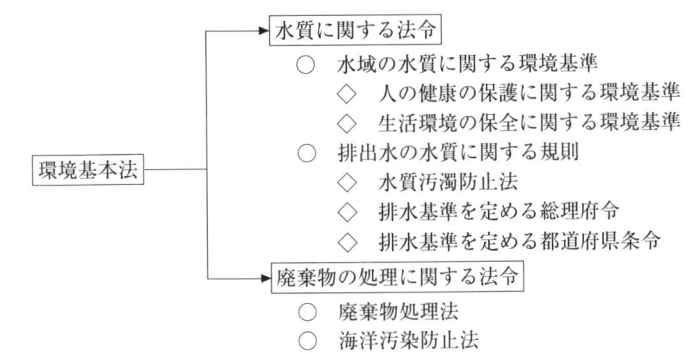

```
環境基本法 ─┬─ 水質に関する法令
          │    ○ 水域の水質に関する環境基準
          │        ◇ 人の健康の保護に関する環境基準
          │        ◇ 生活環境の保全に関する環境基準
          │    ○ 排出水の水質に関する規則
          │        ◇ 水質汚濁防止法
          │        ◇ 排水基準を定める総理府令
          │        ◇ 排水基準を定める都道府県条例
          └─ 廃棄物の処理に関する法令
               ○ 廃棄物処理法
               ○ 海洋汚染防止法
```

図9.2 水質および廃棄物に関する法令など

表9.5 水質汚濁にかかわる基準値の例

項目	法令・水域名	生活環境の保全に関する環境基準						総理府令による排水基準
		河川		湖沼		海域		
		AA	E	AA	C	A	C	
SS	ppm	25以下	ごみなどの浮遊が認められないこと	1以下	ごみなどの浮遊が認められないこと			200（日間平均150）
pH		6.5以上8.5以下	6.0以上8.5以下	6.5以上8.5以下	6.0以上8.5以下	7.8以上8.3以下	7.0以上8.3以下	海域5.0以上9.0以下 海域以外5.8以上8.6以下
BOD	ppm	1以下	10以下					160（日間平均120）
COD	ppm			1以下	8以下	2以下	8以下	160（日間平均120）
備 考		AA, Aが最も厳しく, E, Cは最も緩い類型を示す. 基準値は日間平均値とする. 農業用利水点については, $6.0 < pH < 7.5$, $DO > 5$ ppm						生活環境項目に関する一律基準

（注）SS：浮遊物質量，pH：水素イオン濃度，BOD：生物化学的酸素要求量，
　　COD：化学的酸素要求量，DO：溶存酸素量

の処理などに関連する法令と基準値の例は，表9.5に示すようである．

9.3 騒音・振動の発生と対策

9.3.1 工事機械の騒音と振動

土木工事に対する苦情の発生は，基礎工事が最も多く，ついで土工事，コンクリート工事，解体工事となっている．工事機械別では，ディーゼルハンマー，ブレーカー，

コンプレッサー,生コン車,ドロップハンマー,ショベル,ブルドーザー,リベットなどの順で苦情が多い.

表9.6は,工事機械の騒音レベルおよび振動レベルの測定例を示したものである.騒音・振動の低減化をはかる方法としては,次の①〜④などがあげられる.

① 発生源対策.
② 伝搬経路上での防止.
③ 機械配置の適正化.
④ 作業時間の変更・短縮.

これらのなかで,発生源対策が最も基本的かつ効果的な方法であるが,これにほかの方法を組み合わせて騒音・振動の低減化をはかるのが普通である.

表9.6 騒音・振動レベルの測定例(単位 dB)

工事機械	音源からの水平距離(m)		振動源からの水平距離(m)		
	10	30	10	20	30
ディーゼルハンマー	93〜112	84〜103	65〜90	62〜84	—
バイブロハンマー	84〜91	74〜80	58〜79	52〜76	—
ブルドーザー	76〜77	63〜67	60〜76	53〜69	—
鋼球	84〜86	71〜72	63〜72	57〜65	53〜63
コンクリートブレーカー	80〜90	74〜80	35〜72	35〜65	52〜60
コンプレッサー	82〜98	73〜86	36〜62	36〜57	—
クラムシェル	78〜85	65〜75	—	—	—
トラクターショベル	77〜84	72〜73	—	—	—

9.3.2 基礎工事における対策

既製杭の建込みにおける対策工法としては,排土式プレボーリング(preboring)工法,無排土式プレボーリング工法,中掘工法,シートパイル(sheet pile)圧入工法などがある.

(1) 排土式プレボーリング工法

アースオーガー(earth auger)でせん孔し,ハンマーなどを用いて杭を建て込むものである.

(2) 無排土式プレボーリング工法

オーガーで高速せん孔する際に,セメントやベントナイト混合液などを注入して,掘削土をスラリー(slurry)化することによって杭の貫入抵抗を低減化したもので,排土しないまま杭を埋設するのを特徴としている.

（3） 中掘工法

杭の中空部にオーガースクリューを通し，オーガーでせん孔しながら杭を建て込む．

（4） シートパイル圧入工法

シートパイル（鋼矢板）にオーガーを沿わせて無排土せん孔しながら圧入する．

場所打ち杭工法は，もともとは構造物の大型化に対応するという意味から出現したものであるが，低騒音・低振動であるため，有効な低公害基礎工法として注目され，広く実用されるに至った．ベノト(benoto)工法，リバースサーキュレーション(reverse circulation)工法，アースドリル(earth drill)工法，ウォータージェット(water jet)工法などがその代表的なものである(2.5節参照)．しかし，完全対策工法といわれるこれらの工法においても，付帯機械の騒音や泥水の処理などで問題を生じることがあるので，これらの点についての配慮が必要である．

9.3.3 土工工事における対策

土工作業は，特定建設作業に指定されていない．しかし，東京都や大阪府をはじめ，一部の県では公害防止条例で土工機械に対する騒音規制を実施している．すなわち，それらの都府県においては，敷地境界から30mの地点における騒音の大きさは75dB以下に制限されているほか，作業禁止時間，1回の作業時間，同一場所における作業期間などについて規制値が定められている．

表9.7 低騒音型土工機械の例

機械名	規格	対策内容	対策効果 dB(A) 測点30m
ブルドーザー	履帯式 31.7t	①冷却ファンの径を大きくし，ファン回転数を低くする． ②吸音材の使用→エンジン音の低減． ③エンジンフード，エンジンサイドカバーなどの併用，特殊マフラーの採用． ④密封潤滑式トラックの採用→足まわり騒音の減少．	走行時 79→73
トラクターショベル	車輪式 1.7 m³	①大型マフラーの採用． ②吸音材の使用→エンジン音の減少．	走行時 75→71
油圧ショベル	クローラー式 0.4 m³	①エンジン室を密閉遮音構造とする． ②カバー付の高性能マフラー2個使用． ③エンジンからフレームに伝わる振動を，ラバーで遮断．	75→59

騒音の低減対策としては，低騒音型の土木機械を使用すること，塀などで遮音壁を設けることなどの方法がとられている．表9.7に低騒音型土工機械の対策内容と対策効果の例を示している．

9.3.4 解体工事における対策

従来の解体工事では，鋼球を用いる方法が多用されてきたが，騒音や振動だけでなく粉じんの発生も著しいので，これにかわる工法が考案されている．多く実用されている方法としては，前項で説明した遮音壁（パネル）を用いる方法，油圧ジャッキによる方法などがある．このほか，今後の発展が期待されているものとして，緩性火薬工法，燃焼熱による方法，電熱による方法，レーザー・高周波照射法，ガス膨張圧を利用する方法，カッター(cutter)法，ロックジャッキ(rock jacking)法，水ジェット法などがあげられる．

遮音パネルを用いる工法では，大型ブレーカー，コンクリートカッター，コンクリートブレーカーなど，各種の取り壊し方法を組み合わせて解体工事を実施し，これらの機械から発生する騒音を吸音構造の遮音パネルで低減し，合わせて粉じんの飛散を防ごうとするものである．この場合に，低騒音型の機械を使用すれば一層効果的である．

油圧ジャッキによる方法では，図9.3に示すような順序で構造物の解体作業を実施する．すなわち，まず油圧ジャッキを備えた突上げ式破砕機を使用して，床や梁などの水平部材を破壊し，ついでコの字型フレーム(frame)をもつ噛み砕き破砕機によって，柱や壁などの垂直部材を割裂破壊する．

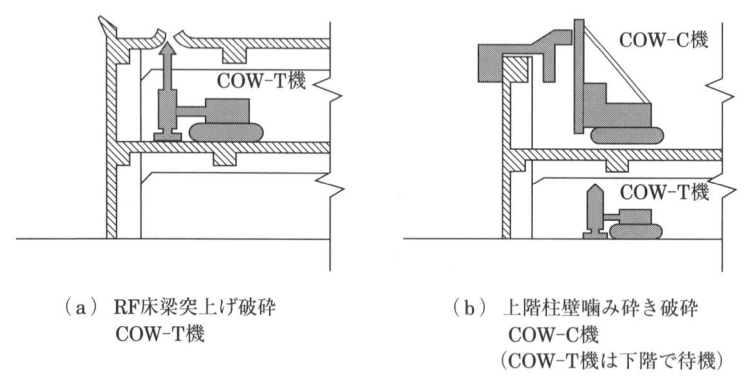

(a) RF床梁突上げ破砕
　　COW-T機

(b) 上階柱壁噛み砕き破砕
　　COW-C機
　　（COW-T機は下階で待機）

図9.3　油圧ジャッキによる解体作業

9.3.5 遮音壁の効果

遮音壁によって騒音を低減させようとする場合には，図9.4および図9.5が参考となる．これらの図は，点音源Sと受音点Pの間に長く連なった遮音壁を設けた場合

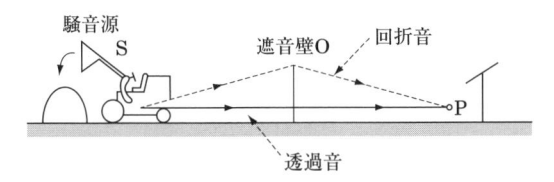

図 9.4　遮音壁を伝播する音[46]

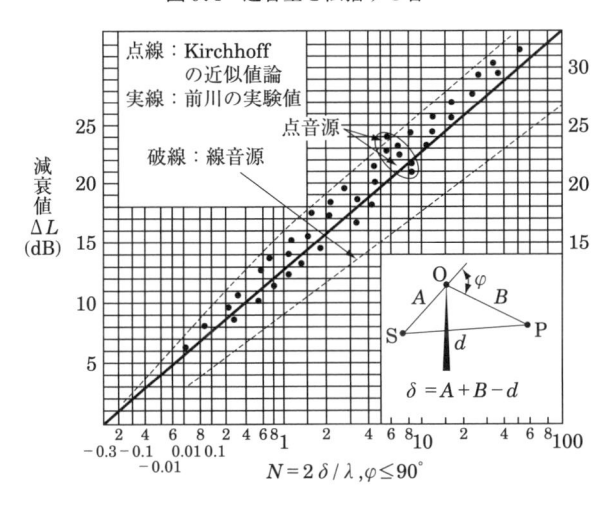

図 9.5　自由空間の薄い半無限障壁による減衰値[47]

に，音の伝播距離が $\overline{\mathrm{SP}}=d$ から $\overline{\mathrm{SO}}+\overline{\mathrm{OP}}=A+B$ に変わることによって，経路差 $\delta=A+B-d$ を生じ，その結果，受音点 P の音圧が ΔL だけ減ることを示したものである．なお，図 9.5 においては，音の地面反射はないものとしているが，反射性地面の場合は，図の ΔL から 3 dB 差し引いたものとなる．

例題 9.2　点音源より 20 m 離れた受音点の騒音レベルを測定したところ，73 dB であった．受音点の騒音レベルを 60 dB に減少させるには，音源から 10 m の位置に高さ何 m の遮音壁を設ければよいか．

解　反射性地盤であるとすれば，必要な減衰値は，
$$\Delta L = 73 - 60 + 3 = 16 \, \mathrm{dB}$$
となる．図 9.5 の太い直線を用いて，16 dB に対応する N の値を求めると，おおよそ 2 である．ここで，音速は 343 m/s，音源の代表周波数 600 Hz であるとすると，
$$\text{波長}\ \lambda = \frac{343}{600} = 0.572 \, \mathrm{m}$$
よって，

$$\delta = \lambda \frac{N}{2} = 0.572 \times \frac{2}{2} = 0.572\,\mathrm{m}$$

を得る．必要な遮音壁の高さを $x\,\mathrm{m}$ とすると，図9.5を参照して，

$$2\sqrt{x^2 + 100} - 2 \times 10 = \delta = 0.572$$

となり，これより $x = 2.4\,\mathrm{m}$ を得る．

騒音・振動をできるだけ少なくするためには，土工機械で操作するうえで，乱暴な操作を慎むこと，エンジンの空ふかしをやめること，作業待ち時間中はエンジンを止めること，走行速度を遅くすること，土工機械の走行路をつねに整備しておくことなどが大切である．

9.4 汚濁水の発生と処理

9.4.1 汚濁水の発生

汚濁水を大量に発生させる建設工事としては，山岳トンネル工事，骨材プラント，市街地の土木工事などがある．

山岳トンネル工事では，坑内湧水に，ずり，粉じん，各種薬液注入剤などが混入して汚濁水となる．骨材プラントでは，骨材ふるい分けプラントや製砂プラントでの骨材洗浄に伴って，高濃度の汚濁水が発生する．また，市街地の土木工事においては，地下連続壁，場所打ち杭，泥水シールドなどの施工においてベントナイトを主体とする安定液(泥水)を循環使用するが，これが劣化すると廃棄泥水となってその処理が問題となる．

これらの汚濁水中の浮遊物質が長期間にわたって河川に流入すると，魚のえらやえらの弁膜を傷つけ，へい(斃)死の原因になるといわれている．また，浮遊物質によって水が濁ると太陽光線が水底に届かなくなり，水生生物の成育は妨げられ，浮遊物質が河床に沈殿すると藻類の繁殖は妨げられる．一般に，浮遊物質量(suspended solid：SS)が 25 ppm 以下であれば，水産物は正常な生産活動をつづけることができるとされている(表9.5参照)．また，水田に浮遊物質が蓄積すると水稲は根腐れを生じる．

次に，汚濁水によって河川水，湖沼水，水田などの水素イオン濃度 pH が変わると，農作物や水産物に悪い影響を与える．農作物にとって適当な pH は，土壌の状態や農作物の種類によって異なるが，一般に pH = 4〜7 である．建設工事に伴って排出される汚濁水の pH は，6〜7 程度のものが多いが，バッチャーやミキサーなどの洗浄汚濁水が混入しているところでは，pH = 9〜11 のアルカリ性を示すことがあるので注意を要する．

9.4.2 汚濁水の処理

汚濁水の化学的・機械的処理の基本フローシートを図9.6に示す．これを処理段階で分けると，浄化処理，スラッジ(sludge)の脱水処理，および中和処理の3段階になる．普通，山岳トンネル工事および市街地の土木工事においては，浄化，脱水，中和の各処理が必要であり，骨材プラントでは，浄化処理と脱水処理が必要となる．

浄化処理においては，汚濁水に含まれる浮遊物質の粒度組成に応じて，異なった処理方法がとられる(図9.7)．74μm(0.074 mm)以上の粒子径をもつ浮遊物質は，自然沈降によって浄化できるが，それより小さい粒子径の物質は，凝集沈降させる必要がある．

凝集剤としては，無機系凝集剤および高分子凝集剤が使用されている．前者としては，PAC(パック，ポリ塩化アルミニウム)や硫酸バンド(硫酸アルミニウム)など，後者としては，ポリアクリルアミドを主成分とする凝集剤がある．また，凝集沈降分離

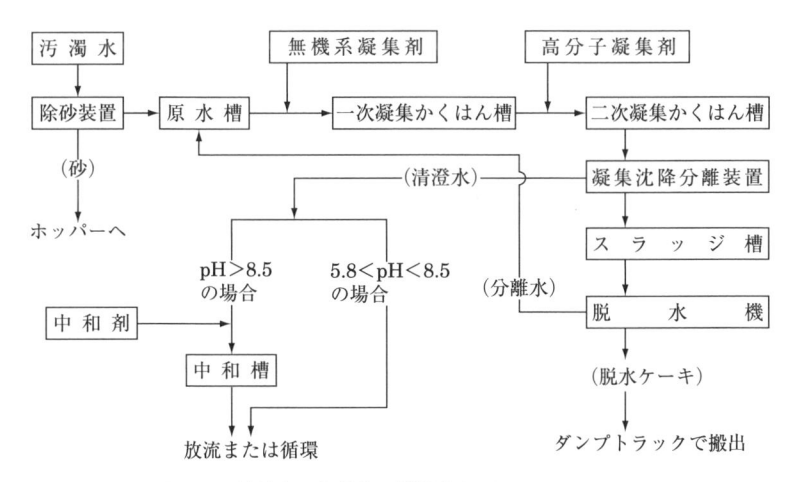

図9.6 汚濁水の化学的・機械的処理のフローシート

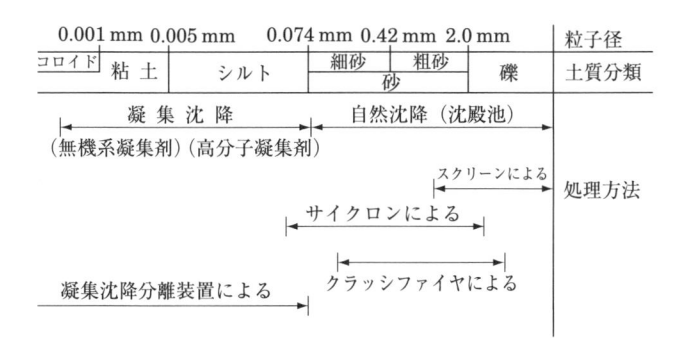

図9.7 粒子径と処理方法の一例

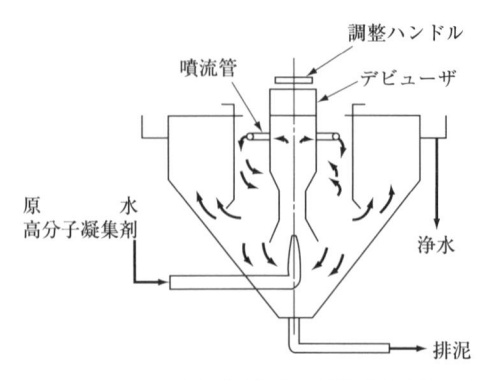

図9.8 ジェット式高速分離型の凝集沈降分離装置

(a) フィルタープレス　　(b) ロールプレス

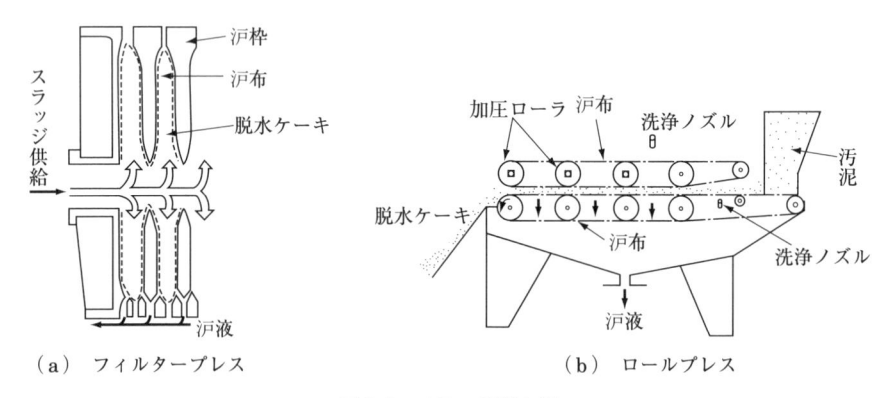

図9.9 スラッジ脱水機

装置としては，シックナー(thickener)型，ジェット式高速分離型(図9.8)があり，サイクロン(cyclone)やクラッシファイヤ(classifier)などの分離装置も使用されている．

凝集沈降分離装置から出されたスラッジは，多量の水を含んでいるために強制脱水処理を行う必要がある．建設工事では，図9.9に示したフィルタープレス(filter press)，ロールプレス(roll press)などが広く用いられている．

次に，汚濁水はコンクリート中のセメント分の混入，あるいは薬液注入によるケイ酸ナトリウムの混入などによってアルカリ化する．これを中和するためには，硫酸ガス，塩酸ガス，炭酸ガスなどが使用されている．

中和剤として炭酸ガスを使用しはじめたのは最近のことであるが，多量に使用してもpHは5.5〜6以下にならず，反応速度も速いなどの利点があるところから，今後，急速に普及するものと考えられる．

9.5 建設資材リサイクル・土壌汚染・埋立処分場

9.5.1 建設資材のリサイクル

2000年に建設資材リサイクル法が施行された．その目的は，特定建設資材（コンクリート，木材，アスファルト）の分別解体と再資源化の促進，および資源の有効利用の確保と廃棄物の適正な処理を促すことにある．

建設産業は，全資源利用量の50％近くを占めており，建設廃棄物は産業廃棄物全体の20％に及んでいる．廃棄物のおもなものは，コンクリート塊，アスファルト塊，木材，建設汚泥，混合廃棄物などである．特定建設資材については，規模の大きな現場では分別解体して再資源化することが求められている．1995年において，コンクリートでは80％，アスファルトでは65％以上が再利用されているが，木材の再利用率は低い．

建設業者は，建設資材廃棄物の発生を抑制すること，分別解体および再資源化の費用を抑えること，が求められる．発注者は，分別解体および廃棄物再資源化の費用を負担する必要がある．その費用は，公共工事では発注者負担となるが，民間工事では解体費用は建設工事費に含まれることが多い．建設工事受注者は廃棄物を再資源化すること，解体工事業者は都道府県知事への登録申請および技術管理者を設置することが求められる．

再資源化とは，建設資材廃棄物を資材または原材料として利用できる状態にすること，ならびに同廃棄物を燃焼により熱を得るために利用できる状態にすることを意味する．

9.5.2 土壌汚染対策

（1） 対象となる土地

土壌汚染対策法（2003年）では，健康被害を引き起こす物質として，重金属（カドミウム，六価クロム，ヒ素など）9項目，VOC（ジクロロメタン，トリクロロエチレンなどの揮発性有機化合物）11項目，その他（PCBなど）5項目を特定有害物質と指定した．

これらの物質による汚染の可能性がある土地について，次の場合に調査を行うこととしている．まず，特定有害物質を扱っていた工場や事業場の敷地が用途変換されるときである．次に，土壌汚染のおそれがある土地で，直接摂取による危険があるとき，または地下水などの摂取による被害が心配される場合である．たとえば，隣地で表層土壌の汚染が発見されるなど汚染の可能性が高く，一般の人が立ち入って直接摂取するおそれがある場合，また近隣で地下水汚染が発見され，地下水を飲用している場合

などがあてはまる．

（2） 調査方法

重金属の調査は，100 m² に 1 地点で表層付近の土壌を採取し，溶出量調査，土壌含有量調査を行う．VOC は100 m² に 1 地点，深さ 1 m の地中で土壌ガス調査を行う．

（3） 処理対策

直接摂取にかかわる場合は，土壌汚染の除去（掘削除去，原位置浄化），土壌入れ換え，盛土，舗装，立入禁止などの対策を講ずる．

地下水への溶出にかかわる場合は，水質測定，土壌汚染の除去（掘削除去，原位置浄化），原位置封じ込め，遮水工封じ込め，原位置不溶化などの手段を講ずる．図9.10 は，浄化技術が発達している欧米の例である．

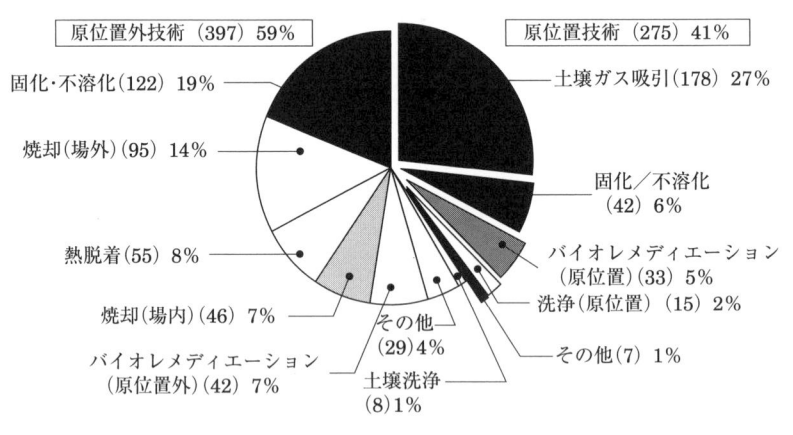

図9.10　汚染源処理技術[48]

9.5.3　廃棄物埋立処分場

廃棄物埋立処分場の主要施設は，貯留構造物，遮水工，浸出水集排水施設，同処理施設，雨水集排水施設，発生ガス施設からなる．陸上埋立では，貯留構造物としてコンクリートダムや盛土堤などが使われる．図9.11 は，重力式コンクリートダムの例である．ダムの基礎は必要に応じてコンソリデーショングラウトで遮水性を確保する（4.7節参照）．遮水工は，遮水シート，保護材，保護マット，下地地盤などで構成されるが，廃棄物に接する面では，浸出液が漏れないように 2 重の遮水構造とすることが求められる．図9.12 に一例を示す．遮水シートの材質は，合成ゴム系，合成樹脂系，アスファルト系などが用いられている．

次に，図9.13 は，遮水工，浸出水，雨水の集排水施設を示したものである．埋立処分場の周辺から集まる雨水や地下水は，雨水集排水施設や地下水集排水施設に

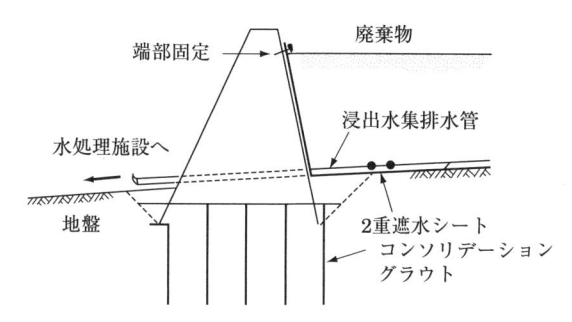

図9.11 貯留構造物(コンクリート重力式)[49]

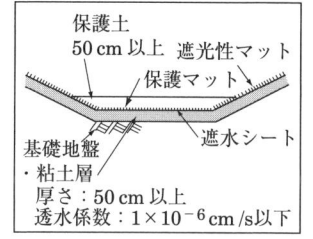

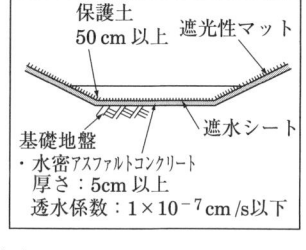

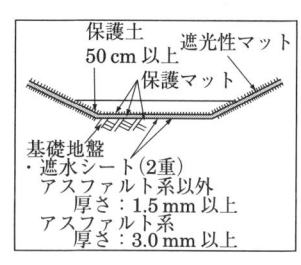

図9.12 表面遮水工の構造[43]

(a) 粘土層など＋遮水シート　(b) アスファルトコンクリート層＋遮水シート　(c) 2重の遮水シート

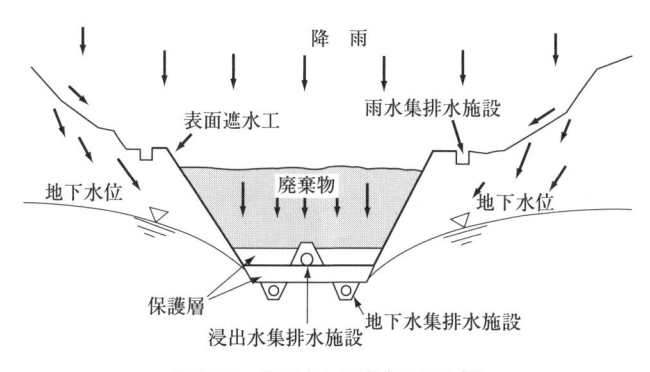

図9.13 地下水と浸出水の流れ[50]

より下流側に導かれる．これによって，遮水シートに対して下面から地下水揚圧力が作用することを防ぐのである．一方，埋立処分場への降水や浸出水は，底部集排水管支線および同幹線を通って浸出水調整設備に流れ込み，浸出水導水管を通って水処理施設に導かれる．つまり，埋立処分場では2系統の集排水施設を設けることが必要である．

浸出水処理施設の設計においては，水処理施設の規模や処理方式の選定が問題となる．降雨時には浸出水の量が急激に増えるが，過大な処理施設を設けることは合理的

でない．廃棄物処分場の水収支を考慮して，適正な規模とすることが肝要である．浸出水の性質は，廃棄物の種類や事前処理方法によって大きく異なる．生物処理方式（活性汚泥法，接触ばっ気法，生物学的脱窒素法など）あるいは物理化学処理法（凝集沈殿法，砂沪過法，活性炭吸着法など）から適切な方法を採用する．

埋立処分場では，廃棄物の分解によってガスが発生する．廃棄物層が嫌気性の場合には，メタン，二酸化炭素，水蒸気，アンモニアなどが発生し，好気性では，二酸化炭素，水蒸気，ついでアンモニアが発生する．これらのガスを抜くために，直径150 mm 程度の有孔管を立てたり，斜面に蛇かごやコルゲート管を設置する．

9.6 技術者倫理

9.6.1 背景

すべての分野で技術の進展が著しいが，それに伴って技術者の社会に対する責任は一層重くなってきている．高度社会のなかで生活している人々は，その安全，健康，福祉を専門の技術者に頼らざるをえないからである．土木技術者は，安全で快適な社会基盤の整備を担っており，あわせて自然環境保全の面でも責任を果たしていく必要がある．これを実現するためには，一人ひとりの技術者が高い倫理観を有することが大切である．

土木学会では，1938年に「土木技術者の信条および実践要綱」を定めた．三つの信条のなかには，人類の福祉増進に貢献することをうたい，11項目の実践要綱のなかには，経費節約などにとらわれて公衆に危険を及ぼすようなことをしてはならないと明記するなど，当時としてはきわめて進歩的な倫理規定を定めた．

倫理(ethics)とは，人間の行為に関する科学であるとされており，行為の善悪，正不正を問題にする．そして技術は，人間にとって可能な行為を拡大する．したがって，倫理は時代とともに変わるべき性質をもっている．

9.6.2 土木技術者の倫理

現代では，技術の拡大や多様化とともに，自然および社会に与える影響が複雑化し増大している．このため，土木技術の行使にあたって，つねに自己を律する姿勢が求められる．また，未来の世代の生存条件を保証する責務があり，自然と人間を共生させる環境の創造と保存は，土木技術者にとってのあらたな使命である．土木学会より1999年に出された「土木技術者の倫理規定」では，上記のことを基本認識とし，次の内容を含む15項目の倫理規定を制定した．

はじめに，「美しい国土」，「豊かな社会」をつくるために社会に貢献することを述

べている．次に，人々の安全と福祉，健康に対する責任を最優先し，自然および地球環境の保全と活用をはかることとしている．また，伝統技術を尊重すること，歴史的遺産の保存に留意すること，自己の属する組織にとらわれることなく総合的見地から事業を推進すること，自己の業務の意義と役割を積極的に説明することなどをうたっている．

倫理観を高めるには，実際に起こった事例，仮想的な事例，自分で創作する事例について，自分であればどのように考え行動するかについて，文章として書いたり，グループ討論を行うなどの実践が必要である．

また，土木構造物を設計・施工する技術者は，権限の行使，資金の運用，知識技術の行使をゆだねられているので，どのような結果をもたらしたかを説明するアカウンタビリティ（accountability）を果たす義務がある．

例題 9.3 土木学会の倫理規定に照らして，正しくないものはどれか．
（a） 専門的知識と経験の蓄積に基づき，自己の信念と良心に従って報告などの発表，意見の開陳を行う．
（b） 自己の属する組織のために，専門的知識，技術，経験を踏まえ，総合的見地から土木事業を推進する．
（c） 公衆，土木事業の依頼者，および自身に対して，公平，不偏な態度を保ち，誠実に業務を行う．
（d） 技術的業務に関して，雇用者，もしくは依頼者の誠実な代理人，あるいは受託者として行動する．

解 倫理規定の第4項目に，「土木技術者は，自己の組織にとらわれることなく，専門的知識，技術，経験を踏まえ，総合的見地から土木事業を推進する」とあり，（b）が誤りである．現場技術者の立場にあって重大な施工ミスに気づいたとき，たとえ所属企業に短期的な不利益をもたらすとしても，雇用者（所属企業）および依頼者（発注者）に状況を正確に報告し，誠実な代理人あるいは受託者として行動することが求められる．

9.6.3 CPD（継続研鑽）

技術は日進月歩であるために，資格を有する現場技術者にも，つねに研鑽することが求められている．全国土木施工管理技士会連合会においては，技術力を支える三本柱として，学歴・資格，継続学習，実務経験をあげており，「土木施工管理CPDS」（Continuing Professional Developmentシステム）により，これを支援している．

土木技術者が種々の資格取得を目指して学習を続けていくことは，そのこと自体が継続研鑽になることはいうまでもない．学習を通して得られた知識は，いわば形式知

である．形式知とは客観的なもので，言語や文章で表現でき，情報やデータと同じように簡単にコード化できる知識をいう．他の一つに暗黙知がある．これは主観的なものであって，ノウハウのように言葉や文章で表現できにくいものである．

技術者は，学習で得た個々の知識や実務で体験したことがらを頭のなかの小引き出しに蓄積していくばかりでなく，折に触れて引き出しの中身を整理しなおし，それらの組合せを考えることによって，暗黙知を豊かにしていくことが必要である．一方，経験豊かな技術者は，自分の有している暗黙知をいかにして後進の技術者たちに伝えるのか（知の移転）が問われる．組織としては，情報，データ，スキル，ノウハウなどの知識を共有し，活用することが大切であるが，そのための管理システムをナレッジマネージメントという．このようなシステムのなかに継続研鑽を位置づけておくことは有用であろう．

土木施工にかかわる技術者に伝えたい2，3のメッセージを述べておく．

① **観察の記録** 現場に足を運び，設計施工の対象となる場所の地形・地質を観察し記録することが重要である．現場を見ずに手元の資料だけに基づいて設計をしたり，施工計画を立てることは慎むべきである．観察事項は，的確に記録・スケッチすることも大切である．記録やスケッチは，現場のイメージが第三者によく伝わるように工夫する．コンピュータを使って描いた図からは現場状況をイメージしづらいものも見受けられる．図の縦と横の寸法比は，可能な限り1：1で描くのがよい．

② **情報収集** 設計施工を行うに先立って，現場の状況に関する情報を収集することは誰しも行うことである．同じ現場に臨んでも，得られる情報量は求める人の積極度と直観力に依存する．地形・地質の観察のみならず，植生の種類や立ち木の姿，山腹転石の状況，既存構造物の状況，地域住民の経験などから，できるだけ多くの情報を得る姿勢が大切である．

③ **総合的判断** 土木工事を安全かつ経済的に，求められる性能のものを工期内に完成するには，関係する多くの人々の協力が不可欠である．工事の責任者には個々の力をバランスよく引き出し，連携させる総合力と判断力が求められる．責任の一部を分担している立場の者にも，工事全体の動きを見渡すことが必要である．木を見て森を見ず，ということのないように心がけたい．トータルコスト（total cost）を考慮した工事監理を行うにも総合的判断力が求められる．

演習問題 [9]

1．騒音規制法および振動規制法に規定されている特定建設作業とは，どのような作業であるか説明せよ．

2. 騒音・振動対策の基本的考え方について述べよ．
3. 市街地での基礎工事における騒音・振動対策工法について説明せよ．
4. 土工事における騒音・振動対策について述べよ．
5. 解体工事における騒音・振動対策について述べよ．
6. 土木工事における汚濁水の発生原因について述べよ．
7. 汚濁水処理の基本的方法について述べよ．
8. 土木学会(1999年)の土木技術者の倫理規定について述べよ．

演習問題のヒントと解答

第1章

1. 図1.3に基づけば，$\gamma_t = W/V$，$V = (1+e)V_s$，$W = G_s \cdot V_s \cdot \gamma_w + V_w \cdot \gamma_w$ と表される．
2. $e = V_v/V_s$，$S_r = (V_w/V_v)100$，$G_s = \rho_s/\rho_w$，$w = (W_w/W_s)100$ と表される．
3. 【解】（a）最適含水比 $w_{opt} = 17.6$ %，最大乾燥密度 $\rho_{d\max} = 1.639$ g/cm³，（b）許容施工含水比 $w = 12.4 \sim 23.2$ %，（c）締固め曲線とゼロ空気間げき曲線は省略．
4. 例題1.1を参照する．【解】掘削すべき土量 81081 m³，運搬土量 97297 m³
5. 例題1.3を参照する．【解】サイクルタイム 32 s として，24.7 m³/h
6. 例題1.4を参照する．【解】ショベルのサイクルタイム $C_{ms} = 30$ s とすると，必要台数は10台となる．
7. 表1.5，表1.7および式(1.16)，(1.18)を用いる．【解】66.4 m³/h（土工量を地山土量で換算した）
8. スクレーパーの場合には，q および C_m の算定式や，その他の係数がブルドーザーの場合と異なっている．

第2章

1. 表2.1，2.2および式(2.1)，(2.2)を用いる．$\eta = 0.874$ 【解】$q_a = q_f/F_s = 77.5$ kN/m².
2. 設計荷重 Q_a，許容支持力 q_a，極限支持力 q_f の三者の関係は，$Q_a = q_a \cdot B = (q_f/F_s)B$ である．【解】$D_f = 2.6$ m.
3. 地下水面の位置により，（a）：$\gamma_1 = \gamma'$，$\gamma_2 \cdot D_f = \gamma_t(2.0-1.0) + \gamma'1.0$，（b）：$\gamma_1 = \gamma' + (3.0-D_f)(\gamma_1-\gamma')/B$，$\gamma_2 = \gamma_t$ を用いる．【解】（a）地下水位が1 mの場合 $q_f = 710.1$ kN/m²，（b）地下水位が3 mの場合 $q_f = 993.7$ kN/m²
4. 切梁の支点で，矢板の左右から作用する土圧モーメントの平衡を考える．【解】8.4 m
5. 式(2.6)の第2式を用いる．【解】約1.9 m
6. 式(2.6)の第1式を用いる．ただし，$c = q_u/2$ である．【解】$F_S = 2.99$ となるので，十分に安全である．
7. 式(2.7)を用いる．【解】$F_S = 0.93$ であり，クイックサンドが生じるので，D_f をもっと長くする必要がある．
8. 例題2.4を参照する．【解】302.9 kN
9. 式(2.15)を用いる．【解】0.80

第3章

1. 3.1節を参照する. 圧縮強度が高いほどよいコンクリートである, とはいえない.
2. 3.2節を参照する. 材料分離, 汚れなどに注意する.
3. 3.4節を参照する. 示方配合と現場配合の違いに注意する.
4. 3.4節を参照する. 短距離運搬と長距離運搬に分けて述べる.
5. 3.4節を参照する. 近くにJISマーク工場がない場合について述べる.
6. 3.6節を参照する. 骨材保存からコンクリート打設までの全工程で重要.
7. 3.7節を参照する. マスコンクリートの養生についても述べる.
8. 3.2節および3.9節を参照する. 貯蔵中の骨材は直射日光を避ける工夫をする.
9. 3.2節および3.9節を参照する. 地下水の利用は有効である.
10. 3.10節を参照する. どのような場合の施工に適しているか.

第4章

1. 4.1節を参照する. 岩石と岩盤の応力ひずみ特性はどのように異なるか.
2. 4.3節を参照する. ボーリング調査の目的との違いは何か.
3. 4.1節および4.3節を参照する. ボーリング調査の深さについても言及する.
4. 4.5節を参照する. 自由面の数が多いと爆破効果が大きくなるのはなぜか.
5. 4.5節を参照する. 弱装薬または過装薬の条件から標準装薬量を推定する方法も述べる.
6. 例題4.2を参照する.【解】1.4 kg
7. 式(4.9), (4.10)を用いる.【解】91.4 kg
8. 式(4.11)を用いる.【解】33.6 kg
9. 4.7節および5.3節を参照する.
10. 水中爆破工法は, 海底岩礁の除去などの海洋開発に伴う海底掘削や沈没船, 地震探査, 漁場耕作などに用いられる.

第5章

1. 5.2節を参照する. 周到な調査によって大湧水は防ぐことが可能である.
2. 5.2節を参照する. 異常な現象の前には前兆現象が観察されることが多い.
3. 5.3節を参照する. 地質との関係についても述べる.
4. 5.3節を参照する. 切羽(鏡)の爆破における自由面の数はどのように考えるか.
5. 5.3節を参照する. 掘削に伴うトンネル周辺の緩みをどう止めるか.
6. 5.4節を参照する. 軟らかい地質では閉そく型が好まれるのはなぜか.
7. 5.5節を参照する. 逆巻きの場合の側壁コンクリートの締めについても述べる.
8. 5.5節および5.7節を参照する. NATMの利点についても言及する.
9. 5.8節を参照する. 工法の利点と欠点について述べる.
10. 5.8節を参照する. 圧気シールド工法における圧力の与え方に注意する.
11. 5.5節および5.7節を参照する.

第6章

1. 6.2節を参照する．ランキン土圧では擁壁背面は鉛直，裏込め土との摩擦はないと仮定していることに注意する．
2. 6.2節および土質力学の本を参照する．
3. 式(2.3)，(2.4)を用いる．タイロッドの位置におけるP_AとP_Pのモーメントの平衡を考える．また，$T = P_A - P_P$である．【解】$d = 1.8$ m，$T = 58.2$ kN/m
4. 式(6.8)を用いる．C_aは図6.11(b)から求める．【解】83.6 kN/m
5. 例題6.4を参照する．【解】反力分布は，$q_1 = 137.1$ kN/m^2，$q_2 = 34.3$ kN/m^2 となる．転倒に対しては，合力の着力点の位置は$x_0 = 1.71$m $> l/3$ となるので安全である．また底面のすべり出しに対する安全率は1.72となり安全である．
6. 例題6.4を参照する．式(6.11)を用いる．【解】$q_1 = 241.2$ kN/m^2，$q_2 = 3.93$ kN/m^2
7. 6.2節および6.4節を参照する．
8. 6.4節を参照する．全体安定，部分安定についても述べる．
9. 6.6節を参照する．図を描いて説明する．
10. 6.6節を参照する．軟弱地盤ではどのような対策がとられるか．

第7章

1. いずれも切羽の安定をはかるための工法である．トンネル工における補助工法として調べるとよい．
2. 式(7.4)，(7.5)を用いる．【解】22.4 kN/m
3. 式(7.6)を用いる．【解】15.6 kN/m，埋設管上の埋戻し土の総重量 27.0 kN/m
4. 7.2節を参照する．推進力ならびに支圧壁の耐力についても述べる．
5. 7.4節を参照する．使用材料，構造形式，使用目的について述べる．
6. 7.5節を参照する．両側の裏込め土を同時に施工するのはなぜか．
7. 7.5節を参照する．地盤支持力の不均一性を小さくすることが肝要である．
8. 7.6節を参照する．オイルタンクは典型的なたわみ性構造物であることに注意する．
9. 7.6節を参照する．沿岸部では軟弱地盤であることが多い．

第8章

1. 8.1節を参照する．四大管理を中心に述べる．
2. 8.3節を参照する．【解】年間災害件数 7件，年千人率 23.3
3. 張力Tは，図8.27を参考にして，鉛直方向の力の釣合いを考える【解】$W = 3.5$ t，$P = 30$ t，$T = 2.0$ t
4. 8.4節ならびに8.5節を参照する．ネットワーク手法についても述べる．
5. まず，表8.1を参照して作業リストを作成する．

【解】

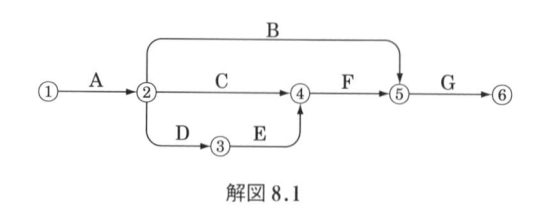

解図 8.1

6．図 8.29 において，最も長い期間を要するパスを見いだす．【解】クリティカルパスは，①→②→④→⑤→⑦．工期は 35 日

7．例題 8.2 を参照する．【解】工期短縮の一例

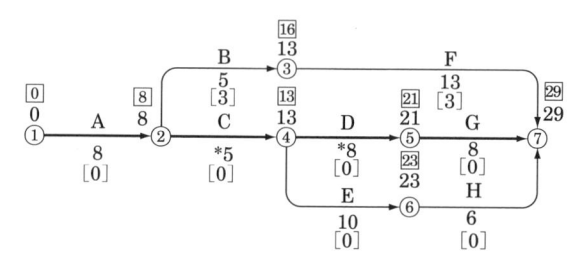

解図 8.2

[ ]内数字：全余裕，　*印：短縮した作業

8．【解】度数分布表を作成し，それに基づいてヒストグラムを描くと解図 8.3 を得る．

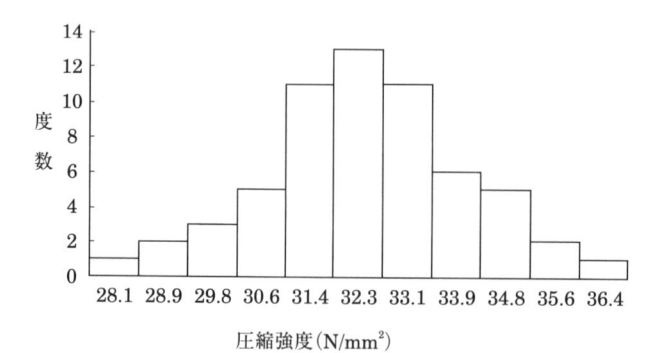

解図 8.3

9．8.6 節を参照する．【解】③

第 9 章

1．9.2 節を参照する．当該作業がその作業を開始した日に終わるものを除くことに注意．

2．9.2節を参照する．騒音と振動は同時に発生することが多い．
3．9.3節を参照する．基礎の打込みにおける地盤の抵抗をいかにして弱めるか．
4．9.3節を参照する．周辺住民の理解を得る努力も大切である．
5．9.3節を参照する．粉じん対策についても述べる．
6．9.4節を参照する．騒音，振動対策の工事が汚濁水発生の原因となる場合もある．
7．9.4節を参照する．スラッジ処理についても述べる．
8．9.6節を参照する．継続研鑽の重要性についても言及する．

引用文献

第1章
[1] 地盤工学会土の試験実習書(第3回改訂版)編集委員会:"土質試験－基本とてびき"，地盤工学会，p.50，2000
[2] 道路土工委員会:"道路土工－施工指針"，日本道路協会，p.33，1997
[3] 道路土工委員会:"道路土工－施工指針"，日本道路協会，p.57，1997
[4] 道路土工委員会:"道路土工－施工指針"，日本道路協会，p.212，1997
[5] 道路土工委員会:"道路土工－施工指針"，日本道路協会，p.58，1997
[6] 道路土工委員会:"道路土工－施工指針"，日本道路協会，p.80，1997
[7] 道路土工委員会:"道路土工－施工指針"，日本道路協会，p.81，1997
[8] 道路土工委員会:"道路土工－施工指針"，日本道路協会，p.215，1997
[9] 道路土工委員会:"道路土工－のり面工・斜面安定工指針"，日本道路協会，p.217，1999
[10] 道路土工委員会:"道路土工－のり面工・斜面安定工指針"，日本道路協会，p.293，1999

第2章
[11] 日本建築学会:"建築基礎構造設計指針"，2001改定，日本建築学会，p.109，2003
[12] 日本建築学会:"建築基礎構造設計指針"，2001改定，日本建築学会，p.108，2003
[13] 土木工法事典改訂ｖ編集委員会:"土木工法事典改訂ｖ"，産業調査会，p.122，2001

第3章
[14] 土木学会コンクリート委員会コンクリート標準示方書改訂小委員会:"2002年制定コンクリート標準示方書，施工編"，土木学会，p.380，2002
[15] 土木学会コンクリート委員会コンクリート標準示方書改訂小委員会:"2002年制定コンクリート標準示方書，施工編"，土木学会，p.94，2002
[16] 土木学会コンクリート委員会コンクリート標準示方書改訂小委員会:"2002年制定コンクリート標準示方書，構造性能照査編"，土木学会，p.122，2002
[17] 土木学会コンクリート委員会コンクリート標準示方書改訂小委員会:"2002年制定コンクリート標準示方書，構造性能照査編"，土木学会，p.120，2002
[18] 土木学会コンクリート委員会コンクリート標準示方書改訂小委員会:"2002年制定コンクリート標準示方書，構造性能照査編"，土木学会，p.123，2002
[19] 土木学会コンクリート委員会コンクリート標準示方書改訂小委員会:"2002年制定コンクリート標準示方書，構造性能照査編"，土木学会，p.125，2002

[20] 土木学会コンクリート委員会コンクリート標準示方書改訂小委員会:"2002年制定コンクリート標準示方書,構造性能照査編",土木学会,p.140,2002
[21] コンクリート補修・補強マニュアル編集委員会:"コンクリート補修・補強マニュアル",産業調査会,p.50,2003
[22] コンクリート補修・補強マニュアル編集委員会:"コンクリート補修・補強マニュアル",産業調査会,p.93,2003
[23] コンクリート補修・補強マニュアル編集委員会:"コンクリート補修・補強マニュアル",産業調査会,p.94,2003
[24] コンクリート補修・補強マニュアル編集委員会:"コンクリート補修・補強マニュアル",産業調査会,p.105,2003

第4章
[25] 土木学会岩盤力学委員会:"土木技術者のための岩盤力学",土木学会,p.59,1966
[26] 田中治雄:"土木技術者のための地質学入門",山海堂,p.35,1964
[27] 土木学会岩盤力学委員会:"土木技術者のための岩盤力学",土木学会,p.32,37,1966
[28] 日本道路協会:"道路土工−施工指針",日本道路協会,p.145,1997
[29] ダム設計基準改訂分科会:"第2次改訂ダム設計基準",日本大ダム会議,p.44,1978

第5章
[30] 土木学会トンネル工学委員会:"トンネル標準示方書(山岳工法編)・同解説",p.93,1999
[31] 土木学会トンネル工学委員会:"トンネル標準示方書(山岳工法編)・同解説",p.19,1999
[32] 土木学会トンネル工学委員会:"トンネル標準示方書(山岳工法編)・同解説",p.31,1999
[33] 地盤工学会NATM工法の調査・設計から施工まで編集委員会:"NATM工法の調査設計から施工まで",地盤工学会,p.50,2003
[34] 地盤工学会NATM工法の調査・設計から施工まで編集委員会:"NATM工法の調査設計から施工まで",地盤工学会,p.257,2003

第6章
[35] ジオテキスタイル補強土工法普及委員会:"ジオテキスタイルを用いた補強土の設計・施工マニュアル(改訂版)",土木研究センター,p.134,2000
[36] ジオテキスタイル補強土工法普及委員会:"ジオテキスタイルを用いた補強土の設計・施工マニュアル(改訂版)",土木研究センター,p.136,2000
[37] ジオテキスタイル補強土工法普及委員会:"ジオテキスタイルを用いた補強土の設計・施工マニュアル(改訂版)",土木研究センター,p.211,2000

[38] ジオテキスタイル補強土工法普及委員会："ジオテキスタイルを用いた補強土の設計・施工マニュアル(改訂版)"，土木研究センター，p. 119，2000
[39] 斜面・盛土補強土工法技術総覧編集委員会："斜面・盛土補強土工法技術総覧"，(株)産業技術サービスセンター，p. 302，1995

第7章

[40] 道路土工委員会："道路土工－カルバート工指針"，日本道路協会，p. 5，1999
[41] 道路土工委員会："道路土工－カルバート工指針"，日本道路協会，p. 170，1999
[42] 道路土工委員会："道路土工－カルバート工指針"，日本道路協会，p. 64，1999
[43] 道路土工委員会："道路土工－カルバート工指針"，日本道路協会，p. 23，1999
[44] 道路土工委員会："道路土工－カルバート工指針"，日本道路協会，p. 173，1999
[45] 道路土工委員会："道路土工－カルバート工指針"，日本道路協会，p. 177，1999

第9章

[46] 騒音振動対策ハンドブック改訂委員会："建設工事に伴う騒音振動対策ハンドブック第3版"，日本建設機械化協会，p. 54，2001
[47] 騒音振動対策ハンドブック改訂委員会："建設工事に伴う騒音振動対策ハンドブック第3版"，日本建設機械化協会，p. 55，2001
[48] 資産評価政策学会："土壌汚染－その総合的対策"，ぎょうせい，p. 95，2003
[49] 全国都市清掃会議："廃棄物最終処分場整備の計画・設計要領"，全国都市清掃会議，p. 215，2001
[50] 厚生省水道環境部監修："廃棄物最終処分場指針解説1989年度版"，全国都市清掃会議，p. 77，1989

参 考 文 献

[1] 白石俊多・今田徹："施　工", 彰国社, 1981
[2] 河上房義："土質力学(第7版)", 森北出版, 2001
[3] 伊勢田哲也："土木施工", 朝倉書店, 1975
[4] 大塚本夫："トンネル工学", 朝倉書店, 1979
[5] 土質工学会編："岩の工学的性質と設計施工への応用", 土質工学会, 1974
[6] 土木教育委員会倫理教育小委員会編："土木技術者の倫理", 土木学会, 2003
[7] 小林一輔："最新コンクリート工学(第5版)", 森北出版, 2002
[8] 佐用泰司："わかりやすい土木施工管理の実務", 現代理工学出版, 1978
[9] 土木施工管理技術研究会編："ネットワーク(工程管理)品質管理入門", 近代図書, 1971
[10] 藤原忠司・長谷川寿夫・宮川豊章・河井徹："コンクリートのはなし", 技報堂, 2000
[11] 見目義弘："環境関連法　体系実務ガイド", NECクリエイティブ, 2001
[12] 小暮敬二："地盤環境の汚染と浄化修復システム", 技報堂, 2000
[13] 日本道路協会："道路橋示方書・同解説 I 共通編・IV 下部構造編", 日本道路協会, 2002
[14] 大原資生："最新耐震工学(第5版)", 森北出版, 1999

さくいん

あ 行

アイランド工法　128
アカウンタビリティ　221
明かり爆破　99
悪　臭　205
上げ越し施工　167
アジテーター　64
足　場　179
アースオーガー　207, 210
アースドリル工法　45
アスファルトプラント
　　207
当たり　117
アーチコンクリート　114,
　　124
圧気シールド工法　130
圧縮特性　4
圧入工法　47
アルカリ骨材反応　60, 82
アルカリシリカ反応　82
暗　渠　160
安全率　32, 144, 146, 149
安定液(泥水)　214
暗黙知　222
異形棒鋼　60
井桁組擁壁工　28
石積工　28
異常高水圧　112
異常地圧　113
一次覆工　120
一次破砕　118
1自由面　95
1日当たりの施工量　177
井　筒　52
移動式クレーンの安全管理
　　180
井戸枯れ　176

（中央列）

インバート　110, 124
インバートストラット
　　120
ウェルポイント工　38
浮き基礎　31
打込み　68
打足し　69
打継目　70
埋戻し　159
裏込め注入　125
運　搬　64
運搬すべき土量　8
エイブラムス則　61
液状化対策　37
液性限界　4
液面揺動　173
エクストラコスト　193
塩　害　81
塩化物イオン　81
円形鋼殻方式　132
円弧すべり　146, 149
円錐孔　95
鉛直震度　141
オイルタンク基礎　171
陸掘り　53
押え盛土　113
押土距離　18
汚濁水の発生, 処理　214,
　　215
汚濁水の法規制　208
オーバーハング　102
オーバーレイ　171
帯鉄筋　67
オープンケーソン　52
温度制御御養生　72

か 行

過圧密比　4
開削工法　127, 161
崖　錐　2, 111
回折音　213
改善機能, 命令　180, 208
解体工事対策　212
海底トンネル　132
外的安定　148
外部装薬法　95
海洋コンクリート　80
鏡　118
角柱法　7
隔　壁　129
掛け矢板　121
火工品　98
重ね継手　67, 68
荷重係数　164
河床勾配　156
火成岩　86
河川法　208
仮想背面　143
過装薬　96
片側規格　198
型　枠　72, 74
活荷重　168
割岩工法　118
滑動モーメント　149
カーテングラウチング
　　106
稼働率　182
かぶり　66, 81
下方管理限界　200
釜　場　38
噛み砕き破砕機　212
カラー継手　159
カルウェルド杭　45

さくいん

カルバートの種類　167
換　気　125
環境アセスメント　176
環境基本法　204
間げき比　3
含浸塗布工法　83
含水比　3
岩石抗力係数　96
乾燥単位体積重量　3
寒中コンクリート　77
ガントチャート　180
岩　盤　86
岩盤掘削工法　92
管理計画　176, 177
管理限界線　194
管理図　194, 199, 200
管理線の引きなおし　201
機械掘削　92, 118
機会損失費　192
気乾含水量　62
木　杭　44, 46
木杭－底盤系基礎　171
技術者倫理　204, 220
既製コンクリート杭　44
起　爆　98
気泡コンクリート　80
逆アーチコンクリート　110
逆Ｔ型擁壁　134
客土吹付工　27
凝灰角礫岩　87
橋　脚　154, 155
凝結遅延剤　70
橋　座　152
凝集沈降　215
橋　台　152, 154
胸　壁　152
極限支持力　32
局部せん断破壊　32
許容支持力　32
許容地耐力　34
許容沈下量　32
許容ひび割れ幅　81
切込み砂利　159

切土工　1, 16
切土の標準のり面勾配　17
切　羽　112, 118
切　梁　41, 129
切広げ爆破　117
杭打ち機　207
杭基礎　31, 43, 160
杭式橋脚　155
クイックサンド　41, 42
杭の支持力　43, 48
空気クッション　105
苦情の要因　206
掘　削　16
掘削押土量　18
掘削すべき土量　8
掘削方式　113
クッションブラスティング工法　105
屈折波　89
組合せ鋼柱　75
グラウチング　106
グラウトポンプ　125
グラウンドアンカー工　28
クラッシャーラン　159
クラッシュタイム　192
クラッシュコスト　192
クラムシェル　13
栗　石　147
クリティカルアクティビティ　191
クリティカルパス　185, 188
クルマン図解法　140, 141
グレーダー　16
クレーン　14
クローラードリル　99, 100
クーロン土圧　38, 136, 138
クーロンの式　5
群杭の支持力式　49
群分け　199
形式知　221
形状係数　33
継続研鑽　221
計　量　62, 63

軽量骨材コンクリート　79
減衰値　213
ケーシング　45
下水道法　208
ケーソン　31, 52, 130
桁　高　154
結合点時刻　183, 185
原位置封じ込め　218
けん引式シールド工法　163
原価管理　178
減水剤　60
建設公害　204
建設資材リサイクル法　204, 217
建築基礎構造設計指針　33
限界状態　33
建築限界　109, 110
現地踏査　2, 88
現場配合　62
鋼アーチ支保工　120
鋼管杭　44
鋼管支柱　75
鋼　杭　46
向斜層　111
高水敷　154
剛性管　165, 167
鋼製支保工　75, 115
剛性パイプカルバート　168
剛性ボックスカルバート　167, 169
後続作業　183
工程管理　180, 181
工程計画の計算　185
工程の安定状態　199
坑道発破工法　99, 101
鋼トラス式橋脚　156
坑内換気　125
高分子凝集剤　215
鋼矢板　211
高流動コンクリート　81
抗力係数　96, 102
高炉セメント　58, 60

さくいん　237

固結工法　36
コスト管理　178
コストスロープ　192, 193
小　段　17, 24
骨　材　59
コールドジョイント　70, 79
小割り発破　105
コンクリートの圧縮強度　76
コンクリートの許容応力度　146
コンクリートの養生　71
コンクリートの劣化　81
コンクリート張工　28
コンクリートプラント　63
コンクリートプレーサー　64, 65
コンクリートポンプ　64
コンシステンシー　4, 69
コンソリデーショングラウチング　106
コントロールドブラスティング工法　99, 104
コンバース－レバーレの式　50
コンポーザー工法　173
混和材料　60

さ　行

載荷盛土工法　35
サイクルタイム　18, 22
サイクロン　216
細骨材　59, 61
再資源化　217
最小短縮費用　193
最小抵抗線　95, 102
最小吹付け厚　122, 123
最早開始時刻　186
最早完了時刻　186
最早結合点時刻　185
最遅開始時刻　186
最遅完了時刻　187

最遅結合点時刻　185
最適含水比　5, 25
最適工期　192
サイドヒル方式　19
材料分離　59, 68, 78
サイロ　59
サイロット工法　114
サウンディング　2
逆巻工法　123
砂岩　87
作業可能日数　177
作業効率　18
作業時間効率　182
作業時刻　183, 186
作業の安全対策　179
作業標準　196
作業量管理　180, 182
削岩機　99
削岩ジャンボ　116, 120
下げ越し　102, 104
砂柱（サンドドレーン）　35
サーモドリル　94
山岳トンネル　109
桟　木　74
サンダーの式　48
サンドクッション基礎　160, 173
サンドコンパクションパイル工法　36
仕上げ掘削線　104
支圧壁　161, 163
ジェット工法　47
ジェット式高速分離　216
ジェットピアシング　94
ジオテキスタイル　147
敷均し　151, 152
支持力　142, 172
支持力式　32, 33
地震時土圧　141
止水板　70
止水壁　55
シックナー型　216
実施工程曲線　181

湿潤単位体積重量　3
湿潤養生　71
シートパイル　211
地盤改良　34
地盤沈下　176, 205
示方配合　61, 62
支保工　72, 75, 119
締固め機械　24, 26, 69
締固め工法　36
締固めた土量　8
締固め特性　5
遮音壁の効果　212
蛇かご　28, 157
弱装薬　96
遮水シート　218
ジャックハンマー　100
地　山　1, 7
砂利基礎　159
ジャンカ　71
シャンク　93
縦横折衷方式　177
しゅう曲　110
重金属汚染　217
重錘式砕岩船　95
修正エンジニアリングニュース式　48
重大災害　178
自由断面掘削機　118
自由面　95
周面支持杭　43, 46
自由余裕　187
重力式橋脚　155
重力式擁壁　134
種子散布工　27
主働土圧　41, 135
受働土圧　41, 135
シュミットハンマー　82
浚　渫　1, 95
順巻工法　123
浄化技術　218
上部半断面工法　115
上方管理限界　200
条例による規制　208
硝安爆薬　98

さくいん

除　塩　59, 81
植　生　25, 27, 28
植生基材吹付工　27
植生土のう工　27
織　布　148
除　根　23
暑中コンクリート　78
所定工期　185
シールド工法　129, 130
真空圧密工法　35
伸縮継目　147
浸出水集排水施設　218
深層混合処理工法　36
振動規制　205, 207
振動杭打ち機　47
振動コンパクター　26
振動ローラー　16, 26
振動レベル　210
進度管理　180, 190
心抜き爆破　116, 117
水質に関する法令　209
水質の汚濁　205
推進工法　161
水素イオン濃度　209, 214
水中掘削　94
水中コンクリート　80
水中爆破　95, 99
水平震度　141
水平排水工　152
水密コンクリート　70, 71, 78
水力掘削工法　92
水路用カルバート　167
水和熱　60, 77
水和物　82
スカリファイヤー　16
スクレーパー　14
助け孔爆破　116, 117
スケーリング　82
スターラップ　67
ストーパー　100
ストレイナー　38
スネークボーリング法　106

スパイラルアップ　175
スページング　71
すべり　142, 172
スムーズブラスティング工法　105
スライム　55
スラッジ　215
スラブ　73
スラリー爆薬　98
スランプ　60, 64, 66, 73
ずり運搬, 処理　119
スリップフォーム　76
正規分布曲線　196
静止土圧　135
静的支持方式　48
静的破砕剤　118
生物処理方式　220
せき板　69, 71, 72
積載土量　22
セグメント　129, 162
施工基面　1
施工計画　176
設計掘削線　117
節　理　86
セミシールド工法　161
セメント　58, 77
セメントペースト　69
潜函工法　53
洗　掘　153, 157
せん孔間隔　103
先行作業　183
せん孔能率　99, 100
全社の品質管理　194
浅層混合処理工法　36
全体安定　148
全体工期　185
せん断強度　5
先端支持杭　43, 44
せん断弾性係数　91
せん断特性　5
全断面覆工　123
全断面工法　116
セントル　124
全般せん断破壊　32

全余裕　187
ソイルセメントコラム　171
騒音規制　205, 207
騒音・振動　176, 209
騒音レベル　210
早強ポルトランドセメント　58, 72, 78
走時曲線　89
相対沈下量　34
装薬量　102
続成作用　86
側壁コンクリート　124
側壁導坑先進工法　114
粗骨材　59
塑性限界　4

た　行

大気汚染　176, 205
待機時間　184
堆積岩　87
体積弾性係数　91
ダイナマイト　98
タイヤローラー　15, 26
大湧水　112
打音法　82
抱きコンクリート　113
縦ばた　74
建物の変形　34
縦割方式　177
ダミー　183
たわみ性カルバート　168
たわみ性管　165
単位水量　61
単位体積重量　3
短期許容支持力　33
段　丘　111
段切面　24
段差緩和工法　171
炭酸化反応　82
弾性波探査　2, 89, 90
断　層　106, 111
ダンプトラック　14

さくいん　239

ダンブランの式　97
断面修復工法　84
チェボタリオフ　38
地下連続壁工　55
地下排水溝　24, 152
置換工法　34
地山の土量　7
地山の膨張　113
地耐力　159
知の移転　222
中間帯鉄筋　67
柱状改良体　36
中心線　200
中性化　82
中庸熱ポルトランドセメント　78
中和剤　216
超音波法　82
長期許容支持力　33
丁張り　26
直接基礎　31
直接費　192
直壁橋台　153
直列方式　125
沈床　157
沈埋工法　130
突上げ式破砕機　212
継手　67, 68
土と壁面との摩擦角　136
土の単位体積重量　3
つぼ掘り　38
積込み方式　21
吊足場　179
吊支保工　75
ツールボックスミーティング　178
抵抗モーメント　149
低水敷　154
底設導坑先進工法　114
ディーゼルハンマー　46
低騒音型土工機械　212
定着長　149
ディッパー浚渫船　95
底面反力分布　143

出来高累計曲線　181
デシセコンド電気雷管　99
鉄筋　60, 66
鉄筋コンクリート　144
鉄筋コンクリート杭　44
鉄骨鉄筋コンクリート　79
デミングサークル　176
テルツァギー　32, 38
テレスコピック型　124
点音源　212
電気式コーン貫入試験　2
電気雷管　99
てんそく係数　96
転倒に対する安定　142
土圧分布, 合力　135
凍害　82
透過音　213
統計的品質管理　194
凍結工法　112
等高線法　7
透水係数　6
動水勾配　6
統制機能　180
到着立坑　163
動的支持方式　48
胴木　159
特殊型枠　76
特殊支保工　76
特定建設作業　206
特定建設資材　204, 217
独立フーチング　31, 37
土工　1
土工板容量　18
床掘り　168
土砂地山トンネル　127
土壌汚染対策法　204, 217
度数分布曲線　196
土捨て, 土取り　1
土積曲線　9
塗装材被覆工法　83
トータルコスト　222
土中集水管　152
突貫工事　182
特急時間 CT　192

特急費用 CC　192
土留め工　38
土留め壁　129
土のう　150, 151
土羽付け　25
土平　114
土木技術者の信条　220
ドライワーク　38
ドラグショベル　13
ドラグライン　13
トラックミキサー　64
トラフィカビリティ　16, 22
鳥居形基礎　160
ドリフター　100
土粒子比重　3
土量換算係数　18
土量の変化率　7
ドルの式　49
トレミー　53, 55, 80
トレンチ(溝)　24
トレンチ工法　128
トンネルの勾配　110
トンネルの断面　109
トンネル爆破掘削　99
トンネルボーリングマシン　118

な　行

内的安定　148
内部振動機　69
内部装薬法　95, 96
内部摩擦角　5
中掘工法　211
生コン　66
ナレッジマネージメント　222
軟弱地盤　4, 34
二次覆工　120
二次爆破　105
二次破砕　118
日程短縮　188, 190
ニトログリセリン　98

ニューマチックケーソン 52, 53
縫地　121
根入れ深さ　40
ネガティブフリクション　46
ネットワーク手法　180, 183
根掘り工　38
根掘り深さ　41
練混ぜ　63, 81
年間災害件数　178
年千人率　178
粘着力　5
納期　185
登り桟橋　180
のり面　129
のり面保護　25, 27
のり面緑化工　28
のり枠工　28
ノンテレスコピック型　124

は　行

バーンカット　117
配員計画　190
廃棄物埋立処分場　218
廃棄物処理法令　209
配合設計　60
背斜層　111
排水孔　147
排土式プレボーリング工法　210
パイプクーリング　77
パイプブッシング　161
バイブロコンポーザー工法　36
バイブロフローテーション工法　173
背面フィルター層　152
ハインリッヒの法則　178
ハウザーの式　96, 102
爆破掘削　116

爆破係数　102
爆破式　96
爆薬効力係数　96
バケット　64
バケット容量　12, 19
破砕帯　2, 111, 112
橋桁　152
はしご胴木基礎　159
場所打ちコンクリート杭　45
柱式橋脚　155
バーチカルドレーン工法　35, 173
バーチャート　180
パッカー　107
伐開　23
バックホー　13
発進立坑　161
バッチミキサー　64
バッチャープラント　63
発注者負担　217
パッチング　71
発熱量　77
バッフルプレート　64
はつり面　83
バナナ曲線　181
払い孔爆破　116, 117
腹起こし　129
腹付け　24
張芝工　27
波力　157
パワーショベル　12
範囲　197, 200
半重力式擁壁　134
ハンチ　169
盤膨れ　41, 42
ヒストグラム　194
ビット　91
非破壊試験　82
ひび割れ処理工法　81, 83
ヒービング　41, 42
ビヤーバーマの式　50
ヒヤリハット活動　179
ヒューム管　159, 162

費用勾配　192
標準貫入試験　2
標準時間 NT　192
標準装薬　104
標準費用 NC　192
標準偏差　197
標準装薬量　96, 97
表面乾燥飽水状態　62
表面仕上げ　71
表面遮水工　219
表面水量　62
表面保護工　83
ピラミッドカット　117
品質改善　194
品質管理　194
品質特性　196
品質変動　194, 197
品質保証　194
フィルタープレス　216
風圧力　156
風管　125
フォローアップ　189
不かく乱試料　2
吹付けコンクリート　122, 126
覆工　115, 123, 127
複合フーチング　37
不織布　148
敷設長と間隔　149
フーチング基礎　37
普通ポルトランドセメント　58, 72
物理化学処理法　220
物理検層　89, 91
物理探査　88
不動態膜　82
不同沈下　159, 160, 169
ふとんかご工　28
フープ鉄筋　67
部分圧気シールド工法　130
扶壁式擁壁　135
不偏分散　197
踏掛け版　171

浮遊物質量　209, 214
フライアッシュ　60
プライマー　83, 84
プラスチックボードドレーン　35
フランキー杭　45
プランジャー式　64
ブリージング　70
ブルオフ　82
ブルドーザー　12
ブレイクオフ　82
ブレーカー　207
プレキャストボックスカルバート　170
プレストレストコンクリート　44, 79
プレスプリッティング工法　105
フレッシュコンクリート　66, 73
プレテンション方式　79
プレパックドコンクリート　80, 81, 84
プレローディング工法　35, 171
フログランマー　15
ブロック張工　28
ブロックボーリング法　105
フローティング基礎　31, 171
プロクターの原理　5
分割片　146, 150
噴発現象　130
ベアリングプレート　121
平均運搬距離　10
平行作業　183
壁体の応力度　146
壁面工　151
べた基礎　31, 37
ペデスタル杭　45
ベノト杭　45
ベリドールの式　97
ベルトコンベヤ　64

偏圧　113
変形角　34
編柵工　28
偏差平方和　197
変成岩　87
ベンチ高さ　103
ベンチカット　115
ベンチカット工法　99, 103
ベンチカット方式　19
変動係数　197
ベントナイト　204, 214
ポアソン比　91
ボイリング　42
膨張性地山トンネル　109
飽和度　3
補強土壁　147, 150
ほぐした土量　7
保護切取り　113
補修工法　83
ポストテンション方式　79
ほぞ　70
舗装版破砕機　207
ポゾラン反応　61
ボックスカット方式　19
ボックスカルバート　168
ホッパー　69
ポリアクリルアミド　215
ポリ塩化アルミニウム　215
ポリマーセメント　83
ボーリング調査　88, 91
ホルンフェルス　87
本足場　179

ま　行

埋設管の基礎　159
埋設管への土圧　163
マイヤーホフの式　49
巻込み式　151
巻出し　24, 150, 152
マグマ　86
膜養生　72
まくら木　159

まくら土台基礎　159
摩擦杭　43
摩擦係数　49, 165
マスカットの式　132
マスカーブ　9
マスコンクリート　77
マスターネットワーク　184
マーストンの式　163, 164
マット基礎　37
マッドキャッピング法　106
豆板　71
丸鋼　60
水切り　156
水セメント比　59, 60, 61
水貫　154
水掘り　53
ミリセコンド電気雷管　99
無機系凝集剤　215
無装薬　104
無排土式プレボーリング工法　210
メタルストリップ　147
面板　74
モイルポイント　95
モータースクレーパー　14
もたれ式擁壁　135
元請業者　208
物部・岡部の方法　141
盛土工　1, 23
盛土の標準のり面勾配　27
モルタル　59
モルタル・コンクリート吹付工　28
門形カルバート　168

や　行

薬液注入工法　36
薬室間隔　102
薬量修正係数　96, 97
矢線　183
山崩し　190

山積み表　191
山はね現象　113
ヤング率　91
油圧ジャッキ　212
有効応力　5
有効吸水量　62
湧　水　16, 111, 112
よいコンクリート　58
溶存酸素量　209
擁壁工　134
擁壁の安定計算　142
翼付橋台　153
翼　壁　152
横　木　26
横線式工程表　180
横出し　208
横ばた　74
予定工程曲線　181
余掘り　117, 119
余盛り　173
余裕時間　187

ら　行

ラインドリリング工法　104
ラーメン式橋脚　155
ランキン土圧　38, 135
ランマー　15
リース則　61
リッパー　16, 92
リッパビリティ　93
リバース工法　45, 211
硫酸バンド　215
流水圧　156
粒度特性　37
流木圧　156
両側規格　198
緑化基礎工　28

リングカット　114, 115
リング工　173
倫　理　220
累加土量　9
ルジオンテスト　106
ルーフシールド　129
ルーフボルト　121
レイタンス　70, 79
レイモンド杭　45
レオンハルト工法　79
レディーミクストコンクリート　66
連続フーチング　31, 37
連壁工法　55
労働安全衛生管理　178
労働災害　178
漏斗指数　96, 97
漏斗半径　96
ロッカーショベル　119
ロッキング現象　173
ロックフィル　173
ロックブレイカー　16
ロックボルト　121, 126
ロードローラー　15
路面覆工　128
ロールプレス　216

わ　行

ワイヤロープに働く張力　202
ワーカビリティ　61, 66, 78, 123
枠組足場　179
枠組支柱　75
ワゴンドリル　100
割れ目　86, 88

欧　文

AEコンクリート　61
AE剤　60
ANFO爆薬　96, 98
BOD　209
CC　192
COD　209
CPD　221
CPDS　221
CPM　183, 192
CS　193
CT　192
DO　209
I形積み込み方式　21
ISO9000シリーズ　175
N値　37
NATM　126
NC　192
NT　192
P波　91
P波速度　91
PAC　215
PC杭　44
PC鋼材　79
PDCAサイクル　175
PERT　183
pH　209
R管理図　200
RC杭　44
S波速度　91
SS　209, 214
TBM　118
TNT　98
U型橋台　153
V形積み込み方式　21
Vカット　117
VOC　217
$\bar{x}$管理図　200

著者略歴

大原　資生（おおはら・すけお）（故人）
　1954 年　九州大学大学院(旧制)修了
　1962 年　山口大学教授
　1987 年　宇部工業高等専門学校校長
　1995 年　宇部工業高等専門学校定年退職
　1991 年　山口大学名誉教授(工学博士)
　専　攻　耐震工学

三浦　哲彦（みうら・のりひこ）
　1963 年　九州大学工学部土木工学科卒業
　1982 年　山口大学教授
　1984 年　佐賀大学教授
　2003 年　佐賀大学名誉教授
　2003 年　㈱軟弱地盤研究所所長
　2012 年　軟弱地盤研究所所長
　　　　　現在に至る(工学博士, 技術士(建設・総合))
　専　攻　地盤工学

梅崎　健夫（うめざき・たけお）
　1987 年　佐賀大学大学院(土木工学専攻)修了
　1987 年　九州大学助手
　1993 年　信州大学助手
　1995 年　信州大学助教授(2007 年より准教授)
　2014 年　信州大学教授
　　　　　現在に至る(博士(工学))
　専　攻　地盤工学

最新土木施工(第 3 版)　　　Ⓒ　大原資生・三浦哲彦・梅崎健夫　2004

1978 年 5 月 10 日　第 1 版第 1 刷発行	【本書の無断転載を禁ず】
1984 年 2 月 20 日　第 1 版第 7 刷発行	
1985 年 5 月 30 日　改訂版第 1 刷発行(SI 併記)	
2004 年 2 月 27 日　改訂版第 22 刷発行	
2004 年 11 月 25 日　第 3 版第 1 刷発行	
2020 年 3 月 20 日　第 3 版第 8 刷発行	

著　　者　大原資生・三浦哲彦・梅崎健夫
発 行 者　森北博巳
発 行 所　森北出版株式会社
　　　　　東京都千代田区富士見 1-4-11(〒102-0071)
　　　　　電話 03-3265-8341／FAX 03-3264-8709
　　　　　https://www.morikita.co.jp/
　　　　　日本書籍出版協会・自然科学書協会　会員
　　　　　JCOPY　<(一社)出版者著作権管理機構　委託出版物>

落丁・乱丁本はお取替えいたします　　　印刷／太洋社・製本／協栄製本

Printed in Japan／ISBN978-4-627-43193-5

MEMO

MEMO